기술사합격 시크릿노트

기술사합격
시크릿노트

기술사합격 시크릿노트

2018. 5. 2. 초 판 1쇄 인쇄
2018. 5. 9. 초 판 1쇄 발행

저자와의
협의하에
검인생략

지은이 | UPMC 편집부·종목별 기술사 25인
펴낸이 | 이종춘
펴낸곳 | BM 주식회사 성안당
주소 | 04032 서울시 마포구 양화로 127 첨단빌딩 5층(출판기획 R&D 센터)
       10881 경기도 파주시 문발로 112 출판정보문화산업단지(제작 및 물류)
전화 | 02) 3142-0036
       031) 950-6300
팩스 | 031) 955-0510
등록 | 1973. 2. 1. 제406-2005-000046호
출판사 홈페이지 | www.cyber.co.kr
ISBN | 978-89-315-8190-4 (13500)
정가 | 27,500원

이 책을 만든 사람들

책임 | 최옥현
기획·진행 | 박남균
교정·교열 | 박남균
본문·표지디자인 | 에프엔
홍보 | 박연주
국제부 | 이선민, 조혜란, 김해영
마케팅 | 구본철, 차정욱, 나진호, 이동후, 강호묵
제작 | 김유석

이 책의 어느 부분도 저작권자나 BM 주식회사 성안당 발행인의 승인 문서 없이 일부 또는 전부를 사진 복사나 디스크 복사 및 기타 정보 재생 시스템을 비롯하여 현재 알려지거나 향후 발명될 어떤 전기적, 기계적 또는 다른 수단을 통해 복사하거나 재생하거나 이용할 수 없음.

■ 도서 A/S 안내

성안당에서 발행하는 모든 도서는 저자와 출판사, 그리고 독자가 함께 만들어 나갑니다.
좋은 책을 펴내기 위해 많은 노력을 기울이고 있습니다. 혹시라도 내용상의 오류나 오탈자 등이 발견되면 **"좋은 책은 나라의 보배"**로서 우리 모두가 함께 만들어 간다는 마음으로 연락주시기 바랍니다. 수정 보완하여 더 나은 책이 되도록 최선을 다하겠습니다.
성안당은 늘 독자 여러분들의 소중한 의견을 기다리고 있습니다. 좋은 의견을 보내주시는 분께는 성안당 쇼핑몰의 포인트(3,000포인트)를 적립해 드립니다.
잘못 만들어진 책이나 부록 등이 파손된 경우에는 교환해 드립니다.

난 이제 기술사가 된다!

분야별 기술사 25인이 전하는 합격 노하우

기술사합격 시크릿노트

권두언

1 합격으로 가는 지도, 기술사 가이드북

기술사 시험을 공부하는 사람들에게는 공통적인 궁금증이 있다.

'내가 지금 잘 하고 있는 걸까?'

지금처럼 준비하면 합격할 수 있을지 항상 의구심이 든다. 이미 합격한 선배 기술사들의 노트를 보면서 그것만 다 외우면 합격할 수 있는 건지 의문을 갖기도 한다. 선배 기술사들의 이야기를 수없이 듣고, 나름의 방법을 찾아서 공부하고 있지만 불안감을 지울 수 없다.

어느 순간에는 자신감이 없어지지도 하고, 기대이하의 점수를 받고 나면 큰 상실감에 공부를 그만두고 싶을 때가 한 두 번이 아니다. 또, 기술사 자격증을 취득한다고 인생이 얼마나 달라질 것인가에 대하여 근원적인 질문을 하기도 하고, 가족들과 더 많은 시간을 보내며 사는 것이 인생에 더 의미 있는 것이 아닐까하는 온갖 잡생각이 든다. 시험공부를 하다보면 이런 생각을 훨씬 자주 그리고 깊이 하게 된다.

하지만 기술사 시험을 준비하는 길로 접어들어 한참을 걸어왔고, 합격의 문턱에서 여러 번 고배를 마신 도전자에게 포기도 쉽지만은 않다. 다양한 분야의 기술사 자격증을 취득한 우리 저자들은 보다 의미 있는 일을 하기 위해 많은 논의를 하고 있다. 편안한 생활을 누리거나 돈을 많이 버는 것 등 단편적인 목표가 아니라, 많은 사람들이 함께 성장하고 발전할 수 있도록 돕는 의미 있는 일을 하기 위해서 말이다.

여러 가지 논의 중에서 기술사 시험을 준비하는 분들께 도움이 되는 책을 쓰자는 논의가 있었다. 기술사 시험을 준비하는 수험생들이 갖고 있는 불안감을 해소하고, 자신감을 갖고 공부에 매진할 수 있도록 가이드북을 쓰자는 것이었다. 이후 적잖은 시간이 흐르긴 했지만, 각종 자료와 정보를 취합하고 검증 과정을 거쳐 드디어 책을 출간하게 되었다.

책 한 권을 세상에 내놓는 것이 결코 쉬운 일은 아니었지만, 많은 분들이 이 책을 통해 기술사 시험에 합격한다면 우리 저자들에게 큰 기쁨이 될 것이다.

2 책의 구성

이 책은 크게 4개의 PART로 구성되어 있다.

PART 1은 '인생역전의 열쇠, 기술사'라는 제목으로 기술사 자격증 취득 후 달라지는 처우와 인생역전 방법 등을 설명하고 있다. 기술사 시험은 '공학 분야의 사법고시'라고 한다. 많은 사람들이 자격증 취득을 위해 노력하고 있으며 결코 쉽지 않은 시험이지만, 치열한 경쟁사회에서 살아남을 수 있는 방법 중 하나로써 기술사 자격증 취득은 매우 유용하다.

기술사 시험을 준비하는 과정은 매우 고달프고 험난하다. 예상보다 낮은 점수를 받았을 때에는 모든 것을 잃은 듯한 상실감과 충격을 받기도 한다. 기술사 시험 합격이 결코 쉬운 일은 아니지만, 기술사 시험에 합격하고 난 이후에 달라지는 처우와 기술사 자격증이 인생 역전의 열쇠라는 점을 상기하면서 고난과 역경을 슬기롭게 헤쳐 나가기를 바란다. 시험 준비로 힘들고 지칠 때 이 책의 PART 1을 보면 나약해진 스스로를 다시금 일깨우고 다독일 수 있을 것이다.

PART 2에서는 기술사 시험 준비 방법에 대해 설명하고 있다. 기술사 자격증 취득을 목표로 설정한 후, 각종 정보와 자료를 찾아보면 혼란만 가중되는 경우가 많다. 누군가는 집중적으로 짧게 공부하라고 하는가 하면 다른 누군가는 장기전으로 생각하고 오랜 기간 준비하라고 한다. 어떤 이는 예상문제 위주로 간소하게 준비하라고 하는가 하면 기본도서부터 차근차근 기초를 다져야 한다고 하기도 한다. '공부에는 왕도가 없다'

고 하지만 회사 업무와 병행하면서 기술사 시험을 준비하는 대부분의 직장인들에게는 그 말 자체가 부담스럽기만 하다. PART 2에서는 본격적인 기술사 시험공부 준비에서부터 대부분의 합격자들이 공감하는 공부 방법까지 다양한 공부방법을 소개하였다. 기술사 시험에 입문하는 수험생이라면 다양한 경험과 노하우를 통해 기술사 합격 도전기간을 대폭 줄이는 데 도움이 될 것이다. 이 책에서 소개한 공부방법이 자신의 상황에 맞지 않을 수도 있고, 개인적인 성향과 다를 수도 있다. 하지만 일반적으로 통용되는 공부방법이라는 점을 참고하여 읽어 본다면 공부방법을 정하고 본격적인 공부를 해 나가는 데 큰 도움이 될 것이다.

PART 3에서는 기술사 시험 합격점수인 60점을 넘기기 위한 비책들을 소개하였다.
기술사 수험생들 사이에서 일명 깔딱 고개라고 하는 구간이 있다. 59점대를 말한다. 기술사 시험은 60점을 기준으로 당락이 결정되니, 59.9점을 받아도 불합격이다. 장수생들 중에는 59점대에 머무르는 경우가 많다. 주위에서는 조금만 더 공부하면 합격할 수 있을 것이라고 위로하지만, 무언가 문제가 있는 것일지도 모른다. 왜 60점을 넘지 못하는 지에 대한 냉철한 진단이 필요하다. 저자들 중에도 오랫동안 이 깔딱 고개를 넘지 못해서 고생을 많이 한 장수생들이 있다. 각 분야의 기술사들이 60점을 넘길 수 있는 노하우와 비책을 공개하고 있으니, 자신의 답안을 냉철하게 평가하고 깔딱 고개를 넘을 비책을 찾아보기를 바란다.

PART 4에서는 기술사 시험 종목별 도전전략을 소개한다. 기술사는 기술 분야 최고의 자격증이다. 특정 분야에 한정한 지식과 경험이 아니라 관련 분야의 전반적인 상황 등을 통찰하는 능력이 필요하다. 기술사 시험을 준비할 때에도 해당 분야 자료만 공부할 것이 아니라 다른 분야의 트렌드를 파악하고 문제와 답안 작성 방법 등을 참고할 필요가 있다. PART 4에는 20개 종목 기술사 시험을 소개하고, 예시 문제와 답안을 제시하였다. 기술사 시험 응시생의 숫자가 많은 종목은 기술사 시험을 위한 수험서가 많이 있지만, 수험서가 거의 없는 종목의 응시생이라면 해당 종목의 정보와 합격 노하우를 접할 수 있는 소중한 기회가 될 것이다. 또한 다양한 기술사에 대하여 수록하여 해당 분야에 한정된 우물 안 개구리 식 관점을 가지지 않도록 하고, 한 분야의 기술사 자격증 취득 후 타 분야 기술사 자격증 취득을 목표로 하는 분들에게 매우 유용할 것이다.

끝으로, 이 책의 부록에는 전 종목 기술사 시험에 필요한 각종 정보를 수록하고, 기술사 시험장에서 유용하게 활용할 수 있는 템플릿을 제공하고 있다. 템플릿은 1900년대 이전에는 사용이 가능하였으나 2000년대에 사용을 불허하였다가 2017년 시험부터 다시 사용이 가능해졌다. 책에 포함된 템플릿은 최고의 기술사들이 다양한 종목 기술사들의 경험을 바탕으로 기술사 시험에 최적화하여 개발한 템플릿이다. 기술사 시험 시 도표나 모식도, 간략한 도면작성 등 기술사 답안지를 매우 정갈하게 작성할 수 있는 유용한 도구가 될 것이다.

3. 이 책을 읽어야 하는 분들

이 책은 기술사를 처음 준비하며 기술사 시험에 첫발을 내딛는 분들과 오랫동안 기술사 시험에 응시하고 있으나 합격의 문턱에서 고전하고 있는 분들을 대상으로 하였다.

공학 분야를 전공하고 사회생활을 하다 보면 기술사 자격증의 필요를 느끼게 된다. 하지만 주위의 얘기를 들어 보면 기술사 자격증을 취득하는 것이 쉬운 일이 아니고, 어떻게 준비해야 할지 막막하기만 하다. 기술사 자격증을 취득한 선배 기술사들마다 공부 방법이 달라서 기술사 자격증을 취득할 수 있을지 확신을 갖기 어렵다.

이 책은 기술사 시험에 관심을 갖기 시작한 분들에게 시험 준비 방법을 소개하고 있다. 또한, 오랫동안 시험을 보고 있는데 깔딱 고개(59점대)를 넘지 못하고 있는 분들과 점수기복이 있는 분들을 위해 60점을 넘기기 위한 비책들을 소개하고 있다. 더불어 여러 종목 기술사 시험의 개요와 예시 문제 및 답안을 소개하고 있으니 해당 분야 시험에 도전하고자 하는 분들에게 큰 도움이 될 것이다.

이 책을 읽는 모든 분들이 기술사 시험에 당당히 합격하여 인생역전의 열쇠인 기술사 자격증을 취득하고, 더 나아가 보다 넓은 세상에서 다양한 활동을 펼쳐 나가길 진심으로 기원한다.

CONTENTS

PART 01
인생역전의 열쇠, 기술사

CHAPTER 01
기술사로 달라지는 인생

1. 명함에 새겨진 '기술사', 달라지는 위상 / 18
2. 공학 분야 사법고시의 파워 / 21
3. 흙수저를 금수저로 바꾸는 연금술 / 25
4. 헬조선 탈출이라는 공학도의 꿈 / 29
5. 박사냐 기술사냐 / 32
6. 기술사로 열리는 창업의 길 / 36
7. 법으로 보호받는 배타적 권리 '기술사' / 42
8. 전문 분야 학술활동의 길을 열다 / 46
9. 기술사로 열리는 전문 분야 네트워크 / 48
10. 5급 공무원이 되는 가장 쉬운 방법 '민간경력직채용' / 50
11. 세계에서 인정받는 국제기술사로 업그레이드 / 54
12. 기술사에 대한 '욕망'으로 이겨낸 고통과 크나큰 성취 / 58

CHAPTER 02
기술사 시험의 모든 것

1. 기술사란? / 61
2. 응시자격은 어떻게 되나요? / 62
3. 기술사 시험 시행종목별 응시 및 취득 현황 / 64
4. 시험은 일 년에 몇 번 있나요? / 69
5. 시험접수는 어떻게 하나요? / 74
6. 시험장소 및 시험시간은 어떻게 되나요? / 77
7. 시험문제지는 어떻게 생겼나요? / 79
8. 시험답안지는 어떻게 생겼나요? / 83

PART 02
나도 시작해볼까?

CHAPTER 01
기술사를 준비하자

1. 합격에 이르는 힘, 동기부여 / 88
2. 시험정보의 구득방법 / 89
3. 계획 세우기 / 91
4. 주변정리 / 94
5. 어디서 공부할 것인가 / 96
6. 언제 공부할 것인가 / 99
7. 학원을 다닐 것인가 / 101
8. 체력 관리하기 / 103
9. 합격에 소요되는 시간은? / 105
10. 언제 시험을 볼 것인가 / 109

CHAPTER 02
본격적인 시험공부

1. 기출문제 분석하기 / 113
2. 문제의 유형 파악하기 / 116
3. 기본도서 공부로 기초 다지기 / 117
4. 관련 법규 공부로 공통기준 이해하기 / 119
5. 학회지 구독으로 주요 이슈 파악하기 / 120
6. 스터디 그룹 참여하기 / 121
7. 자기만의 요약노트 만들기 / 123
8. 자기만의 답안 만들기 / 124
9. 모의고사 보기 / 125

CHAPTER 03
기술사 시험공부 노하우

1. 자투리 시간 15분의 힘 / 128
2. 두 번 이상 나왔던 문제는 반드시 또 나온다 / 129
3. 넘치면 오히려 독이 되는 공부 자료 / 132
4. 단기간의 집중적인 공부 / 134
5. 머리가 아니라 몸으로 하는 공부 / 135
6. 암기는 어떻게 해야 할까? / 137
7. 머릿속 책장 정리 / 138
8. 기술사 선배의 합격노트 활용 / 139

PART 03
합격을 위한 비책들

CHAPTER 01
답안 작성의 비밀

1. 답안지 작성 방법은 수험생의 숫자만큼 많지 않다 / 144
2. 차별적인 답안만이 살길이다 / 146
3. 두괄식의 비밀 / 148
4. 글씨는 상관없다. 문제는 자신감이다 / 150
5. 채점은 단 5초에 끝난다 / 152
6. 표는 만능이 아니다 / 154
7. 다양한 사람들에게 첨삭을 받자 / 157
8. 모르는 문제라도 답은 쓸 수 있다 / 159
9. 당신은 전문가, 전문가의 냄새를 풍겨라! / 161
10. 마무리 멘트를 준비하자 / 164
11. 답안 작성 방법과 유의사항 / 166

CHAPTER 02
시험장 실력발휘 Tip

1. 문제마다 요구하는 답이 있다 / 169
2. 시험문제 선택과 답안 작성 / 172
3. 시간은 누구에게나 공평하다 / 175
4. 채점관을 설득하자 / 178
5. 스스로를 믿어라 / 181
6. 시험장 이모저모 / 181
7. 시험에 필요한 준비물 / 183

CHAPTER 03
디테일을 챙겨라

1. 필기구는 나의 분신이다 / 186
2. 글자의 인식성을 높이자 / 189
3. 템플릿(모양자)을 사용하자 / 190
4. 시험장은 선택할 수 있다 / 193

CHAPTER 04
고지를 향하여

1. 마지막 3개월, 마지막 1주일 / 194
2. 스스로 출제하고 채점하기 / 197
3. 시험후기의 작성 / 197
4. 시험문제의 복기 / 198
5. 실패는 성공의 어머니 / 202
6. 합격점수 / 203
7. 필기시험 합격자 발표 / 205

CHAPTER 05
면접도 시험이다

1. 면접시험 접수 / 207
2. 생각보다 쉽지 않다 / 210
3. 면접장소를 파악하자 / 212
4. 면접시험 깨알 같은 Tip / 218
5. 면접시험 사례 및 실황중계
   (도시계획기술사) / 220

CHAPTER 06
합격 후에 챙길 일들

1. 합격 및 자격증 취득 / 230
2. 끝이 아닌 새로운 시작 / 234
3. 전문가 활동을 통한 사회기여 / 236

PART 04
종목별 도전전략

CHAPTER 01
건축구조기술사

- 건축구조기술사 기본정보 / 242
- 건축구조기술사 합격자 인터뷰 / 246
- 건축구조기술사 답안작성 예시 / 252

CHAPTER 02
건축기계설비기술사

- 건축기계설비기술사 기본정보 / 258
- 건축기계설비기술사 합격자 인터뷰 / 262
- 건축기계설비기술사 답안작성 예시 / 273

CHAPTER 03
건축시공기술사

- 건축시공기술사 기본정보 / 278
- 건축시공기술사 합격자 인터뷰 / 280
- 건축시공기술사 답안작성 예시 / 285
- 건축시공기술사 합격수기 / 290

CHAPTER 04
도로및공항기술사

- 도로및공항기술사 기본정보 / 291
- 도로및공항기술사 합격자 인터뷰 / 293
- 도로및공항기술사 답안작성 예시 / 298

CHAPTER 05
토목구조기술사

- 토목구조기술사 기본정보 / 303
- 토목구조기술사 합격자 인터뷰 / 305
- 토목구조기술사 답안작성 예시 / 310

CHAPTER 06
토목시공기술사

- 토목시공기술사 기본정보 / 316
- 토목시공기술사 합격자 인터뷰 / 318
- 토목시공기술사 답안작성 예시 / 322
- 토목시공기술사 면접복기 / 327
- 토목시공기술사 합격수기 / 332

CHAPTER 07
도시계획기술사

- 도시계획기술사 기본정보 / 334
- 도시계획기술사 합격자 인터뷰 / 337
- 도시계획기술사 답안작성 예시 / 344

CHAPTER 08
조경기술사

- 조경기술사 기본정보 / 348
- 조경기술사 합격자 인터뷰 / 350
- 조경기술사 답안작성 예시 / 355

CHAPTER 09
건설안전기술사

- 건설안전기술사 기본정보 / 360
- 건설안전기술사 합격자 인터뷰 / 363
- 건설안전기술사 답안작성 예시 / 369

CHAPTER 10
공조냉동기계기술사

- 공조냉동기계기술사 기본정보 / 373
- 공조냉동기계기술사 합격자 인터뷰 / 376

CHAPTER 11
대기관리기술사

- 대기관리기술사 기본정보 / 380
- 대기관리기술사 합격자 인터뷰 / 383
- 대기관리기술사 답안작성 예시 / 391

부록

1. 기술사윤리강령 / 394
2. 시험통계(2016년) / 399
3. 기술사 활동 현황 / 406
4. 기술사 필기시험 답안지 샘플 / 417

PART 01

CHAPTER 01 기술사로 달라지는 인생

01 명함에 새겨진 '기술사', 달라지는 위상

기술사에 도전하는 사람들

기술사를 취득한 사람들은 합격 순간의 감동을 잊지 못한다. 마흔을 훌쩍 넘겨 인생의 단맛, 쓴맛을 다 보고 어느새 머리도 희끗해져 웬만한 일에는 눈도 깜짝 않는 사람들이지만, 합격통지를 접하고는 다리가 후들거려 주저앉기도 하고 하염없이 눈물을 흘리기도 한다.

이공계 최고의 타이틀 획득과 뒤따라올 크고 작은 보상에 대한\ 기쁨도 있지만, 뚝심 하나로 다양한 난관을 견뎌낸 스스로에 대한 믿음을 확인받을 수 있기에 다른 어떤 성취보다도 그 감동이 크다.

대한민국 기술사. 취득 즉시 특정 기술 분야에 있어 최고의 전문가로 인정받을 수 있는, 개인이 얻을 수 있는 가장 높은 곳에 있는 자격증이다. 주변의 존경, 연봉의 수직 상승, 고속 승진, 좋은 회사로의 이직, 창업 성공의 발판 등과 연결되는 마법의 아이템이기도 하다.

그래서인지 이공계 출신이라면 대학 재학 때부터 기술사 취득에 대해 선망하고, 실무를 통해 전문성을 다진 많은 사람들 중에서도 의지가 강한 몇몇만 시험에 도전한다.

하지만 합격의 관문은 매우 좁다. 매년 2만 명 이상의 고급 기술자들이 최소 1~2년 이상 공부해서 시험에 응시하지만, 그중 1천여 명, 약 5%만이 합격의 영광을 누린다.

극악의 합격률이지만, 지금 이 순간에도 많은 사람이 기술사를 목표로 공부에 매진하고 있다. 20대 후반의 젊은 친구들부터 60대의 은퇴자들까지 기술사를 취득하기 위해 노력하고 있다. 이렇게 많은 사람이 도전하는 기술사의 매력은 무엇일까?

2 기술사, 과연 좋은 것인가

'과연 기술사라는 것이 좋은 것인가?', '바쁜 일상생활에서 많은 시간을 투자할 만큼의 가치가 있는 것인가?'라는 질문에 선배 기술사들은 무조건 도전하라는 조언을 아끼지 않는다. 그러면서 기술사 수험과 취득을 계기로 인생이 바뀐 경험을 얘기해주곤 한다.

이력서도 못 내보았던 대기업이나 공공기관 이직에 성공한 경우, 젊은 '기술자'를 무시하는 상대에게 '기술사'가 박혀있는 명함을 주고 나니 갑자기 귀빈 대우를 받는 경우, 클라이언트와의 회의 때 항상 말석에서 회의록만 쓰고 있다가 다음 회의에서는 가장 상석으로 옮겨지는 어리둥절한 경험, 얄미운 직장 선배를 추월해 진급하는 신나는 경험, 내가 얘기만 하면 무시하던 상사가 갑자기 내 말에 쩔쩔매고 눈치를 볼 때의 쾌감, 고시시험을 패스한 인재들에게만 간다는 '마담뚜'의 갑작스런 연락, 이외에도 80년대 초반의 일이긴 하지만 희소한 기술사를 취득한 경우 회사에서 일시불로 주어지던 수백만 원의 수당 등의 에피소드는 기술사를 취득하면 당연하게 겪을 수 있는 일들이다.

무엇보다 중요한 것은 본인에 대한 자신감이 생기고, 큰 산을 넘은 경험을 바탕으로 기술사 너머의 더 높은 곳을 바라볼 혜안이 생긴다는 것이다.

무언가를 간절히 원하고 혼신을 다해 노력하는 경험을 인생에서 몇 번이나 할 수 있을까? 아니, 과연 그렇게 하는 사람들이 얼마나 될까?

③ 인생을 바꾸는 기술사

기술사를 하찮게 여기는 사람들이 있다. 누구나 다 가지고 있고, 요즘은 따 봤자 큰 도움이 되지 않는다고 이야기하곤 하는데, 기술사를 취득한 사람이라면 절대 그런 말을 하지 않을 것이다. 많은 혜택을 넘어 본인의 인생이 바뀌는 경험을 했기 때문이다.

'인생역전의 스토리'는 누구나 선망한다. 적당한 회사에 자리 잡아 먹고사는 것은 해결하였지만 어제와 똑같은 하루하루에 질려 있는 많은 사람들은 탈출구나 인생역전을 기대한다. 그러면서도 회사를 박차고 나온다든지 이민을 간다든지 하는 과감한 도전은 주저한다. 가급적이면 실패 시 위험이 적으면서 드라마틱한 결과를 얻을 수 있는 아이템을 찾는데, 이공계 출신으로 기술 관련 업무를 하고 있는 사람들이라면 기술사를 떠올린다.

주변에서 잘나가는 사람들을 보면 기술사 하나 정도는 가지고 있는 것 같다. 쉽고 편하게 딴 것 같은데, 괜스레 으스대는 게 못마땅하기도 하고 나도 도전하면 얼마든지 취득할 수 있을 것 같다. 그까짓 거 나도 따고 말리라. 여기까지 생각이 미쳤다면 이미 절반은 성공했다. 그 다음 스텝은 시작하는 것이다. 그리고 포기하지 않으면, 기술사를 딸 수 있다.

그렇다. 누구나 도전하면 언젠가는 취득할 수 있다. 될 때까지 도전하면 된다. 과정이야 어떻든 취득과 동시에 세상이 넓어지고 더 큰 꿈이 생긴다.

말단 엔지니어로 사는 게 싫다면, 그리고 더 높은 곳을 원한다면 기술사 도전을 강력하게 추천한다.

02 공학 분야 사법고시의 파워

1) 전문직으로 가는 길

'기술사'는 법령에 따라 기술사 자격을 취득한 사람으로서 과학기술의 진흥과 공공의 안전 확보 및 국민경제의 발전을 위해 운영되는 공학 분야 전문가를 말한다.

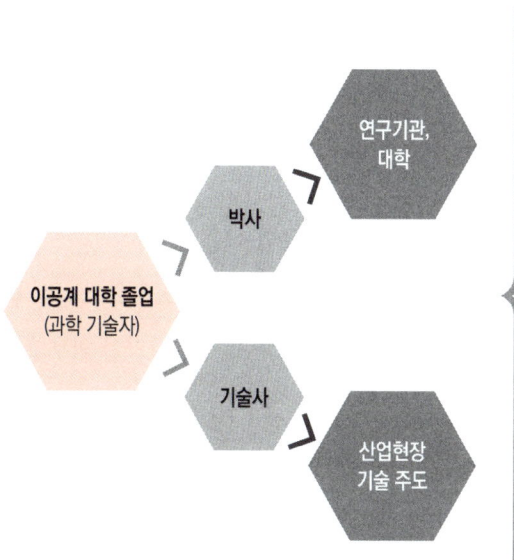

<기술사법 제2조>
해당 기술 분야에 관한 고도의 전문지식과 실무경험에 입각한 응용능력을 보유한 사람으로서 국가기술자격법 제10조에 따라 기술사 자격을 취득한 사람

<기술사법 제3조 제1항>
기술사는 과학기술에 관한 전문적 응용능력을 필요로 하는 사항에 대하여 계획·연구·설계·분석·조사·시험·시공·감리·평가·진단·시험운전·사업관리·기술판단(기술감정을 포함한다)·기술중재 또는 이에 관한 기술자문과 기술지도를 그 직무로 함

우리나라의 직종별 고액연봉 순위에서 높은 순위를 차지하는 직종은 의사를 포함한 10개 전문 분야로 대기업 임원, 국회의원, 고위 공직자, 변호사, 회계사, 예술인, 운동선수, 항공기 조종사, 도선사, 공과계열 교수 등이다. 상대적으로 기술직종이 적은 편이다.

기술사를 취득하면 자신의 분야에서 최고의 전문가로 인정받고, 이에 따라 적지 않은 혜택이 있다. 금융기관에서 전문직 대출을 받을 수 있는 대상이 되고, 신용대출 금리 인하를 요구할 자격도 생긴다. 기술사사무소를 개업하였을 때에는 전문직 사업자의 범위에 포함된다.

> **TIP 전문직 사업자 10개 업종(국세청)**
> 변호사, 변리사, 공인회계사, 감정평가사, 기술사, 건축사, 법무사, 세무사, 관세사, 공인노무사

② 최고의 전문가로 대우받는 당신

기술사를 취득하면 자신의 분야에서 다양한 방면으로 활동의 폭을 넓힐 수 있다. 개인의 선택과 노력 여하에 따라 민간경력직채용 또는 전문직특채를 통해 공무원의 길을 걸을 수도 있고, 대학교수의 길로 방향을 전환할 수도 있다. 이와 별개로 다양한 외부활동을 통해 전문가로 활약할 수도 있다.

한국기술사회 또는 자신의 분야가 속해있는 협회, 학회 등에서 각종 법정위원회 심의위원, 자문위원은 물론 법원 및 행정부처별 전문위원으로의 추천의뢰 공지를 쉽게 찾아볼 수 있다.

금전적인 이득을 떠나 최고의 전문가로서 자신의 분야에서 의견을 펼칠 수 있는 다양한 기회를 얻을 수 있다는 것은 기술사를 취득해야 하는 가장 큰 이유이다.

◇ 소속기관별 위원회 구성 현황 ◇

소속	위원회 수			소속	위원회 수		
	소계	행정위	자문위		소계	행정위	자문위
대통령	17	2	15	식품의약품안전처	9	0	9
국무총리	65	14	51	국세청	6	0	6
국무조정실	1	0	1	관세청	5	0	5
기획재정부	21	1	20	조달청	0	0	0
교육부	28	2	26	통계청	0	0	0
미래창조과학부	21	0	21	검찰청	0	0	0
외교부	3	0	3	병무청	0	0	0
통일부	3	0	3	방위사업청	1	0	1
법무부	21	1	20	경찰청	1	0	1
국방부	20	0	20	문화재청	5	0	5
행정자치부	22	2	20	농촌진흥청	3	0	3
문화체육관광부	15	0	15	산림청	6	0	6
농림축산식품부	24	1	23	중소기업청	8	0	8
산업통상자원부	31	2	29	특허청	3	0	3
보건복지부	38	0	38	기상청	2	0	2
환경부	20	1	19	행복합도시건설청	0	0	0
고용노동부	16	3	13	새만금개발청	0	0	0
여성가족부	5	0	5	국가인권위원회	1	0	1
국토교통부	52	2	50	방송통신위원회	9	0	9
해양수산부	21	0	21	국민권익위원회	2	1	1
국민안전처	19	1	18	금융위원회	9	1	8
인사혁신처	8	2	6	공정거래위원회	2	0	2
법제처	1	0	1	원자력안전위원회	2	0	2
국가보훈처	3	1	2	총계	549	37	512

(출처 : 행정자치부, 『2015 행정기관위원회 현황』, 2015)

③ 내가 없으면 안 된다고

기술사는 분야에 따라 다양한 법령에서 그 역할에 대한 법적기반이 마련되어 있다. 정부, 지방자치단체 및 「공공기관의 운영에 관한 법률」 제5조에 따른 공기업과 준정부기관은 「기술사법」 제3조 제1항에 따른 기술사 직무와 관련된 공공사업을 발주하는 경우에는 공공의 안전 확보를 위하여 기술사를 우선적으로 사업에 참여시킬 수 있도록 명시되어 있다.

또한 지방자치단체에서 기술제안경쟁을 통해 일을 수주할 때도 해당 분야 기술사를 보유한 업체로 한정하는 경우가 많아 회사로서는 기술사 보유의 필요성이 높다.

주요 활용 법령

- 전력시설물의 설계도서의 작성 등(전력기술관리법 제11조) : 전력시설물의 설계도서는 「국가기술자격법」에 따른 전기 분야 기술사가 작성
- 건설공사(건설산업기본법 제40조) : 700억 이상 건설공사에 관련 기술사 의무 배치
- 설계용역(건설기술 진흥법 제26조) : 종합 또는 품질검사 전문 분야 건설기술용역업 등록 시 토목품질시험 및 건축품질시험 기술사 각 1명 이상 보유
- 구조안전 확인(건축법 시행령 제91조의3) : 6층 이상인 건축물 또는 다중이용 건축물에 대한 구조안전을 확인하는 경우 건축구조기술사의 서명날인
- 측량성과 검증기관의 인력보유기준(공간정보 구축 · 관리 등에 관한 법률 제13조 제2항) : 특급기술자 2명 중 측량및지형공간정보기술사 1명 이상 보유

(출처 : 한국기술사회 홈페이지, www.kpea.or.kr)

03 흙수저를 금수저로 바꾸는 연금술

1 이 수저가 네 수저냐

보통 빽 없이, 연줄 없이 묵묵히 살아가는 소시민을 '흙수저'에 비유하곤 한다. 그에 반해 소위 있는 집에서 태어나 편한 환경에서 경쟁하고 떵떵거리고 사는 사람을 '금수저'라 칭한다. 이는 기회의 불균형 혹은 인생 시작점의 차이를 빗댄 신조어로 한동안 사회를 강타했던 단어들이다.

스스로 흙수저라 생각하는 이들은 대부분 금수저로의 신분 상승을 원한다. 하지만 '신분 상승을 위한 사다리'는 그리 다양하지 않다. 특히나 이미 소시민으로 살아가는 많은 엔지니어들에게 노무사나 감정평가사 같은 전문자격시험의 길은 멀기만 하다. 하지만 기술사 취득을 생각한다면, 흙수저의 현실을 금수저로 바꾸는 것이 먼 이야기만은 아니다.

기술사 취득 이후 회사 안팎에서의 변화를 살펴보고 과연 기술사로 금수저가 될 수 있는지 가늠해 보도록 하자.

2 회사 내에서의 변화

기술사를 취득한 당신, 현재 회사에 재직하고 있다고 가정해보자.

우선 회사에서의 대우가 달라진다. 90년대 고급 기술인력이 부족하던 시기에는 기술사 취득만으로 임원으로의 승진과 함께 많은 특혜가 주어졌다. 현재는 그 정도는 아니지만, 기술사에 대한 대우는 여전히 일반 엔지니어와 확실한 차별성을 갖는다. 종목과 회사에 따라 다르지만 1~2호봉을 인정해주고, 기사 자격증만 소시할 때보다 자격 수당이 10배 오르고, 승진심사에서 누락되지 않는 등 다양한 혜택이 있다. 이는 기업에서 운영하는 인사고과 기준에 따라 적용되기 때문에 경우에 따라 그 혜택이 상이하다. 엔지니어링 회사에 근무한다면, 임원 등 높은 직급으로의 승진 시 라이선스가 꼭 필요한 경우도 있다. 요약하자면 1~2호봉이 추가되고, 기술사 자격 수당이 지급되고, 승진 시 우선되며, 높은 직책으로의 승진이 가능하다고 볼 수 있으니 자격증 하나로 큰 혜택을 받는 것이다.

경제적인 측면에서 본다면 두 가지의 혜택이 있다. 먼저, 연봉협상 시 유리한 고지를 선점할 수 있다. 위에서 말한 승진과도 연관되는 내용으로 몸값을 불릴 수 있는 좋은 기회가 된다. 특히 관 발주의 용역을 주로 수행하거나 감리업무를 보는 경우, 해당 법상으로 최고기술자의 날인이 요구되는 경우는 다음 연봉협상부터 기대해볼 만하다.

다음으로, 추가적인 자격증 수당을 받는다. 통계적으로 볼 때 월 20~30만 원 정도의 수당을 더 받는 경우가 가장 많았지만, 경우에 따라서는 월 50만 원, 직급이 높아지는 경우 70만 원에 가까운 수당을 지급하는 사례도 있었다. 물론 공무원이나 준공공기관의 경우 겨우 10만 원의 수당을 지급하거나 아예 수당이 없는 경우도 있으나, 승진 시 가점 등 또 다른 혜택이 있기 때문에 금전적 보상과는 별개의 혜택이 주어진다고 볼 수 있다. 어쨌든 일반 기업의 경우 자격 수당을 월 30만 원으로만 계산해도 연 360만 원이고, 10년이면 3,600만 원이다. 자격증 없이 연봉협상으로 같은 금액을 더 받고자 하는 경우, 얼마만큼의 인사고과나 회사에 대한 충성이 필요할지 가늠해 본다면 결코 적은 금액이 아니다.

마지막으로 현재의 고용불안에 대안이 될 수 있다. 특히 IT기업의 경우 45세에 정년을 맞이한다고 보는 시각이 보편적이며, 당사자는 앞으로 먹고살 길이 막막할 수밖에 없다. 이렇게 불안정한 고용상태를 '철밥통'으로 만드는 것이 바로 기술사다. 회사에서 고급 기술인력으로 활동하다 감리로 이직할 수 있고, 60세~70세까지도 현업에서 활동하시는 분들이 계시는 것을 보면 말이다. 우스갯소리로 '기술사는 걸어서 회사만 갈 수 있으면 은퇴는 없다'는 말을 하기도 한다. 현재의 고용불안을 배경으로 생각한다면 꽤나 매력적이다.

③ 회사 밖에서의 변화

우선 이직과 관련된 사항을 들 수 있다. 기술사 취득 이후 보다 좋은 조건의 회사나 선호하는 업무를 따라 자발적으로 이직하는 경우도 있고, 스카우트 제의를 계기로 이직을 하는 경우도 있다. 라이선스 취득에 따라 몸값을 올리거나 조건을 높이는 것이 가능하고, 자신의 취향이나 선호업무를 고를 수 있는 선택의 폭과 우선권이 주어진다. 이 정도 조건이면 더 이상 '을'이 아닌 '갑'의 근로자라고 볼 수 있다.

또한 라이선스를 보유하지 않은 기술자와의 경쟁에서 우위를 선점할 수 있다. 기술사 자격에 대한 무한한 신뢰와 기대감을 깨지 않기 위해 많은 노력이 요구된다는 점은 부담스러운 면일 수도 있으나, 이는 기술사가 되고 나서야 할 행복한 고민이다.

회사 밖에서 다양한 활동도 할 수 있다. 첫 번째로 주말 아르바이트를 통해 추가적인 수입도 올리면서 활동 반경을 넓힐 수 있다. 가장 기초적인 아르바이트는 인맥이나 지인을 통한 도움 요청이 금전적인 성과로 연결되는 경우이다. 간단한 검토서 작성에서 감리나 소규모 용역까지 그 규모나 보수 역시 다양하며, 좋은 결과로 연결되는 경우 본인 의지에 따라 전업이 가능할 정도다. 두 번째로는 자격증 취득 관련 강의를 하는 것이다. 응시인원과 합격인원이 많은 종목의 경우 학원에서 강의를 하면 보통 시간당 10~20만 원가량의 보수를 받을 수 있다. 한 달에 회당 40만 원 정도의 강의를 두 번만 한다고 쳐도 월 80만 원의 강의료를 받을 수 있으니 용돈으로도 손색이 없다.

마지막으로 자문위원, 심사위원 등 관련 위원회의 민간전문가로 참여하는 경우이다. 보통 경험과 연륜이 뒷받침되는 경우가 대부분이지만 제안서 평가 같은 단발성 심사의 경우 간혹 인력풀이 충분히 차지 않는 경우가 있으니 취득 초기라도 도전해볼 만하다. 위원회 활동을 하는 경우 일정액의 보수와 더불어 인맥 확장과 그럴싸한 이력도 동시에 생겨 차후 기술사 활동에도 큰 도움이 된다.

다음은 기술사 취득을 통해 사회적인 변화를 느끼는 경우이다. 일단 은행에 가면 대출을 잘 해준다. 시답잖은 이야기일 수도 있으나 의사나 변호사 등 전문직종과 같은 급으로 분류되어 대출금액 확대와 금리 인하의 혜택을 볼 수 있다. 이는 필요한 경우 요긴하며 기술사의 사회적 위치 역시 가늠케 해준다. 또한, 기존에는 존재조차 몰랐던 많은 행사와 모임에 초청된다. 처음 조찬회나 설명회 같은 모임에 참석하면 그 자체가 희열감을 준다. 업계의 상위 문화를 접하는 것 같기도 하고 좋은 사교장에 포함된 일원으로 느껴져 뿌듯한 마음이 들기도 한다. 이 역시 기술사 취득으로 가능해진 일들 중 하나이다.

그 외에도 일일이 열거하기 힘들 정도로 많은 일들과 즐거움이 기다리고 있다. 대학교에서 졸업반 학생들의 실무 교육을 위해 강의를 할 수도 있고, 공무원이나 일반 기술자를 대상으로 한 실무수업을 할 수도 있다. 신문, 잡지에 기고를 한다거나, 해당 기술사회나 한국기술사회에서 개인과 단체의 이익을 위한 활동을 할 수도 있다.

(4) 흙수저에서 금수저로

이 모든 것들은 기술사를 취득하면서 가능해진 일들이다. 정기적인 보수의 상승과 추가적인 경제활동의 여건이 마련되고, 정년이 연장되며, 더 이상 '을'로 출근하지 않아도 된다. 그동안 알지도 못했던 모임에서 인맥을 넓혀가고, 사회적으로 신망 받는 기술자로 인식된다. 개인의 역량과 의지에 따라 여러 사회적 역할을 맡아 다양한 방면에서 활동할 수도 있다.

이러한 것들이 과연 사회적으로 '금수저'에 해당하는 혜택인지에 대해서는 각 개인이 판단할 몫이다. 다만 전혀 다른 삶을 살게 된다는 것에 대해서는 부정할 수 없을 것이다.

사회적으로 왕성한 활동과 그에 걸맞은 보수 그리고 인정, 이 정도면 도전해볼 만하지 않은가하는 생각이 든다. 도전하고 싶다면, 지금 당장 시작하면 된다.

04 헬조선 탈출이라는 공학도의 꿈

1 경쟁에 피로한 사회

2016년 청년 실업률이 사상 최고치인 9.8%를 기록하였다. 청년 실업자 수는 43만여 명으로 전체 실업자의 43%에 달하는 수치이다. 하지만 통계청이 발표한 실업자는 '4주간 구직활동을 했으며 즉시 취업이 가능한 청년'만을 대상으로 한다. 국제노동기구(ILO)의 기준에 따라 글로벌 스탠다드로 취업률을 산정한다면 청년 실업률은 22%에 이른다. 10명 중 2명이 실업상태라는 것인데, 이는 매우 심각한 상황이다.

  10명 중 취업에 성공한 8명도 모두 행복하진 않다. 한국직업능력개발원에 따르면 공무원이나 대기업·공기업의 정규직, 이른바 '선망직장'에 취업하는 비율은 전체의 25%에 불과하며, 중소기업 취업자의 절반은 2년 이내에 회사를 관둔다고 한다.

  대학에 진학할 때 본인의 적성에 맞춰 공학도가 되었지만, 취업을 앞두고는 전공과 상관없이 스펙을 쌓기 위한 노력이 눈물겹다. 토익, 토플, 어학연수, 제2외국어와 봉사활동, 동아리활동, 공모전, 스터디에 취업을 위한 성형까지 고려한다. 정치권과 기성세대를 탓할 시간도 없이 오늘도 옆에 앉은 취준생과 피 튀기는 경쟁을 해야 한다.

  실제 그렇게 바늘구멍을 통과해 대기업에 취업한다 해도 모두 행복한 것은 아니다. 살인적인 근무강도와 쳇바퀴 돌듯 반복되는 일상, 장님이 코끼리 만지듯 파편화된 업무에만 매달려 부품처럼 시간을 보내다보면 회사생활에도 인생 자체에도 회의감이 몰려온다. 물론 모두가 그런 것은 아니다. 하지만 지금 이 길이 맞는 길인가에 대한 의구심은 쉬이 지울 수 없다.

  어떻게 사는 것이 올바른 것인가, 내가 좋아하는 것은 무엇인가에 대한 고민은 해본 적도 없다. 그저 소박한 삶을 살고자 하는데도 시작부터 이렇게 쉽지 않다니 앞으로 살 길이 막막하기만 하다. 정녕 나에게 맞지도 않는, 그나마 남들이 괜찮다고 하는 대기업,

공무원을 향해 무한한 경쟁을 해야 하는 것인가? 이런 지옥 같은 현실을 벗어날 수 있는 방법은 없는 것인가?

② 7회 말 뒤집기

누구나 자신의 분야에서 최고가 되고자 하는 마음이 있다. 대기업이나 공기업 등을 목표로 하지만 이에 미치지 못해 중소기업을 선택하기도 한다. 실제로 전체 고용자의 89%가 중소기업에서 일하고 있지만, 소위 선망직장에 입사하지 못해 차선으로 그곳을 선택한 경우가 많다.

변호사, 감정평가사, 변리사 같은 전문자격증은 해당 활동을 허가하는 일종의 진입수단으로 볼 수 있다. 하지만 기술사는 국가기술자격제도에 의하기 때문에, 해당 기술자의 기술력이 어느 정도인지를 가늠하여 능력의 유무를 검증하는 수단이라고 볼 수 있다. 다시 말해 관련된 직종에 해당하는 어떤 직장에 다니든지 소정의 자격요건만 갖춘다면 언제든지 시험에 응시하여 그 능력을 검증받을 수 있다는 것이다.

경력에 관해서는 대기업, 공무원, 중소기업을 가리지 않기 때문에 모두 동일한 조건이다. 다만, 응시하고자 하는 종목에 관한 고도의 전문지식과 실무경험에 입각한 계획·연구·설계·분석·조사·시험·시공·감리·평가·진단·사업관리·기술관리 등의 기술업무를 수행할 수 있는 능력의 유무를 검정하는 시험이며, 출제범위 역시 분야의 범위를 넘나드는 광범위함을 특징으로 하기 때문에 다양한 업무수행 경험을 쌓을 수 있는 직장이 보다 유리하다고 볼 수 있다.

또한 공부 시간 확보를 위해서는 시간운용이 자유로운 직장이 좋다. 업무경험에 관한 부분과 시간의 운용에 관한 부분을 종합하여 고려해보면, 전문성을 보장받을 수 있는 중소기업에 근무하며 시험을 준비하는 것도 나쁘지 않다는 결론에 이르게 된다. 실제로 중소기업에 근무하다 합사, 장기출장 등의 기회에 단기 집중하여 합격한 사례도 많이 있다. 피 튀기는 취업전쟁에서 잠시 물러난다고 해서 영원히 패자가 되는 것은 아니다. 오히려 진입이 아니라 개인의 발전을 위해 투자하여 더 나은 결과를 낸다는 데 주목해야 한다.

'헬조선'에서 살아남는 방법에 좋은 직장에 취직하는 것만 있는 것은 아니다. 시작이 거창하지 않았다 해도 전공을 따라 전문성을 키우고 기술사를 취득하여 7회 말 역전을 이뤄내는 것이 오히려 공학도가 진정 꿈꾸는 길이 아닐까?

3 탈조선은 가능한가

필자는 이직을 앞두고 태국으로 한 달간 배낭여행을 다녀왔다. 당시 프랑스에서 온 연배가 비슷한 부부를 만난 적이 있는데, 그 때 이야기를 나누며 느꼈던 충격을 아직도 잊을 수가 없다. 그 부부는 무려 세 달의 휴가를 사용하는데, 한 달은 이탈리아에 머무르며 요리를 배우며 생활했고, 두 달은 미얀마에서 인도차이나반도를 거쳐 중국, 한국, 일본으로 여행을 하고 있다고 했다. 꿈꿔왔던 한 달의 배낭여행을 위해 이직시기만을 기다렸던 필자에게는 너무나 가혹하고도 달콤한 이야기였다.

이처럼 굳이 멀리 있는 사례를 들지 않아도 우리나라 노동문화의 열악함을 흔하게 접할 수 있다. 외국에 나가는 것이 일상이 되고 인터넷을 기반으로 한 정보교류가 활발해지면서 눈이 트인 소위 개척자들은 '헬조선'을 떠나는 '탈조선'의 선택을 하기에 이른다. 비속어를 쓰며 사회를 꼬집는 것도, 정치권과 기성세대를 탓하는 것도 개인에게는 아무 의미가 없다. 그저 더 나은 삶을 위한 몸부림에 '기술사'라는 자격증이 과연 쓸모가 있는가에 대해서만 말하고자 한다.

결론부터 말하자면 매우 쓸모가 있다. 한때는 기술사가 국내용이라는 비아냥 섞인 평가를 들어야 했지만 지금은 절대 그렇지 않다. 국제적으로 기술인력 관리에 대한 중요성이 증대되고, 국가 간 상호인정에 대한 시스템이 구축되어야 한다는 것에 중론이 모이고 있다. 우리나라에는 기술사 취득 이후 소정의 심사를 거쳐 '국제기술사'를 취득하는 방법이 있다. 발행 주체는 한국기술사회이고, 기술사 상호인정으로 해당국에서의 자유로운 활동성을 보장받을 수 있다.

자유무역협정(FTA)을 통해 2015년 호주, 2016년 미국 텍사스 주와 기술사상호인정협정(MRA)을 맺었고, 추가적으로 더 많은 협정을 맺을 것으로 기대된다. 특히, 호주의 경우 엔지니어 부족 현상을 겪고 있고 기술자들의 이민프로그램이 활발하게 진행되고 있어 어학만 받쳐준다면 보다 나은 조건에서 국제적 활동을 하기에 안성맞춤인 셈이다.

국제기술사 취득을 통해 국제적 활동을 하는 엔지니어가 될 수 있고, 조건만 받쳐준다면 기술이민까지 가능하다. 공학도에게는 전공에 대한 애착과 기술력의 연마가 최고의 해법이다. 그에 대한 검증은 기술사 자격증을 통하면 된다. 타인의 시선에 휘둘리지 않고 정도를 걷는다면 '헬조선'의 극복도 '탈조선'의 희망도 모두 가능하다.

05 박사냐 기술사냐

1 엄마가 좋니? 아빠가 좋니?

첫 입사의 설레임이 희미해지고 막연한 이직도 갈구하지 않을 정도의 경력이 되면, 반복되는 일상에 지쳐 새로운 것을 찾고자 시도한다. 색다른 취미 등을 통해 가볍게 분위기 전환을 하기도 하고, 이직이나 창업을 선택하기도 한다. 또한, 본인의 경력을 다지고 전문성을 키우기 위해서 공부를 선택하는 이들도 있다.

기왕에 하는 공부, 자아성취 외에도 그럴듯한 간판까지 함께 딸 수 있다면 금상첨화이리라. 직장에서 통할 만한 간판 중 가장 흔한 것은 학위와 자격증일 것이다. 실제로 직장생활 10년차를 전후해서 많은 사람들이 대학원에 진학하거나, 기술사 시험을 준비하는 것 같다. 경쟁이 심화되는 요즘은 그 시기가 더 빨라지고 있다.

　기술사 시험을 준비하는 사람들이 모여 활동하는 인터넷 카페를 보면 관련된 질문들이 상당히 자주 올라온다. '직장 매너리즘을 타파하기 위해 새로운 도전을 해보려고 하는데, 박사와 기술사 중 무엇에 도전할까요?'라는 질문이 통상적이다. 이에 대한 답은 '알아서 하세요.'로 결론이 나곤 한다. 이는 'A사와 S사의 핸드폰 중 무엇을 살까요?'라는 질문과 같다. 본인의 진로결정을 남한테 물어본다는 것이 선뜻 이해되지 않는다.

　기술사와 박사 취득 중 고민을 하는 사람은 자격에 대한 인센티브가 아직 남아있는 공학 분야를 전공한 경우가 많다. 이런 경우, 속된 말로 '공돌이' 특유의 결정장애에 시달리기에 명확한 답이란 없다는 것을 알면서도 인터넷 카페 등에 질문 글을 올리는 것이 아닌가 한다. 어찌되었든 본인의 '현실적인 여건'과 '미래의 비전'을 고려해서 선택하면 된다. 그래도 선택하는 것이 힘든가? 그렇다면 기준의 잣대를 세워보자.

② 본인의 여건은

당신은 몇 살인가? 일단 30대 중반을 넘어갔다면 석·박사로 뭔가를 하기에는 늦은 것 같다. 유수의 외국 대학의 박사학위를 취득한 30대 초중반의 석학도 제대로 자리를 못 잡는 경우가 많다. 기술사는 일단 40대 중반 전에만 취득하더라도 상당히 성공적이라고 본다.

　자기계발에 투자할 자금은 충분한가? 최소 2년간의 수업료와 지도교수에 대한 봉사료까지 감안한 자금이 있다면 박사에 도전하자. 기술사는 그다지 큰돈이 들지는 않는다.

　반드시 결과가 필요한가? 박사 취득은 어느 정도 보장된다. 알아주는 대학원의 학위가 꼭 필요한 것이 아니라면, 이름 모를 지방대에 지원하는 것도 방법이다. 박사논문 작성에 지도교수님이 헌신적으로 참여해주신다면 3~4년 안에 학위를 취득하는 것도 꿈은 아니다. 반면에 기술사는 기약이 없다. 오로지 당신의 노력과 운에 달려 있다. 물론 포기하지 않는다면 언젠가는 취득한다.

회사나 사회에서는 무엇을 더 알아주나? 이것은 당신이 속한 조직이나 인적네트워크에 달려 있는 문제다. 엔지니어 기반의 회사에서는 단연 기술사다. 반면 상경계 조직이나 일반적인 회사에서는 기술사나 기능사나 모두 운전면허와 다를 바 없다. 당연히 이런 조직에서 계속 활동할 계획이라면 박사를 선택하는 것이 좋다.

본인의 여건을 파악하려면 스스로 질문을 던져보아야 한다. 과연 내가 가정과 일 외에 다른 것에 관심을 가져도 되는지 원초적인 질문을 먼저 해봐야 할 것이다.

③ 본인의 목표는

인생의 목표가 무엇인지 박사나 기술사가 그것을 이루는 데 어떤 도움이 되는지 스스로 고민을 해야 한다.

내 꿈을 이루는 데 과연 간판이 필요한가? 소위 말하는 스펙이 필요치 않다면, 힘들게 노력할 필요는 없다. 굳이 간판이 필요하다면 박사나 기술사와 같은 최상위 난이도의 자격 외에 좀 더 쉬운 방법을 생각해보자. 돈과 시간만 투자하면 취득할 수 있는 자격은 얼마든지 있다. 바리스타나 다이빙 전문가 등의 상업적 자격은 이색적이기도 하고 취득과정에 재미도 있다. 또는 인간관계를 윤택하게 하는 것이 더 나은 선택일지도 모른다. 그럼에도 불구하고 박사나 기술사가 필요한 경우라면 다음의 질문이 도움이 될 수 있다.

희소하거나 특별한 사람이 되고 싶은가? 그렇다면 기술사를 고민해보자. 예전과 달리 박사로 주목받기는 어렵다. 서로 간에 경쟁도 치열하고 차별화에도 도움이 되지 않는다. 자료를 보면 2011년부터 2015년까지 5년간 박사 취득자는 29만 명이다. 박사는 더 이상 희소하지 않다. 반면에 기술사는 70년대 제도 시행 이후 지금까지 4.6만 명 배출되었다. 시공기술사를 제외하고는 분야별로 적게 뽑기 경쟁이라도 하는지, 합격자가 많은 분야라고 해도 한해 20여명 내외이고 적은 경우 1~2명에 그치는 경우도 많다.

구분	일반대학		
	소계	국내	국외
2000	35,115	21,455	13,660
2005	48,814	32,241	16,573
2010	51,351	31,382	19,969
2011	53,965	32,720	21,245
2012	57,244	35,093	22,151
2013	58,923	36,083	22,840
2014	60,759	37,325	23,434
2015	62,013	38,463	23,550

(출처 : 교육통계연보, kess.kedi.re.kr)

앞으로 무엇을 하고 싶은가? 교수나 학자가 되고 싶거나 학술기관으로 이직하고 싶다면 당연히 박사를 추천한다. 현업을 유지하면서 외부 자문활동, 강연 등으로 변화를 주고 싶은 경우는 기술사를 우선 시도해보자. 박사는 다양한 경로와 난이도로 취득 가능하지만, 기술사는 오로지 공부와 시험이라는 한 가지 길밖에 없다. 빠른 취득을 위해서는 빠른 시작이 답이다.

④ 현명한 선택을 하자

박사와 기술사는 어떤 분야의 '마스터'를 의미하는 것이 아니다. 비로소 스스로 학문을 연구하고, 실무를 헤쳐 나갈 수 있다는 최소한의 자격을 의미한다. 아직 취득하지 못한 사람들은 쉽게 동의하지 못할 수도 있다. 하지만, 박사나 기술사를 취득하는 과정에서 스스로의 부족함을 깨닫게 될 것이며, 취득 후 자신의 한계를 더 명확히 알게 될 것이다.

굳이 두 개 중에 무엇을 먼저 하겠냐는 우문을 한다면, 기술사에 한 표를 던지겠다. 학문에 명확한 뜻이 있는 사람이라면 당연히 박사를 시작했을 터이고 이런 질문도 하지 않았을 것이라는 것을 잘 안다. 기술사 시험에 대한 도전은 기간이 정해져 있지 않은 고통스러운 도전이다. 그래서인지 기술사를 취득하고 박사학위를 받는 경우는 많지만, 그 반대의 경우는 많지 않은 것 같다.

본인의 꿈과 여건에 맞춰 '현명한 선택'을 하도록 하자.

06 기술사로 열리는 창업의 길

① 생각지도 못했던 질문

기술사 필기시험에 합격하고 면접시험을 보러 갔을 때였다. 나름대로 실무경험도 풍부하고, 5년 이상 시험공부를 해서 합격한 터라 면접시험은 크게 부담되지 않았다. 선배 기술사들에게 자문을 구해도 면접시험은 전혀 걱정할 필요가 없다고 했다. 하지만 면접시험도 시험인지라 적잖이 긴장하고 면접시험장에 들어섰고, 실무 관련 질문과 이론 관련 질문에 어느 정도 답변을 했다. 몇 가지 질문과 답변이 오간 후, 한 면접관이 이런 질문을 하였다.

"기술사 자격증을 취득하고 나면, 창업을 할 텐데 일을 할 때 가장 중요한 것이 뭐라고 생각하는가?"

회사에서 주어진 업무에 충실하면서 기술사 시험 합격에만 몰두하였고 창업은 전혀 염두에 두지 않고 있었는데 뜻밖의 질문을 받게 되었다. 그 당시에는 질문의 핵심이 '창업'보다는 '일을 할 때 가장 중요한 것'이라고 판단하고, 업무능력 향상과 개인역량 강화 방안 등에 대해 답변했었다.

그러나 이 질문의 요지는 향후 기술사 자격증 취득 후 창업을 할 때 '기술사윤리강령'을 항상 염두에 두고 활동하라는 의미였다고 한다. 면접시험을 통해 알게 된 '기술사윤리강령'은 뼛속까지 아로새겨져 있으며 항상 염두에 두는 기본 이념이 되었다.

'기술사윤리강령'은 이 책의 부록에 수록되어 있으니 기술사 시험을 준비할 때, 그리고 기술사 직무를 수행할 때 항상 염두에 두기 바란다.

② 개업과 휴·폐업 현황

기술사 자격증을 취득한 후, 정든 회사를 떠나 또 다른 도전을 생각 중인 시점에 선배 기술사가 이런 얘기를 했다.

"한 발짝 나아가면, 또 다른 길이 보인다."

직장 생활을 하면서 기술사 자격증을 취득하면 회사 내에서 입지도 견고해지고 어느 정도 안정적인 삶을 유지할 수 있다. 그러나 안정적인 직장생활이 아니라 스스로 일을 만들고 그 과실을 누리는 도전적인 인생을 목표로 한다면 창업을 생각해볼 수 있다.

기술사 자격증 없이도 창업을 할 수는 있지만, 대외적으로 인정받는 기술사 자격증을 확보한 후에 창업을 하는 것이 훨씬 현실적이다.

(사)한국기술사회 자료에 의하면 2016년 12월 31일 기준으로 전체 기술사는 약 34천 명이며, 약 2,100개의 기술사사무소가 등록되어 있다. 전체 기술사 중 약 6%가량이 기술사사무소를 운영 중인 것이다.

◇ **기술사사무소 등록 현황(건설 부문)** ◇

전문 분야	등록 수
건축시공	212
건축전기설비	108
교통	10
구조	482
농어업토목	2
도로 · 공항	13
도시계획	15
상하수도	6
수자원개발	2
조경	69
철도	1

(출처 : (사)한국기술사회 홈페이지, 2016. 12. 31. 기준)

(사)한국기술사회 자료에는 기술사사무소의 개업 및 휴·폐업과 관련된 자료가 없어서 아쉽다. 엔지니어링 업체 신규 설립에 기술사사무소가 포함되어 있다는 점을 고려하여 엔지니어링협회의 통계자료를 살펴보면, 매년 300~400개 업체가 신규 설립되고 50~150개 업체가 휴·폐업(휴·폐업이 과다했던 2014년 제외)하고 있다. 개업 업체 수 대비 휴·폐업 업체 수가 약 15~35%이니, 개업 후 사업을 계속 영위하는 것도 결코 쉬운 일이 아니라는 것을 통계자료로도 확인할 수 있다.

◇ 최근 10년간 신규신고 및 휴·폐업 현황 ◇

(단위 : 개사)

구분	'07년	'08년	'09년	'10년	구분	'11년	'12년	'13년	'14년	'15년	'16년
총 업체 수	3,673	3,974	4,267	4,592	총 업체 수	4,851	5,065	5,314	5,161	5,559	5,910
신규 신고	306	358	373	386	신규 신고	280	361	376	352	443	386
신고 취소	52	47	81	52	휴·폐업	69	149	135	535	76	52
신고 말소	-	-	-	-	신고 말소	-	-	-	-	-	-
순 증가 수	254	301	293	325	순 증가 수	259	214	249	-153	398	351

※ 2011년 엔지니어링산업진흥법 시행령 및 시행규칙 개정으로 '신고취소'를 '휴·폐업'으로 변경하였으며, 신규신고에 재개업 업체 수는 포함되지 않았고 '15년 3월 이후 휴업은 휴·폐업에 포함되지 않고 총 업체 수에 반영됨

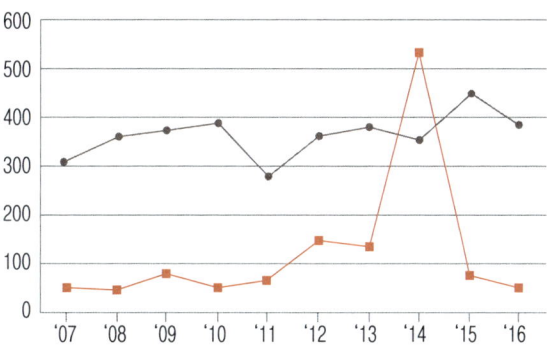

	'07년	'08년	'09년	'10년	'11년	'12년	'13년	'14년	'15년	'16년
신규신고	306	358	373	386	280	361	376	352	443	386
휴·폐업	52	47	81	52	69	149	135	535	76	52

(출처 : 한국엔지니어링협회 홈페이지, 2017.02. 기준)

③ 창업을 위한 ABC

기술사 자격증 취득 후 다양한 형태로 활동할 수 있지만, 창업을 고려한다면 3가지를 준비해야 한다.

첫 번째는 '역량(Ability)'이다. 업무수행능력은 가장 기본적인 사항이다. 업무수행능력이 부족한 상태에서의 개업은 개인적으로나 사회적으로 매우 불행한 결과를 초래한다. 업무를 수행하는 능력뿐만 아니라 업무를 수주할 수 있는 인적네트워크 등 계량화하기 어려운 영역도 업무역량의 고려 대상이다. 개업 초기에는 업무수행 실적이 없기 때문에 기존 업무와 관련된 인맥 등 폭넓은 인적네트워크가 필요하다. 창업을 하기 위해서는 충분한 역량이 확보된 상태여야 하며, 지속적으로 강화해나가야 한다.

두 번째는 '일감(Business)'이다. 일감이 없는 상태에서 개업을 하는 것은 자살행위와 같다. 업계 상황이나 특성에 따라 차이가 있겠지만 최소 1년 이상의 일감을 충분히 확보한 상태에서 개업을 해야 한다. 이후에 지속적인 수주를 통해 일감을 확보해야 하는데, 창업하기 전부터 일감 확보 연습을 해야 한다. 그리고 개인 사업을 하는 시점부터는 회계와 세무처리에도 신경을 많이 써야 한다. 다양한 상황의 일감을 수주하고 수행하며, 회계 및 세무처리까지 수련한 상태에서 개업을 하는 것이 가장 이상적이다.

세 번째는 '자본(Capital)'이다. 이 또한 업계와 특성에 따라 차이가 있겠지만, 기술자의 지식을 기반으로 하는 산업이라는 특성상 기술사 자신을 포함한 인건비가 상당할 것이다. 기 수주된 업무를 수행하는 데 필요한 비용뿐만 아니라 추가 수주될 업무를 수행하는 데 필요한 재원(사무실, 장비, 인건비, 예비비)이 충분히 확보된 상태에서 개업해야 한다. 자본이 부족하면 활동이 위축되기 마련이고, 위축된 활동으로는 사업의 성공을 확신하기 어렵다.

이상 세 가지 요소를 준비하는 데 필요한 기간은 어느 정도일까? 개인적인 차이는 있겠지만, 일반적인 통설은 기술사 취득 후 5년이라는 것이다. 기술사 취득 후 5년 동안 3가지 요소를 꾸준히 준비한 후 실행해야 한다는 것이다. 마음만 앞서거나 분위기에 휩

쓸려서 섣불리 행동했다가는 돌이키기 어려운 상황에 직면할 수 있으니 신중하게 생각하고 착실하게 준비해서 개업을 해야 한다.

④ PQ를 높여라

회사업무에서 'PQ'는 입찰참가자격 사전심사제도(PQ, Pre-qualification)라고 이해한다. PQ는 정부나 공공기관에서 특정 과업을 발주할 때 회사와 참여기술자의 유사용역 수행실적 그리고 과업수행방법 등을 사전에 평가하는 제도이다.

이제 막 개업을 한 업체는 유사용역 수행실적이 없기 때문에 PQ점수가 낮을 수밖에 없다. 이에 따라, 신규 창업자가 PQ시장에 진입하는 것은 거의 불가능하다. 현실적인 방법은 수의계약을 통해 유사용역 수행실적을 많이 쌓는 방법인데, 2~3천만 원 미만으로 금액이 크지 않기 때문에 유사 실적으로 인정받기 어렵다. PQ점수를 높이는 유일한 방법은 실적이 많은 기존 업체를 인수하는 것인데, 그만한 자금이 있을 때나 고려해볼 수 있는 방안이므로 여기서는 논외로 한다.

하지만, 여기서 말하는 PQ는 회사에서 말하는 입찰참가자격 사전심사가 아니라 개인의 '열정지수(PQ, Passionality Quotient)'다. 학업성취도 측정이나 인간관계와 관련해서는 IQ(Intelligence Quotient)와 EQ(Emotional Quotient)가 관심 대상인데, 비즈니스에 있어서는 PQ(열정지수)가 높은 사람이 성공하는 경우가 많다.

열정지수란 특별한 것이 아니다. 어떤 일을 추진하는 데 필요한 긍정성, 낙천성, 신뢰감, 이해심, 동정심, 참여의식, 소통 및 개방성, 의욕, 목적의식, 비전 등 각각의 항목에 스스로 점수를 매기고 합쳐서 낸 점수의 등급을 말한다.

열정지수가 높은 사람은 스스로도 높은 성취율을 달성하고 주변 사람들에게 긍정적인 에너지를 전파해서 역동적인 조직으로 변화시키기 때문에 사업적으로 성공할 확률이 매우 높다.

여기서, 한 가지 주의할 사항이 있다. 지나치게 열정을 불태우다보면 건강을 소홀히 할 수가 있다. 건강하지 않은 사람이 사업적으로 성공할 가능성은 거의 없을 것이다. 열정지수를 높이면서 자신의 건강을 유지하는 균형점을 찾는다면 창업을 통한 성공의 길이 멀지 않을 것이다.

07 법으로 보호받는 배타적 권리 '기술사'

1 투쟁하는 기술사

행정부처가 모여 있는 세종시에 업무상 출장을 갈 때면 볼 수 있는 이색적인 풍경이 있다. 다양한 직업군들의 시위현장이다. 시위를 주도하는 사람들은 매번 달라지는데, 구호들은 한결같다. 본인들의 직업적 특성을 정부가 이해하지 못하고 권리를 제약한다는 것인데, 자세히 들어보면 결국 본인들의 '밥그릇 챙기기'다.

직장생활을 하는 필자는 밥그릇 챙기기를 옹호한다. 노력만으로 인정받아야 한다는 명분에는 맞지 않지만, 그래도 독점적인 권한을 가지고 싶다. 많은 사람들이 비슷한 생각을 하는지 특정 자격의 취득 및 직업의 진입에 장벽을 세우려는 노력을 참 많이들 한다. 그리고 기존에 세워진 진입장벽들은 세상이 바뀌어도, 주위에서 비판을 해도 좀체 허물어지지 않는다. 그만큼 혜택이 많기 때문일 것이다.

건설기술사의 활용 등에 대하여 통제하는 국토교통부의 경우 기술사들의 압박과 탄원이 끊이지 않는다고 한다.

최근에 가장 이색적인 활약을 한 분야는 '가스기술사'이다. 2010년부터 무려 7년간 투쟁을 하여, 건축법에 명시된 '관계전문기술자'에 본인들의 이름을 올리는 데 성공했다. 관계전문기술자는 법률에 의해 건축구조기술사, 건축전기설비기술사, 발송배전기술사, 건축기계설비기술사, 공조냉동기계기술사만 인정되어 일정 규모 이상의 건축물 설계 등에 있어 독점적인 참여를 보장받고 있다. 기술사가 아니면 아무리 실력이 좋더라도 설계에 참여하기 어려우니(도장을 찍을 수 없으니) 이 분야의 기술자들은 당연히 기술사 취득이 지상 목표다.

그런데, 관계전문기술자에 포함되지 못한 가스기술사 관련 협회에서 2010년대 초반부터 건축법 개정을 목표로 활동하기 시작했고, 임기를 새로 시작하는 회장들마다 국토교통부에 찾아가 으름장을 놓는 것으로 취임사를 대신했다고 한다. 권익이 상충되는 건축기계설비기술사회와 반목하기도 하고, 국회에 찾아가 탄원은 물론 담당 공무원을 고소하기도 하고, 때로는 달래보기도 하는 다양한 전략을 사용하여, 결국은 관계전문기술자라는 독점적 위치에 진입할 수 있게 되었다. 건축법 개정을 통해 해당 분야의 기술사들은 수주나 영업 등에서 압도적으로 유리한 위치를 점할 수 있게 되었다.

이와 같은 집단권익 확보 활동을 특정 기술사 집단의 비윤리적 행태라거나 선민의식이라고 비판하기 이전에 세상의 모든 분야에서 볼 수 있는 어쩌보면 당연한 현상이라고 해석하고 싶다. 다양한 방법으로 집단의 권익을 확보할 수 있지만, 가장 쉽고 확실한 방법은 법에 명시하여 외부자의 접근을 금지시키는 것이다.

② 법으로 보호받는 기술사

기술사회 홈페이지를 살펴보면 기술사의 활용을 명시하고 있는 34개의 법률이 안내되어 있다. 숨어있는 조항들까지 합치면 기술사회에서 파악하고 있는 사항 외에도 기술사의 활용을 명시한 법률은 더 많을 것이며, 향후에도 그 쓰임이 더 늘어날 것으로 기대된다.

법으로 규정하고 있는 것은 특정 업무의 독점적 수행권, 대규모 공공사업의 기술사 참여 의무, 각종 사업 등록 시 인력보유 요건, 유사 자격시험 응시 시 과목면제 등으로 그 혜택이 다양하다.

대형화재나 붕괴사고의 수습 과정에서 빼놓지 않고 거론되는 것이 건축 시 참여한 건축사나 구조기술사의 책임 문제이다. 잘못된 설계의 책임자로 밝혀지면 법률적 책임을 묻기도 한다.

불특정 다수가 사용하는 대형 시설물의 최종적인 성능과 안전은 해당 분야의 기술사가 책임지는 경우가 많다. 대형 시설물의 경우 사고 발생 시 그 피해가 막대하기 때문에 비용의 증가를 감수하고 최고의 기술자인 기술사에게 그 권한을 주는 것이다. 정부의 규제완화로 인해 많은 분야에서 특정 직업·자격의 독점적 권리가 해제되는 데 반해, 안전 등과 관련된 부분에서는 오히려 해당 기술사의 참여와 책임을 강화하는 경우가 많다. 필요한 경우는 법률로써 업무수행 범위와 수수료까지 지정하기도 한다.

법률로 보호해주는 권한이라는 것은 '양날의 칼'이다. 더 높은 수준의 전문성과 도덕성, 주변의 감시와 비판에 맞서기 위한 끊임없는 수련이 요구되는 만큼 '기술사가 반드시 참여하여야 한다'는 기술사의 권리가 인정되는 경우가 많다.

③ 배타적 권리와 책임성

법으로 권리를 보장받는 분야의 기술사는 그 위상이 높아지고 취득에 대한 수요도 증가하기 마련이다. 그런데 이것이 기술사 입장에서 반드시 좋은 현상일지는 한 번쯤 생각해볼 필요가 있다.

독점적 권리에는 언제나 책임과 비난이 따르기 마련이다. 일이 많아지고 사람이 늘어나다 보면 외부에서 가져온 설계도서에 도장만 찍어주는 말도 안 되는 경우가 생기기도 한다. 이런 일이 늘어날수록 기술사의 도덕성과 전문성에 대한 외부의 비판이 늘 수밖에 없다.

또한 적정 인원 이상의 기술사가 수급될 가능성이 있다. 응시생 증가에 따라 합격률이 낮아지고, 이는 인위적인 공급조정 정책으로 연결될 수 있다. 이에 따라 실무경험 없이 기술사를 취득하는 경우도 많이 나타날 것이다. 이는 기술사를 기술전문가로서 정점에 있는 장인으로 인정하고 활용하는 국내환경에 비춰봤을 때 문제가 되는 대목이다.

80~90년대 수많은 개발사업 수요를 배경으로 최고의 기술사로 대접받던 토목시공기술사의 경우, 매회 100여명 남짓을 배출하던 안정적인 자격이었다. 그러던 것을 부족한 기술사의 조기양산을 목적으로 한 정부의 정책에 따라, 연간 시험횟수의 확대라는 방법을 통해 한때 500명 이상을 배출했고, 최근에는 300여명을 배출하고 있다.

목표는 기술전문가층을 두텁게 하고 경쟁을 통해 업역발전을 이루는 것이었지만, 실상은 과다 공급에 의한 가치하락으로 이어지고 있다. 과장을 조금 보태면, 대형 건설사 등 직접 활용이 많은 조직에서는 발에 치일 정도로 흔한 자격으로 전락했고, 40대 이후에도 자격이 없다면 부끄러워서 회사를 다니기 힘들 지경이다. 기술사의 권위는 찾아보기 어렵다. 경쟁력의 하락 때문인지 기술사를 시공기술사와 그 외 전문기술사로 나눠 구분하는 관행도 생겼다. 전문성만으로 인정받고 대우받아야 하는 기술사인데 참으로 아쉬운 현상이다. 앞서 얘기한 가스기술사처럼 다양한 전문 분야에서 안정적 직업환경 영위와 위상강화를 위해 법률에 배타적 권리를 명시하려고 열심히 뛰어다닌다. 그런 행위들이 옳은지, 과연 필요한 것인지 기술사 취득 후에 한 번쯤은 고민하게 될 것이다. 법률에 의한 권리는 국민들에 의해 주어지고, 이것은 사회적 필요성이 무르익을 때 자연스럽게 이행되어야 한다. 모든 배타적 권리는 국민들의 비용부담으로, 그리고 비자격자들의 밥그릇 뺏기로도 연계되기 때문에 더욱 조심스럽다.

배타적 권리가 없더라도 전문성으로 인정받고 활동영역을 넓히는 기술사 분야가 많다. 이런 분야들은 사회가 성숙하고 기술적 수요가 증가하면 분명 국민들의 요청에 따라 다양한 책임과 권리를 부여받을 것이다.

소위 말하는 도장만 찍는 기술사가 될 요량이라면 기술사 취득을 다시 한 번 생각해 보자. 그런 식으로 일할 수 있는 분야의 자격 특권은 오래가지 못한다. 진정으로 사회적 책임을 다하고 기술의 발전을 먼저 생각하는 기술사가 많아지길 바란다.

08 전문 분야 학술활동의 길을 열다

1) 학술과 실무의 갈등

4차 산업혁명이나 융합 등의 키워드가 새삼 관심을 받고 있는 요즘이다. 다양한 분야 간의 협업을 통해 새로운 가치를 창출하는 것을 기대하는 것인데, 기술 분야의 종사자들에게 특히 시사점이 큰 것 같다.

인문 분야에서는 새로운 것에 대한 도전의식이 강한 것인지, 단순히 먹고살기 막막했던 탓인지 꽤 오래전부터 자신의 전문 분야를 바탕으로 다른 분야까지 녹여내는 소위 '콜라보레이션'을 많이 시도하고 있다.

반면에 공학 분야에서는 타 분야와의 새로운 융합 이전에 '학술 분야'와 '실무 분야'에서의 교류도 제대로 되지 않고 있다. 학술 전문가들은 현장의 전문가들이 이론에는 관심 없고 오래된 기술만을 우려먹고 있다고 걱정하고 있고, 반대로 현장 전문가들은 학술 전문가들의 현실인지능력이 부족함을 탓하고 있다.

그래서 새로운 기술이나 정책을 도입할 때면 학술 분야와 실무 분야 간의 신경전이 벌어지곤 한다.

2) 실무를 바탕으로 학술을 견인하다

정부에서 기술정책 변화를 시도할 때면 자문위원회를 구성해서 전문가들의 의견을 듣기 마련이다. 예전에는 민간 구성원 전원을 학술 전문가들로 구성하여 회의를 진행하고, 결국에는 공무원 마음대로 정책이 결정되는 사례가 많았다.

그러다 보니 현실과 동떨어지거나 지나치게 미래지향적인 정책들이 도입되는 경우가 많았는데, 최근에는 확연히 다른 경향을 보이고 있다. 각종 자문위원회 구성 시 실무 전문가들의 참여 비율이 높아지고 있고, 실무 전문가들의 의견 채택률도 높아지고 있다. 중앙부처에 근무하고 있는 공무원들의 말을 들어보면, 실무 전문가들이 단순히 경험만 많은 것이 아니라 이론적인 부분까지 갖춘 경우가 많아서 예전처럼 학술 전문가들에게 의존할 필요성이 많이 줄었다고 한다.

실무 분야 전문가들의 위상이 높아지고 있는 것은 각종 학술대회 등에서의 발표 구성에서도 느낄 수 있다. 실무 분야의 최근 여건을 바탕으로 학술 분야의 방향을 제시하는 세션들이 꼭 하나씩은 끼어있기 마련인데, 학술과 실무의 간극을 좁히는 중요한 역할은 대부분 기술사들이 맡고 있다.

학술 전문가들의 실무 분야 이해는 대부분 간접적인 방법으로 이루어지는 데 반해, 실무경험이 있는 전문가들의 경우 다양한 방법으로 학술 분야에 진출할 수 있다. 예전처럼 실무와 학술이 명확하게 나눠져 있을 때는 쉽지 않은 도전이었지만, 최근처럼 융합이 강조되고 있을 때 기술사의 가능성은 더욱 주목받는다.

3 기술사를 넘어 또 다른 도전을

기술자들이 학술 전문가들에게 무시당했던 시절이 있었다. 학술적 방법론에 대한 이해가 부족했고, 학교에서의 은사관계 또는 각종 심의 등에서 갑을관계로 본인을 낮춰왔던 기술사 선배들이 많았다. 하지만, 최근에는 확연히 달라진 것을 느낀다.

기술사를 취득한 이후 새로운 도전을 통해 석·박사를 취득하고, 실무와 학술을 접목하는 본인의 강점을 활용해 명성을 떨치는 기술사가 많다. 열심히 학술활동을 한 기술사들 중에는 아예 교수로 전향하는 경우도 있다.

교수와 제자라는 도제(徒弟)제도가 존재하고 있는 우리나라의 학술계에 일반적인 엔지니어들이 끼어들기 위해서는 상당한 노력이 필요한 것이 사실이다. 하지만 기술사인 경우 그 진입장벽이 한결 낮아진다.

기술사를 취득하고 실무 분야의 경험을 강점으로 하여 학술 분야로 그 역량을 떨칠 수 있는 기회를 잡도록 하자.

09 기술사로 열리는 전문 분야 네트워크

1 숨은 실력자, 계속 숨어 있어

졸업 후 엔지니어링 회사에 들어갔다. 사수인 선배가 다른 선배를 소개해주셨다.

"이 분야의 진정한 숨은 실력자야. 자, 인사드려."
"네, 저는 이번에 입사한 OOO입니다."
"이분에게 많이 배워. 숨은 실력자인데 앞으로 쭉 숨어계실 것 같긴 해. 하하."

선배의 농담에 살짝 미소를 띠고 다른 분들과 마저 인사를 마친 기억이 있다.
해당 분야의 전공을 이수하였어도 실무능력은 또 다른 차원이다. 차근차근 경력을 쌓아가며 본인의 전문성도 성장한다. 경력을 쌓아감과 동시에 다양한 인적네트워크도 쌓인다. 엔지니어들은 프로젝트를 수행하면서 해당 분야는 물론이고 협력 분야의 많은 전문가들과 교류를 하고, 직급이 올라감에 따라 교류하는 인적네트워크도 늘어난다. 자료를 구하기 위해 다른 회사에 진출한 동문, 동기, 선배들과 연락을 하고, 프로젝트를 추진하며 만난 다양한 분야의 사람들과 네트워크를 쌓는다. 사람마다 차이는 있지만, 주로 많이 이직한 사람의 인적네트워크가 좀 더 크기 마련이다. 인적네트워크는 엔지니어의 업무추진에 상당한 도움이 되는 자산이다. 숨은 실력자들과의 네트워크 형성이 중요하다.

② 기술사, 전문 분야 네트워크의 확장

기술사에 합격하면 일단 해당 분야 기술사회와 한국기술사회에서 연락이 온다. 그렇게도 고대하던 기술사 합격과 함께 해당 분야 기술사회의 모임에 자연스레 참여하게 된다. 많은 기술사 선배들을 만날 기회가 주어지고, 기술사 합격 동기도 생긴다. 물론 기술사 합격 동기들의 연배는 다양하다. 완전 선배뻘도 있고 후배뻘도 있다.

해당 분야에서 왕성한 활동을 하고 있고, 그만큼 전문성도 대단한 사람들이 즐비하다. 기술사 모임에서 함께 활동하면 배울 것이 정말 많다. 최고의 기술력을 가진 분들이 모여 있다 보니, 많은 것을 배우기도 하고 도전을 받기도 한다. 기술사 중에는 공공기관에서 자문을 하거나, 학교에서 강의를 하시는 분도 많이 있다.

기술사를 취득하지 않은 사람들 중에도 전문성이 뛰어난 사람이 무수히 많고 기술사 시험의 합격이 전문성을 보장하지는 않는 것이 사실이다. 다만, 기술사는 국가에서 기술력을 공식적으로 인정해주는 라이선스고, 대부분의 기술사들은 실무경험을 바탕으로 상당기간 공부하였기에 기술사에 합격할 만한 전문성과 관록을 가진 것은 사실이다. 이렇게 해당 분야의 최고 전문가들과의 네트워크가 형성된다.

그만큼 프로젝트 추진 시 도움도 많이 되고, 전문가 집단에서 함께 활동하다보니 전문성 동반 상승의 효과도 누리게 된다. 기술사들의 교류와 함께 앞에서 언급했던 학술 분야의 활동이 접목되면 인적네트워크의 폭은 더 넓어지고 본인의 전문성에도 큰 도움이 된다. 이렇게 쌓아간 네트워크는 해당 분야의 회사 설립, 이직, 진로변경 시에도 큰 힘이 된다.

기술사가 되어 직접 리그에서 뛰는 선수가 된다는 것은 해당 분야의 엔지니어로서 말할 수 없는 큰 자산이 될 것이다. 꼭 그 리그에 참여하는 전문가가 되길 바란다.

10 5급 공무원이 되는 가장 쉬운 방법 '민간경력직채용'

1 기술사 자격증으로 손쉽게 공무원 되기

3년 전까지 민간기업체에서 근무하던 'A씨'는 현재는 세종시에 있는 중앙부처에서 5급 사무관으로 일하며, 가정과 직업이 양립하는 안정적인 삶을 영위하고 있다. 생각했던 것보다는 업무가 더 많지만, 국가의 정책을 수립하는 업무를 수행하며 보통의 직장생활에서는 느끼기 힘든 직업적 보람을 느낀다고 한다.

최근 공무원의 인기가 높아지면서, 9급 공무원이 되기 위해서도 수년의 준비기간이 필요하다고 한다. 5급 공무원이라면 사법고시에 준하는 행정고시(5급 공채)를 위해 많은 준비가 필요했을 법한데, 직장을 다니면서 공무원으로 이직한 'A씨'는 몇 년이나 투자를 했을까?

정답은 0년이다. 별도의 수험공부 기간 없이 간단한 테스트와 면접만으로 쉽게 5급 사무관이 될 수 있었다. 특히, 기술사 자격증이 있어 도전이 가능했고 합격할 수밖에 없었다.

2 기술사로서의 공무원

2017년도 9급 공무원 공채에는 무려 17만 명이 몰렸다고 한다. 취업난이 심각하기도 하지만 한국의 일반적인 업무환경이 점점 열악해지고 있어 상대적으로 안정적인 공무원을 선호하고 있다. 정년이 보장되고 업무강도도 적당한 데다가, 저녁이 있는 삶을 누릴 수 있는 몇 안 되는 양질의 직장이기 때문이다. 보수도 대기업 군과 비교할 때는 적게 느껴질 수 있지만 평균적인 기업들에 비해 뒤떨어지지 않는다. 게다가 퇴직 후 평생 지급되는 연금은 매력적이지 않을 수 없다.

그래서인지 많은 젊은이들이 민간기업 취업을 마다하고 공무원 시험에 매진하고 있다. 좋은 직장에 취업했지만 의미 없는 경쟁과 비전 없는 회사생활에 회의를 느낀 신입사원들이 직장을 그만두고 공무원 시험 대열에 합류하기도 한다. 인생에서 가장 좋은 시절을 투자하는 만큼 다들 합격의 기쁨을 누릴 수 있으면 좋겠지만, 많은 경우 경쟁에 지쳐 중도에 포기하고 다른 길을 찾는다.

2017년도 9급 공무원의 경쟁률은 35.2:1이었다고 한다. 4천여 명을 뽑는데 17만 명이 응시했으니 얼마나 많은 사람들이 공무원을 선망하는지 알 수 있다. 하지만, 경쟁이 치열할수록 개인의 투자도 클 수밖에 없다. 최소 2~3년간의 시간투자와 수험기간 동안의 경력단절, 실패 시의 리스크 등은 고스란히 개인의 몫이다.

그런데 '민간경력직채용' 제도는 그러한 리스크가 거의 없다. 평소 본인이 하고 있는 업무를 열심히 할수록 합격할 가능성이 더욱 높아진다. 또한, 합격 후 본인의 전문 분야와 관련된 정책수립 등에 직접 관여할 수 있다. 민간에서 근무하면서 불만을 가졌던 정부정책을 본인이 직접 고칠 수 있다는 이야기다. 국가직 공무원으로 중앙부처에서 일하는 경우 생각보다 많은 재량권이 있어 자신이 몸담았던 분야의 산업을 발전시키면서 성과도 인정받는 그야말로 보람된 일을 할 수 있다.

전문 산업별 정책 수립 시 현실성 있는 답을 찾기 어려워하는 행정공무원들에 비해, 민간경력자들은 본인의 경험을 바탕으로 손쉽게 기존 정책을 진단하고 해답을 찾아내고 있다. 민간경력직을 통해 공직에 진출한 많은 기술사들이 인정받고 있는 이유이다.

③ 민간경력직이란

인생역전의 대표명사인 '행정고시(5급 공채)'는 예로부터 젊고 유능한 인재들의 등용문으로 활용되어 왔다. 엘리트 교육을 통해 우수한 공직자를 양성하고 국가 정책을 견인하고자 하는 전략은 국가 발전에 많은 도움이 되었다. 사회가 다변화되면서 정책을 수립하고 이행하는 데 있어 행정적 전문성 외에도 기술 등 각 분야의 전문성이 필요해졌다. 또한, 소수 엘리트들의 활용에 따른 부작용과 폐쇄적 인사정책에 대한 사회적 비판으로 민간 전문가들을 공직에 참여시키기 위한 노력들을 시작했다.

2000년대 중반의 박사, 기술사 특채 등을 거쳐 공식적인 공무원 채용과정으로 지난 2011년부터 '민간경력직채용' 제도를 운영하고 있다. 이에 따라 매년 100~200여명 수준으로 민간 우수 인력을 채용하고 있으며, 향후 지속적으로 채용 규모를 확대할 것으로 예상된다. 채용 대상은 5급 및 7급 공무원이며, 전원 국가직 공무원으로 근무하게 된다.

4 민간경력직 시험의 구성

연초에 각 부처별로 필요인력을 조사하고 수요를 반영해 통상 5~6월에 시험공고를 한다. 매년 필요한 전문 분야 및 인력은 달라지니, 금년 공고에 본인 분야가 없다고 하더라도 실망하지 말고 내년을 기약하자.

가장 중요한 응시요건은 통상 3가지로 나눠지고, 이 중 하나 이상에 해당되는 경우 시험에 응시할 수 있다.

구 분	응시요건
경력	• 관련 분야 10년 이상 재직 • 관련 분야 관리자로 3년 이상 재직
학위	• 관련 분야 박사학위 • 관련 분야 석사 후 3~4년 경력
자격증	• 기술사, 변호사, 회계사 등

응시생들을 보면 3가지 요건 중 딱 하나만 만족하는 경우는 드물다. 기본적으로 2~3가지 요건을 만족하는 경우가 많다. 특히 10년 이상 재직, 학위요건 등은 대부분 만족하기 때문에 자격증에서 판가름 나기도 한다. 실제 합격자들을 보면 자격증 보유자가 압도적이다.

시험 초기에는 변호사나 회계사 등 기존의 공무원들과 차별화된 전문자격을 상당수 선발했지만, 최근에는 즉시 업무에 활용할 수 있는 기술사 자격의 제시가 상당히 많아졌다.

업무의 전문성에 따라 경쟁률도 천차만별이다. 의사나 약사 같은 경우 선발인원보다 지원자가 적은 경우도 많다. 반면, 토목·건축 분야 등은 불경기를 반영하듯 100:1 이상의 높은 경쟁률을 보이는 경우가 많다. 수도권에서 근무할 수 있는 부처인 경우 상대적으로 경쟁률이 높다. 공고를 자세히 보면 하나의 기술사를 여러 직종에서 선발하는 경우가 많으므로, 경쟁률 등을 감안해 전략적으로 응시하는 것도 방법이다.

시험과정은 크게 3단계로 나뉜다. **1차 필기시험-2차 서류전형-3차 면접시험**으로 행정고시(5급 공채)와 유사한 시험체계를 적용하고 있다.

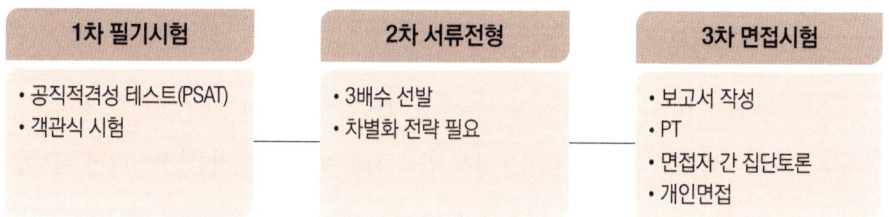

'**1차 필기시험**'은 공직적격성 테스트(PSAT, Public Service Aptitude Test)라는 객관식 시험으로 수능시험과 상당히 유사하다. 말 그대로 공직자로서의 업무역량을 테스트하는 것인데, 별다른 준비 없이도 시험을 칠 수 있다. 방대한 자료 중에서 필요한 것만 발췌해 이해한다든지, 어림수로 정답을 유추한다든지, 실제 업무에서 필요한 역량을 테스트하기 때문에 공부가 무의미한 시험이기도 하다. 응시생들도 목숨 걸고 준비한다기보다는 바쁜 회사생활에서 '그냥 한번 쳐볼까?'하는 경우가 많아 최종 합격자들의 점수도 그다지 높지 않다. 다만, 시험과 본인의 궁합이 맞지 않아 탈락하는 사람들도 왕왕 있는데, 이 경우에는 시중의 참고서 등을 활용해 조금만 공부하면 점수를 올릴 수 있다고 한다.

'**2차 서류전형**'이 가장 어려운 과정 중 하나이다. 약 10배수의 1차 합격자를 3배수로 압축하는 과정인데, 서류전형이 대부분 그렇듯 꼼꼼하게 평가하기 어렵다. 드라마틱한 경험을 기술하여 경쟁자와 차별화해야 하는데, 기술사인 경우 비슷비슷한 사람들 중에서 손쉽게 돋보일 수 있다. 기술사는 적절한 실무경험을 가진 한 분야의 장인으로 인정받는다는 것을 심사위원들도 잘 알기 때문이다.

'**3차 면접시험**'은 그야말로 기술사들의 독무대다. 간단한 보고서 작성과 PT, 면접자 간의 집단토론, 개인면접의 과정이 어우러진다. 이 과정에서 기술사인 경우 업무의 전문성을 바탕으로 인상적인 몇 가지 에피소드만 풀어줘도 면접관들의 관심을 받는다. 물론 최종 면접의 경쟁자들이 모두 기술사인 경우도 상당히 많아졌는데, 이런 경우 공무원에게 요구하는 자질을 보여주자. 심사위원 중 일부는 채용부처의 고위 공무원이다. 이 사람들은 전문성이 뛰어난 성격파탄자보다는 조직에 위화감이 없고 인성적으로 양호한 사람을 뽑으려고 한다는 것을 잊지 말자. 면접에 자신이 없는 경우 면접 전문 학원도 운영되고 있으니 조금 투자해보는 것도 좋다.

단순한 직업이 아니라 국가를 움직이는 구성원으로서 공무원은 한 번 정도 경험해볼 만하다. 법을 이해하고 준수하던 입장에서 법을 직접 만드는 입장을 경험하면 세상을 이해하는 눈이 보다 넓어지고 더욱 많은 기회가 다가올 것이라 감히 말할 수 있다.

단언컨대 5급 공무원이 되는 다양한 방법 중 가장 쉽고 리스크가 작은 방법은 기술사 취득 후 민간경력직 응시이다.

11 세계에서 인정받는 국제기술사로 업그레이드

국제기술사

'국제화 시대'라는 말이 식상할 정도로 해외진출이나 해외기업과의 협업이 일상적이다. 자격증의 위상이 높지 않은 선진국에서는 통상 본인의 경력이나 대표 프로젝트를 통해 엔지니어로서의 가치를 증명해야 하는데, 이 경우 국가에서 인정하고 있는 '국제기술사'를 활용하는 것도 방법이다. 말이 안 통하는 해외 클라이언트에게 귀찮게 이런저런 서류를 보내는 대신 국제기술사 자격증만 보여주면 어느 정도 인정해주는 장점도 있다.

사실 국제기술사라는 것을 정확히 어디에 써먹을 수 있느냐는 질문을 받으면 대답이 어렵긴 하다. 국가마다 기술자격체계가 다르고 해외 입찰 등에 독점적인 자격요건으로 활용되지도 않는다. 하지만, 많은 투자 없이도 이색적인 자격을 가질 수 있고, 본인의 여건에 따라 다양하게 활용할 수 있다. 호주 등으로 이민을 갈 때도 기술 취업이 용이할 것이다.

현재 한국기술사회를 통해 심사 및 발급되고 있는 국제기술사 제도는 국가의 정식 자격이다. 지난 2008년부터 미래창조과학부에서 운영되고 있는데, 국가 간 기술 인력의 교류와 상호인정을 위해 마련한 제도로 **APEC** 엔지니어 및 **IntPE(International Professional Engineer)**로 동시 등록된다. 또한, 미국 텍사스('16.3) 및 호주('15.4)와 체결한 상호인정협정을 바탕으로 현지의 기술사로 등록할 수 있는 자격이 주어진다. EU 등과 상호자격인정을 협의 중인 것으로 알려져 있어 향후 활동 범위가 더욱 넓어질 것으로 기대된다.

② 취득방법 및 절차

국제기술사를 취득하기 위해 가장 중요한 것은 우선 기술사 자격증 보유 여부이다. 미래창조과학부의 행정규칙인 「국제기술사 자격요건 및 심사기준」에서 취득 절차 및 요건을 명시하고 있는데, 필요한 자격요건은 크게 6가지이다.

① 기술사 자격의 보유
② 학사 이상의 공학교육 이수
③ 독립적인 업무수행능력 보유
④ 학사 이상 공학교육 이수 후 7년 이상의 현장실무경력 보유
⑤ 기술사 직무 분야에서 최소 2년 이상의 책임기술자경력 보유
⑥ 교육 이수

학사 이상의 학위 및 기술사 취득 이후 2년간의 실무경력이 있다면 무난하게 신청할 수 있다. 7년 이상의 현장실무경력에는 기술사 취득 이전의 경력도 인정된다. 한 가지 주의할 점은 150학점의 교육을 이수하여야 한다는 것이다. 또한 교육은 3년마다 갱신하여야 한다.

현재 국제기술사의 심사 및 발급 업무는 한국기술사회를 통해 진행되고 있다. 기술사회 홈페이지를 통해 매년 1~2회 정도 등록 공고를 하고 있는데, 20~30만 원 정도의 신청비(정회원 여부에 따라 차등)를 납부하게 되면 약 4~6개월 정도의 심사기간 이후 자격증이 송부되어 온다. 비용이 수반되는 만큼 자격요건이 확실한 기술사들이 등록을 신청하여, 반려되는 경우는 거의 없는 것으로 알려져 있다.

이후 협정을 맺은 현지 국가의 시스템에 맞춰 신청절차를 진행해야 한다. 현재는 미국의 텍사스 주와 호주로만 한정되어 있으며, 각각 절차가 상이하니 기술사 종합정보시스템의 안내를 확인해보자(https://www.kpea.or.kr).

기술사 취득을 발판으로 더 넓은 무대에서 활약하기를 기대한다면, 국제기술사 신청을 해보자. 통상의 자격들이 그렇듯 시작은 미약하지만, 활용도가 좋아질수록 경쟁이 심해지고 취득이 까다로워지니 미리 보험을 들어둔다는 생각으로 취득해보는 것도 좋지 않을까?

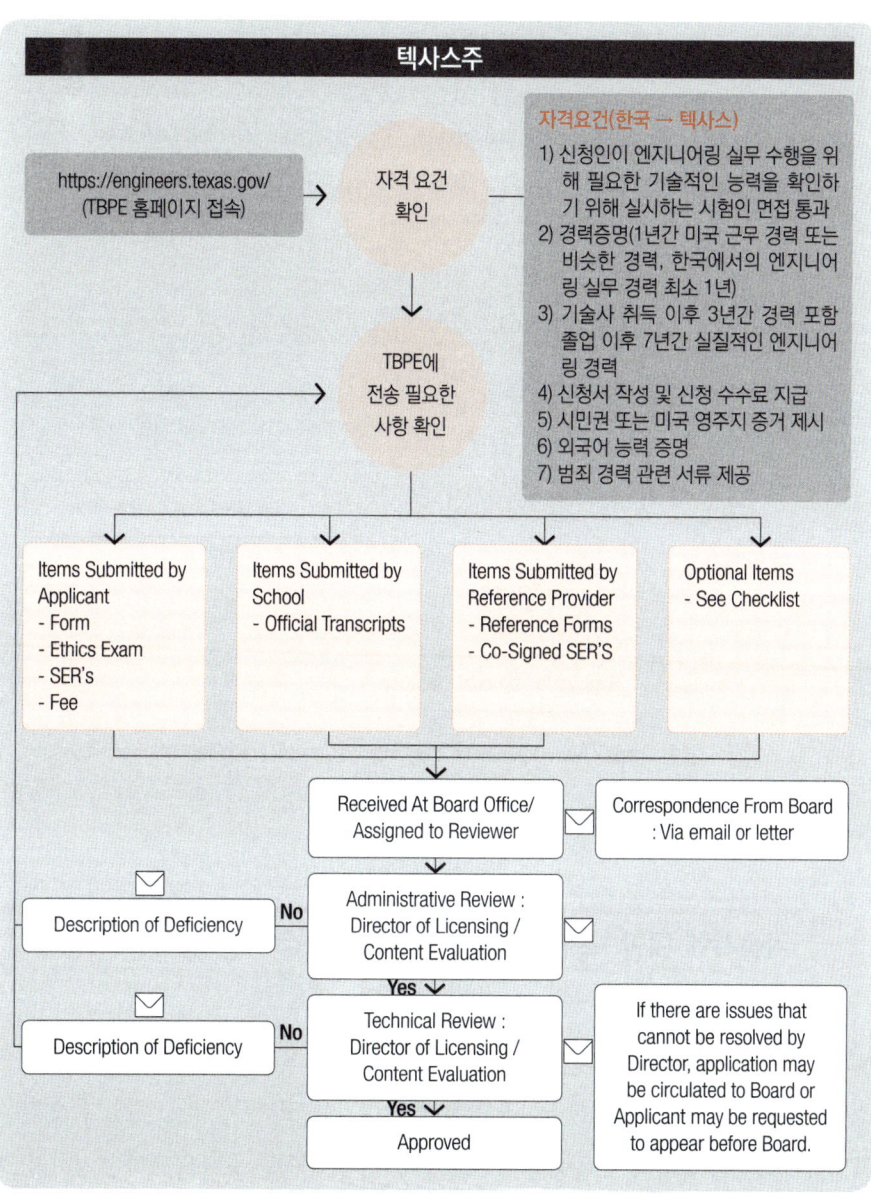

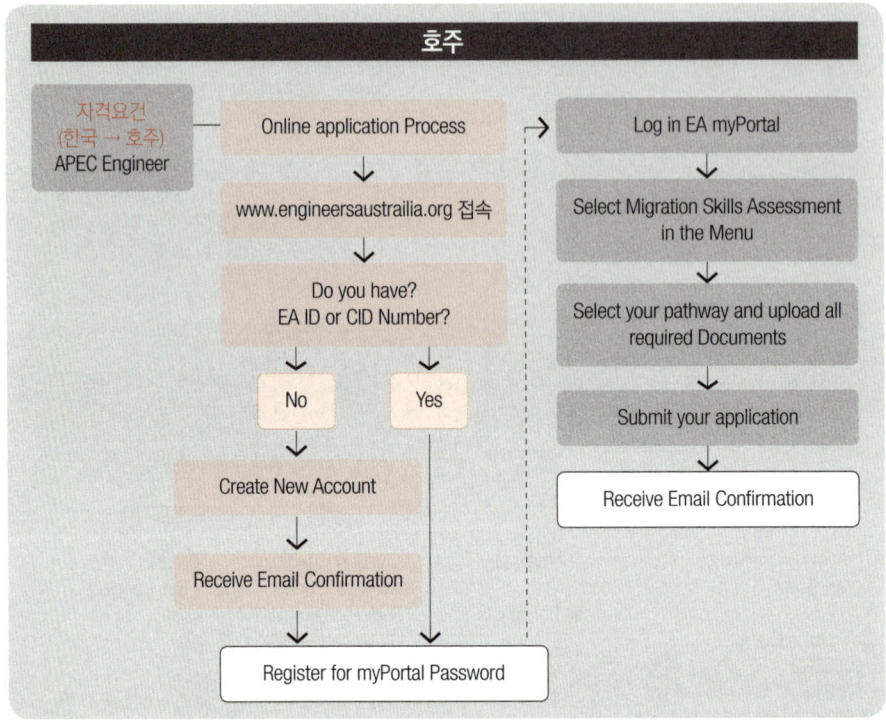

(출처 : https://www.kpea.or.kr/kpis/engineer/engineer.jsp?top=04&menu=05&sub=01)

12 기술사에 대한 '욕망'으로 이겨낸 고통과 크나큰 성취

1 마쉬멜로 이야기

스피노자는 '욕망'이 인간의 본질이라고 보았고, 그것을 '코나투스'라고 하였다. 인간은 끊임없이 욕망을 쫓아가며, 욕망은 사소한 것에서부터 엄청난 노력을 요하는 것까지 그 끝이 없다. 무한한 욕망을 잠재우기 위해 인간은 '인내'라는 것을 배우고, '이성'으로 인내를 키워가며 욕망을 잠재우곤 한다.

2000년대 중반, '마시멜로 이야기(호아킴 데 포사다 저)'라는 책이 베스트셀러가 되었다. 마시멜로 이야기는 기업가 조나단과 운전사 찰리의 이야기로 시작한다. 4살짜리 아이들을 각 방에 넣고, 아이들에게 마시멜로를 하나씩 주면서 15분을 참으면 1개를 더 주겠다고 말하고 방을 나간다. 이 실험이 끝나고 15년 정도 지난 후에 그 때 마시멜로를 바로 먹었던 아이와 먹지 않고 기다린 후 마시멜로 2개를 먹었던 아이들을 찾아서 아이들의 생활 방식을 조사하였다. 관찰 결과 마시멜로 실험에서 잘 참았던 아이들은 성적도 높고, 친구관계와 스트레스 관리를 잘 하고 있었다. 물론 마시멜로 이야기에 대한 비판의 목소리도 많았다. 인간의 행복을 너무 편협하게 봤으며, 반드시 인내가 행복을 가져다주는 것도 아니기 때문이다.

② 많은 것을 포기해야 이룰 수 있는 것

어쨌든 기술사 합격을 위한 여정은 인내의 여정이다. 그리 쉽지 않은 여정이기에, 많은 즐거움을 포기하고 인내해야 한다. 퇴근 후 즐겼던 저녁시간, 친구들과의 만남, 가족과 함께 만끽했던 주말, 평소에 즐기던 취미와 여가, 즐겁기만 한 캠핑, 낚시, 골프 등 소소하게 즐기던 즐거움들을 잠시 접어두어야 한다. 학생 때에도 시험기간만 되면 친구들과 노는 것이 어찌나 더 즐겁던지, 하지만 공부에 집중하려면 소소한 일상의 즐거움들을 어느 정도 포기해야 한다. 물론 합격자들 중 짧은 기간 동안 집중하여 합격한 사람들이 있긴 하지만 대부분의 합격자는 수험기간 동안 많은 것을 포기해야 했다.

'그래, 내가 꼭 이겨내리라.'하고 다짐하며 집중하면 그만일 것 같지만, 우리는 생각보다 무수히 많은 관계 속에서 살고 있다. 당장 가족이 있고, 특히나 아이를 키우는 가장이라면 그저 인내만으로 해결될 일은 아니다. 대부분 합격자의 여정 속 인내에는 가족들과 친구들, 주변사람들의 인내도 포함되어 있다. '엄마, 아빠는 왜 나랑 안 놀아줘?'라며 징징거리는 아이를 뒤로 하고 도서관에 가는 아빠, 자랑스러운 아빠가 되고자 고등학생

자녀와 함께 공부하는 아빠, 가족들의 배려를 구하며 기술사에 도전장을 내민 엄마 그리고 아내, 자주 찾아뵙지 못해 미안한 아들딸까지…. 기술사를 취득하는 과정에서 주변사람들에게 빚을 지곤 하지만, 기술사를 취득한 후 그들과 함께 하는 기쁨이란 무어라 표현할 수 없는 가치가 있다.

기술사 취득이라는 목표를 가진 도전자라면 인내를 동반자 삼아 되도록 빨리 이 여정을 끝내리라는 다짐을 해야 한다. 15분을 참는 것이 쉬운 일 같지만 4살짜리 아이에게는 무척이나 고통스러운 시간이었을 것이다. 2개의 마시멜로를 받아든 순간 어린아이는 인생의 또다른 성취와 쾌감을 느꼈을 것이다. 기술사 취득을 목표로 잡은 도전자들은 몇 배 큰 마시멜로를 향하여 지금의 소소한 마시멜로 가루들을 절제하고 인내해야 한다.

③ 기술사 합격을 위한 인내 그리고 성취

스피노자의 말에 의하면 인간은 욕망을 절제할 수 있는 존재가 아니며, 욕망을 절제하는 방법은 '더 큰 욕망을 가지는 것'이라고 한다. 기술사 합격 이후의 삶과 생활, 무한한 성취에 대한 큰 욕망으로 지금의 소소한 욕망을 포기하고 인내해 볼 것을 권한다.

기술사 시험에 합격하였을 때의 카타르시스(Catharsis)는 그간 포기했던 것들을 충분히 보상할 만하다. 산 정상을 밟은 후 마시는 시원한 물과 평소에 마시는 물맛은 분명히 다르다. 합격 후에 펼쳐질 더 큰 자유를 갈구하며 지금의 소소한 유혹을 절제하고 자신을 다잡아 보자.

'목표가 명확한 욕망'은 당장의 유혹을 절제하는 큰 힘을 가져다준다. 가장 큰 동력 중의 하나는 사랑하는 가족, 친구, 동료들과 여유로움을 만끽하고 그들에게 더 베풀고 싶다는 욕망이다. 자랑스러운 아빠, 훌륭한 엄마, 멋진 남편, 대견스런 아내, 자랑스러운 아들딸, 그대 이름은 대한민국 최고의 기술사다.

CHAPTER 02 기술사 시험의 모든 것

01 기술사란

기술사(技術士, Professional Engineer)란 해당 기술 분야에 관한 고도의 전문지식과 실무경험에 입각한 응용능력을 보유한 사람으로서 계획·연구·설계·분석·시험·시공·평가 및 이에 관한 지도·감독 등의 기술업무를 수행할 수 있는 법적인 자격을 갖춘 전문가(「국가기술자격법」 제10조)를 말한다.

과학기술의 발달과 함께 산업구조가 고도화됨에 따라 고급기술인의 역할이 한층 중요시되고 있어 고급기술인으로서의 기술사에 대한 지원·육성시책을 강구하고, 그 활용을 촉진함으로써 산업기술 발전에 이바지하기 위하여 1963년 「기술사법」을 제정하였다.

- 1963 : 「기술사법」 제정
- 1973 : 「국가기술자격법」 제정, 「기술사법」 폐지('76)
- 1992 : 「기술사법」 부활(「국가기술자격법」에 존속)
  - 기술사에 대한 지원·육성 시책 강구 및 활용 촉진
- 2002 : 「기술사법」 개정
  - 국제기술사 자격 인정
  - 2인 이상의 기술사 합동 사무소 개설

- 2007 : 「기술사법」 개정
  - 공공사업에의 기술사 우선 참여
  - 기술사 관련 종합정보시스템의 구축 · 운영
  - 기술사 제도 발전 기본계획 수립 : 1차('08~'10), 2차('11~'13), 3차('13~'17)
- 2014 : 「기술사법」 개정
  - 기술사의 등록 및 갱신제도 도입(기술사 질적 수준 유지)
  - 교육훈련 제도 강화

기술사 자격 제도의 목적은 산업기술 분야 기술사 활용 및 과학기술 진흥과 공공 안전 확보에 있다. 세부 사항은 아래와 같다.

① 기술사의 직무를 과학기술에 관한 전문적 응용능력을 필요로 하는 사항에 대한 계획 · 연구 · 설계 · 분석 · 조사 · 시공 · 감리 · 평가 · 진단 · 사업관리 · 기술판단 등으로 정함
② 정부가 기술사의 장 · 단기 수급전망과 계획, 기술사의 활용 장려 등 기술사 활용 시책을 강구할 수 있도록 함
③ 기술사가 개업하기 위하여 기술사사무소를 개설할 경우 등록하도록 함
④ 기술사는 그가 작성한 설계도서 및 보고서에 서명날인하도록 하여 그 책임의 소재를 분명히 하도록 함

02 응시자격은 어떻게 되나요

기술사 시험제도는 1963년 「기술사법」이 제정되어 실시되었으며, 1992년 11월 새로운 「기술사법」이 법률 제4,500호로 제정·공포되어 오늘에 이르고 있다. 기술사 시험은 1차

필기시험과 2차 면접시험을 거쳐 최종 합격하게 된다. 1차 필기시험은 자격 여부에 관계없이 응시할 수 있으나, 1차 필기시험에 합격하더라도 경력심사(학력, 자격, 실무경력 등)를 통과하지 못하면 1차 필기시험 합격이 무효 처리된다.

기술사 시험 응시자는 <기술사 응시자격> 표의 학력, 자격, 실무경력을 갖추어야 한다. 관련 학과를 졸업하고 기사 자격증을 취득하였다면, 관련 업계에서 4년 이상 근무한 경우 취득이 가능하다. 또한 자격 취득 여부에 관계없이 경력연수에 따라 실무경력만으로도 도전이 가능하다. 자세한 응시자격 충족 여부는 원서접수 시 한국산업인력공단 큐넷(www.q-net.or.kr) 응시자격 자가진단 시스템을 통해 확인이 가능하다.

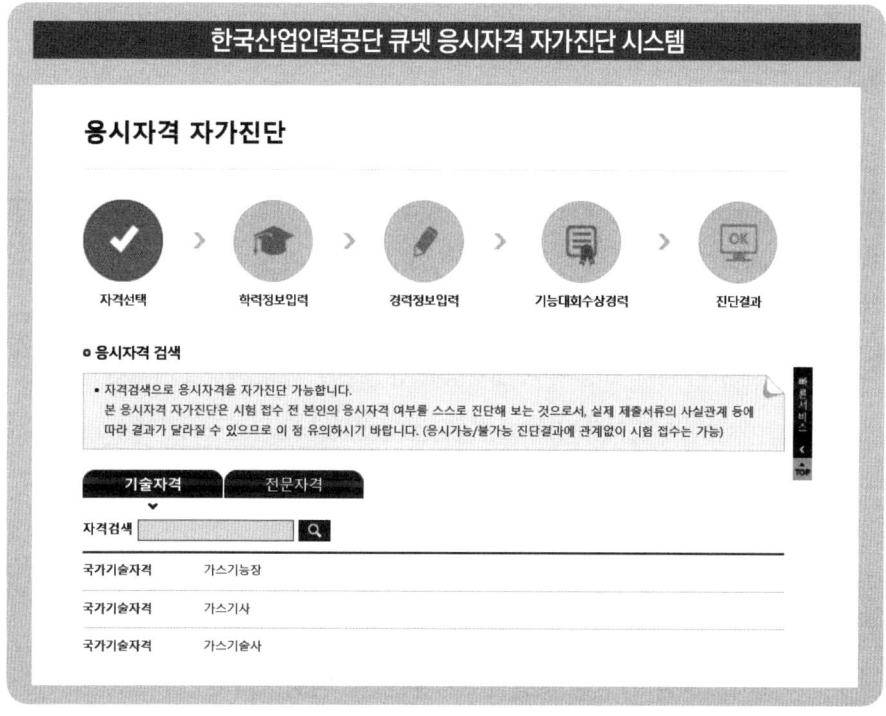

(출처 . Q-net 홈페이지)

> **기술사 응시자격**
>
> - 기사 + 실무경력 4년
> - 산업기사 + 실무경력 5년
> - 기능사 + 실무경력 7년
> - 4년제 대졸(관련 학과) + 실무경력 6년
> - 3년제 전문대졸(관련 학과) + 실무경력 7년
> - 2년제 전문대졸(관련 학과) + 실무경력 8년
> - 기사수준 기술훈련과정 이수 + 실무경력 6년
> - 산업기사수준 기술훈련과정 이수 + 실무경력 8년
> - 실무경력 9년 등
> - 동일 및 유사직무 분야의 다른 종목 기술사 자격 취득자
> - 외국에서 동일 종목 자격 취득자

(출처 : Q-net 홈페이지)

관련 학과는 대학 및 전문대학의 유사 분야 학과로 범위가 넓은 편이며, 관련 업계 근무기간에 대한 인정을 받는 것이 중요하다. 1차 필기시험에 합격하고도 근무기간 등을 인정받지 못한다면 이보다 안타까운 일이 없을 것이다. 응시 전에 산업인력공단 홈페이지에 접속하여 관련 학과 인정 여부, 실무경력 인정 여부 등 응시자격 자가진단을 해보는 것이 가장 확실한 방법이다. 참고로 건설기술인협회 등 경력관리기관에 등록되어 있는 경우라면 '경력증명서'만 제출하면 되므로 매우 간편하게 경력을 인정받을 수 있다.

03 기술사 시험 시행종목별 응시 및 취득 현황

2016년 1월 1일 기준으로 현재 시행되고 있는 국가기술자격은 총 527종목으로, 기술 및 기능 분야에 기술사는 84종목이 시행되고 있다.

◆ 분야별 기술사 시행종목(2016.1.1. 기준) ◆

직무 분야	중직무 분야	기술사 종목	배출 수
경영 · 회계 · 사무	생산관리	공장관리	205
		포장	129
		품질관리	346
	합계	3종목	680
문화 · 예술 · 디자인 · 방송	디자인	제품디자인	22
	합계	1종목	22
건설	건축	건축구조	976
		건축기계설비	1,206
		건축시공	8,853
		건축품질시험	219
	토목	농어업토목	315
		토목구조	1,290
		토질및기초	1,164
		도로및공항	1,068
		상하수도	709
		수자원개발	436
		지적	204
		지질및지반	711
		철도	316
		측량및지형공간정보	442
		토목시공	8,678
		토목품질시험	364
		항만및해안	222
		해양	80
	조경	조경	356
	도시 · 교통	교통	448
		도시계획	447
	합계	21종목	28,504

직무 분야	중직무 분야	기술사 종목	배출 수
광업자원	채광	자원관리	111
		화약류관리	139
	광해방지	광해방지	60
	합계	3종목	310
기계	기계제작	기계	283
		(정밀측정)	15
	기계장비설비·설치	건설기계	700
		공조냉동기계	887
		산업기계설비	700
	철도	철도차량	40
	조선	조선	249
	항공	항공기관	78
		항공기체	68
	자동차	차량	241
	금형·공작기계	금형	150
	합계	10종목	3,411
재료	금속·재료	금속가공	92
		금속재료	278
		금속제련	136
		세라믹	48
	용접	용접	272
	도장·도금	표면처리	76
	합계	6종목	902
화학	화공	화공	546
	합계	1종목	546
섬유·의복	섬유	섬유	138
		의류	25
		(생사)	11
	합계	2종목	174

직무 분야	중직무 분야	기술사 종목	배출 수
전기·전자	전기	건축전기설비	814
		발송배전	656
		전기응용	172
		전기철도	122
		철도신호	95
	전자	산업계측제어	135
		전자응용	33
	합계	7종목	2,027
정보통신	정보기술	정보관리	834
		컴퓨터시스템응용	591
	통신	정보통신	575
	합계	3종목	2,000
식품가공	식품	수산제조	49
		식품	856
	합계	2종목	905
농림어업	농업	농화학	109
		시설원예	66
		종자	153
	축산	축산	154
	임업	산림	148
	어업	수산양식	69
		어로	34
	합계	7종목	733
안전관리	안전관리	가스	319
		건설안전	1,201
		기계안전	226
		산업위생관리	306

직무 분야	중직무 분야	기술사 종목	배출 수
안전관리	안전관리	소방	833
		인간공학	61
		전기안전	392
		화공안전	146
	비파괴검사	비파괴검사	81
	합계	9종목	3,565
환경·에너지	환경	대기관리	247
		소음진동	205
		수질관리	320
		자연환경관리	163
		토양환경	117
		폐기물처리	242
	에너지·기상	기상예보	28
		방사선관리	98
		원자력발전	462
	합계	9종목	1,882
	구 기술사법에 따른 기술사		9
총 합계(14분야, 33중분야)		84종목	45,672

(출처 : 2017 국가기술자격 통계연보(고용노동부, 산업인력공단))

 기술사 자격종목별 응시 및 취득 현황을 살펴보면 2015년 필기시험 접수자 기준으로 상위 5개 종목은 토목시공기술사(3,135명), 건축시공기술사(2,472명), 건축전기설비기술사(1,405명), 건설안전기술사(1,272명), 소방기술사(1,247명)의 순이었으며, 2015년 기술사 필기시험 접수자 20,795명 중 9,531명으로, 상위 5개 종목의 필기시험 접수자가 기술사 전체 필기시험 접수자의 45.8%를 차지하였다.

04 시험은 1년에 몇 번 있나요

기술사 시험일정은 매년 연말에 한국산업인력공단 홈페이지에서 공시한다. 매년 3회 시행되며 종목에 따라 연 1~2회 시행되기도 한다. 이는 종목별 기술사 응시인원에 따른 것으로, 2015년 필기시험 접수자 기준으로 어로기술사(2명), 제품디자인기술사(2명), 기상예보기술사(2명), 세라믹기술사(4명), 비파괴검사기술사(4명), 원자력발전기술사(5명), 의류기술사(7명), 금속가공기술사(8명) 등은 보통 연 1회 시행되므로 종목에 따라 매년 초 산업인력공단에서 발표하는 검정시행일정을 꼭 확인해보는 것이 좋다.

05 시험접수는 어떻게 하나요

1 시험 정보는 어디서

기술사 시험 일정은 12월 초에 산업인력공단(Q-net)에서 공고한다. 최근 몇 년 동안은 12월 1일로 공고일을 명시하고 있는데, 실제 홈페이지에 공개되는 날짜에는 차이가 조금 있다.

좀 더 세부적으로는 3/4분기 정도에 차년도 기술사 시험일정과 시험 종목을 확정해 정부부처의 의견을 수렴하고 관장부처의 승인을 얻어 최종적으로 공고하는 절차를 거친다. 1차 시험일 기준 약 3개월 전에는 공고를 하는 것이 불문율이다.

필기시험에 합격하였다면 응시자격서류 제출 후 실기시험을 접수하여야 하는데, 기간은 실기시험 접수일과 동일하다. 기간이 길지 않아 기간 내 서류 제출을 완료하기 어려울 수 있으므로, 합격한 수험생은 합격자 발표 후 가급적 미리미리 서류를 준비하여 가까운 한국산업인력공단에 제출하는 것이 좋다.

응시절차 및 유의사항

1. **필기시험 원서접수**
   접수기간 내 인터넷 이용 원서접수(Q-net)
   - 비회원의 경우, 우선 회원 가입
   - 사진(90×120픽셀, JPG), 수수료 전자결제
   - 지역에 상관없이 원하는 시험장 선택 가능(선착순)

2. **수험사항 통보**
   - 수험일시와 장소는 접수 즉시 통보됨
   - 본인이 신청한 수험장소와 종목이 수험표의 기재사항과 일치하는지 여부 확인

3. **필기시험**
   - 입실시간 미준수 시 시험응시 불가
   - 수험표, 신분증, 필기구(흑색 싸인펜 등) 지참

4. **필기시험 합격자 발표**
   - Q-net을 통한 합격 확인(마이페이지 등)

5. **응시자격서류 심사대상**
   - 기술사, 기능장, 기사, 산업기사, 전문사무 분야 중 응시자격 제한 종목
   - 합격예정자 발표일로부터 8일 이내(토, 일, 공휴일 제외)에 소정의 응시자격서류(졸업증명서, 공단 소정 경력증명서 등) 제출
   - 제출하지 아니할 경우에는 필기시험 합격예정이 무효 처리됨
   - 응시자격서류를 제출하여 합격 처리된 사람에 한하여 실기접수가 가능함(실기접수기간은 합격예정자 발표일로부터 4일간)
   - 온라인 응시자격서류 제출은 필기시험 원서접수일부터 필기시험 합격자 발표일까지 가능

6. **실기시험 원서접수**
   - 실기 접수기간 내 수험원서 인터넷 제출
   - 사진(6개월 이내에 촬영한 반명함판), 수수료
   - 시험일시, 장소 본인 선택(선착순)
   - 단, 기술사 면접시험은 시행 10일 전 공고

7. **실기시험**
   - 수험표, 신분증, 필기구 지참

8. **최종합격자 발표**
   - Q-net을 통한 합격 확인(마이페이지 등)

9. **자격증 발급**
   - (인터넷) 공인인증 등을 통한 발급, 택배 가능
   - (방문수령) 여권규격사진 및 신분확인서류

(출처 : Q-net 홈페이지 참고 및 정리)

② 시험은 언제

기술사 시험은 일반적으로 1년에 3번 치른다. 수험생의 수가 많은 경우 3번 보는 종목이 있고, 적은 경우 2회, 1회로 시험 배정 횟수가 줄어든다.

　1차(필기) 시험 기준으로 보통은 2월, 5월, 8월에 시험이 있다. 1회 1차 시험은 설 명절, 2회 1차 시험은 어린이날 및 황금연휴, 3회 2차 시험은 추석 명절 등과 겹치기도 한다. 그런 경우 시험 일정은 1~2주 정도 조정되기 마련이다.

회별	필기시험 원서접수 (인터넷)	필기시험	필기시험 합격(예정)자 발표	실기시험 원서접수 (인터넷)	응시자격 서류제출 (필기시험 합격자결정) 방문제출 (휴일 제외)	실기(면접) 시험	합격자발표
제114회	1.5~1.11	2.4(일)	3.16	3.19~3.22	3.19~3.28	4.14~4.21	5.18
제115회	4.6~4.12	5.13(일)	6.22	6.25~6.28	6.25~7.4	7.21~7.28	9.7
제116회	7.20~7.26	8.11(토)	9.14	9.10~9.19 (휴일 제외)	9.10~9.21	10.28~11.4	12.7

(출처 : Q-net 홈페이지)

　통상 설 명절 다음주, 어린이날 다음주, 8월 휴가시즌 다음주 등으로 집중 배치되는 필기시험일은 언제나 나쁜 엄마, 아빠 또는 불효자를 유도하는 기가 막힌 일정이다. 이런 일정을 쉬지 않고 2년만 소화하면 가족들 사이에서 소외되고 있는 자신을 발견하게 된다.

3 시험신청은 어떻게

시험을 보기로 마음먹었다면, 시험접수 기간이 시작되자마자 바로 신청하도록 하자. 가끔 원하는 시험장이 일찍 마감되어 집에서 먼 곳까지 가는 불편함을 감수해야 하는 경우가 있다.

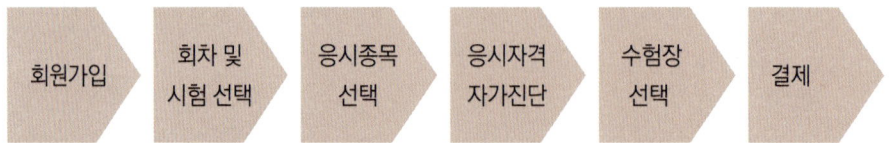

공고를 보면 친절하게 원서접수 기간이 명시되어 있다. 한국산업인력공단에서 운영하고 있는 Q-net(www.q-net.or.kr)에 접속해서 안내에 따라 회원가입을 하자. 각종 등록 및 인증으로 스트레스 지수가 급증할 수 있지만 참고 진행하도록 한다.

회원가입이 완료되면 본격적으로 응시접수를 하자. 정기시험 메뉴에서 원서접수를 선택하면 해당기간에 접수 가능한 시험이 표시된다. 해당 회차의 기술사 시험을 정확하게 클릭한다.

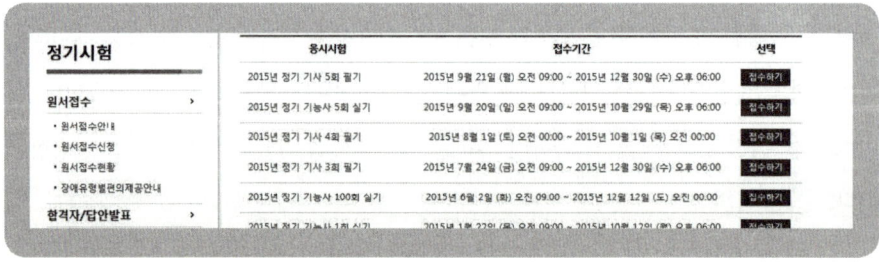

다음은 응시종목 선택이다. 당연하지만 해당 회차에 공고되지 않은 시험은 선택이 불가하다.

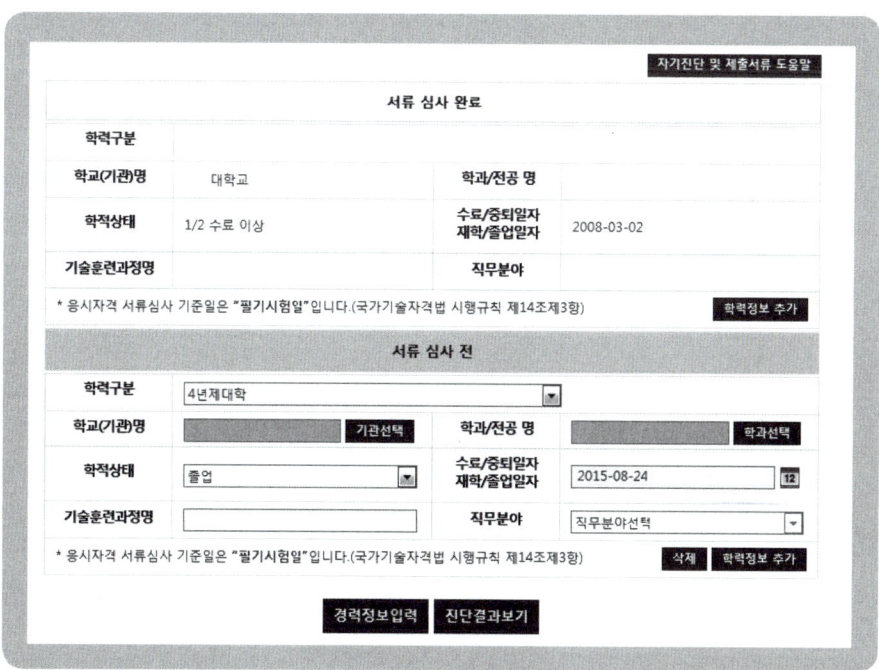

응시자격 자가진단 메뉴가 있으니 입력하고 다음으로 넘어가자.

PART 01 인생역전의 열쇠, 기술사

이후 장애여부, 면제과목 등을 입력하고, 수험장을 선택한다. 접근성이 좋고, 주차편의, 깨끗한 시설 등을 갖춘 시험장은 일찌감치 마감될 수 있으니 기왕에 시험을 치기로 했다면 빨리 접수하자.

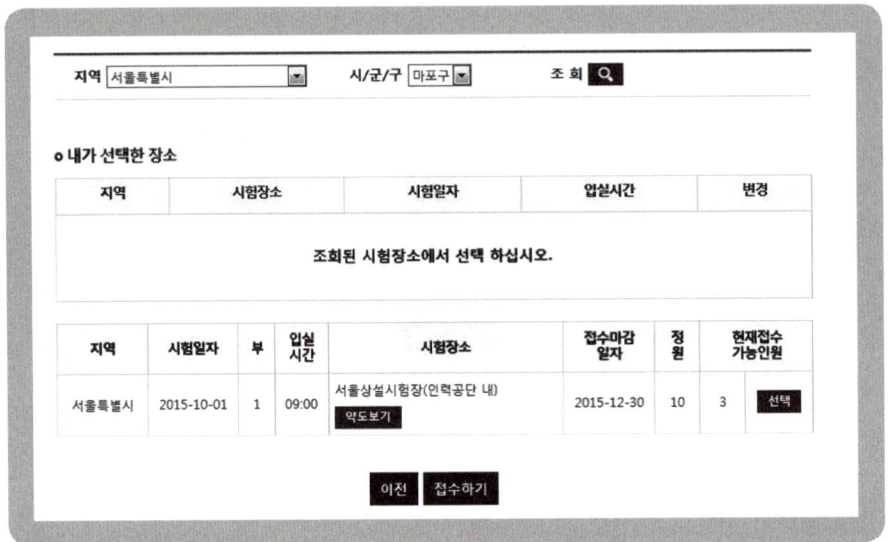

(출처 : Q-net 홈페이지)

마지막으로 가장 중요한 결제 단계이다. 결제 프로그램 설치가 잘 안 되는 경우도 있으니 인내심을 가지고 마무리하도록 하자. 2017년 기준 시험비는 1차 시험 67,800원, 2차 시험 87,100원이다.

06 시험장소 및 시험시간은 어떻게 되나요

1) 기술사 시험장소

1차 필기시험 원서접수 시 가까운 수험장을 선택할 수 있으며, 선착순으로 마감되므로 원하는 수험장에서 시험을 보고자 하는 수험생은 가급적 원서접수를 서둘러 하는 것이 좋다. 현재는 서울과 대도시에서만 시행되고 있기 때문에, 지방에 멀리 거주하는 수험자의 경우 당일 새벽이나 전날 시험 장소에 미리 와서 시험을 준비해야 한다.

지역	시험장소	지역	시험장소
서울	강서공업고등학교	인천광역시	계산공업고등학교
	서울공업고등학교	대전광역시	동아마이스터고등학교
	용산공업고등학교	대구광역시	대구공업고등학교
	오금중학교	광주광역시	남부대학교
	성동공업고등학교	부산광역시	한국산업인력공단 부산지역본부
	인덕공업고등학교		부산전자공업고등학교
경기도	평촌경영고등학교	제주특별자치도	한국산업인력공단 제주지사
	수원공업고등학교		

(출처 : Q-net 홈페이지)

② 기술사 시험시간

◇ 기술사 시험시간 ◇

구분		시간	비고
오전	입실 및 시험 안내	08:30~ 09:00	입실시간 준수
	1교시	09:00~ 10:40	
	2교시	11:00~ 12:40	
중 식		12:40~ 13:40	도시락 권장
오후	3교시	13:40~ 15:20	
	4교시	15:40~ 17:20	

(출처 : Q-net 홈페이지)

시험은 오전 8시 30분부터 시작해서 17시 20분에 끝난다. 온 정신을 집중해서 하루 종일 계속해서 써야 하는 시험이다. 사회생활을 하면서 '이렇게 긴 시간동안 집중해서 계속 써 본 적이 있었나?' 생각해 보면 얼마나 긴 시간인지를 알 수 있다. 기술사 시험을 준비하는 분들은 시험시간 100분과 쉬는 시간 20분이 길다고 생각하는데, 합격을 목표로 하는 수험생에게는 결코 긴 시간이 아니다. 쉬는 시간 20분도 그렇게 짧게 느껴질 수가 없다. 합격을 목표로 하는 사람에게 그 시간은 쉬는 시간이 아니라 체력회복 시간이기 때문이다.

2교시 이후에는 1시간의 점심시간이 있는데, 도시락을 미리 준비할 것을 적극 권장한다. 하루 종일 정신을 집중해서 시험을 봐야 하는데 식당을 찾아가서 한참을 기다려 식사를 하거나, 학교 정문에서 파는 도시락을 사려고 길게 줄 서는 것보다는 미리 준비한 도시락을 꺼내 먹는 것이 훨씬 수월하고 심리적 안정에도 도움이 된다. 집에서 준비한 맛있는 도시락, 가족들의 응원소리가 느껴지는 간식을 먹는다면 힘이 날 것이다.

3교시 이후에 체력 저하로 시험을 망치는 수험생이 많다는 점을 볼 때, 공부와 함께 체력단련도 병행하여야 한다. 4교시까지 시험이 끝나면 흔히 하는 말로 '집에 갈 힘밖에 남지 않는다.'고 한다. 그만큼 체력소모가 많다.

기술사에 합격한 사람은 물론이고 시험을 한두 번 치러봤던 도전자라면 시험이 끝나고 학교를 걸어 나올 때 밀려오는 감회에 대한 기억이 생생할 것이다. 온종일 치열한 전투를 하고 걸어 나오는 본인이 대견하기도 하고, 실수했던 답안 생각에 마음이 복잡하기도 하고, 또다시 이곳에 와서 전투를 치러야하나 하는 생각, 빨리 합격자 발표를 했으면 좋겠다는 생각에 합격자 발표일을 손꼽아 보기도 했을 것이다.

기술사에 꼭 합격하리라 마음먹고 도전하는 사람이라면 그 느낌을 만끽하길 바란다. 종일 써내려가느라 손과 팔이 아파오지만 가슴속에서 밀려오는 보람과 희열을 즐길 수 있길 바란다. 전력을 다해 시험을 끝냈어도 완전히 끝난 것이 아니다. 시험 직후 느낀 점을 메모해야 하고, 1주일 이내에 복기를 해야 한다. 기술사 시험 합격에는 많은 공부, 집중력, 체력 등 여러 가지가 필요하다.

07 시험문제지는 어떻게 생겼나요

기술사 시험문제지는 A4보다 약간 큰 B4 크기의 누런 갱지(재생지)이다. 시험지의 재질과 크기에 대해 알고 있어야 하는 이유는 시험지의 활용 때문이다. 시험장에서는 시험지와 답지 2가지가 제공되므로, 수험자는 시험지에 메모를 해야 한다. 시험지의 규격과 재질을 미리 알아 두고, 시험지 여백에 메모하는 연습을 하는 것이 좋다. 답안을 작성하는 데 필요한 메모는 문제의 하단에 하는 것이 가장 효율적인데, 문제 아래에 메모를 할 공간이 전혀 없는 경우도 있으므로, 이럴 경우에 대비한 메모 연습을 미리 해두어야 한다.

문제지는 크게 2가지 유형으로 되어 있다. 먼저, 개별 문제 아래쪽에 메모하기가 용이한 형태이다. 문제의 하단에 필요한 내용이나 키워드를 메모할 수가 있다. 다음은 메모할 공간이 없는 경우이다. 문제지 하단에 도면까지 있어 수험자가 메모할 공간이 거의 없는 경우가 있다. 이럴 경우 문제지를 반으로 접어서 뒷면을 활용해야 한다. 메모할 수 있는 공간이 적으면 심리적으로 부담감을 느낄 수밖에 없다. 어떤 형태로 편집된 문제지를 받을지 알 수 없으므로, 두 가지 유형을 고려하여 평소에 메모하는 연습을 많이 해두어야 한다.

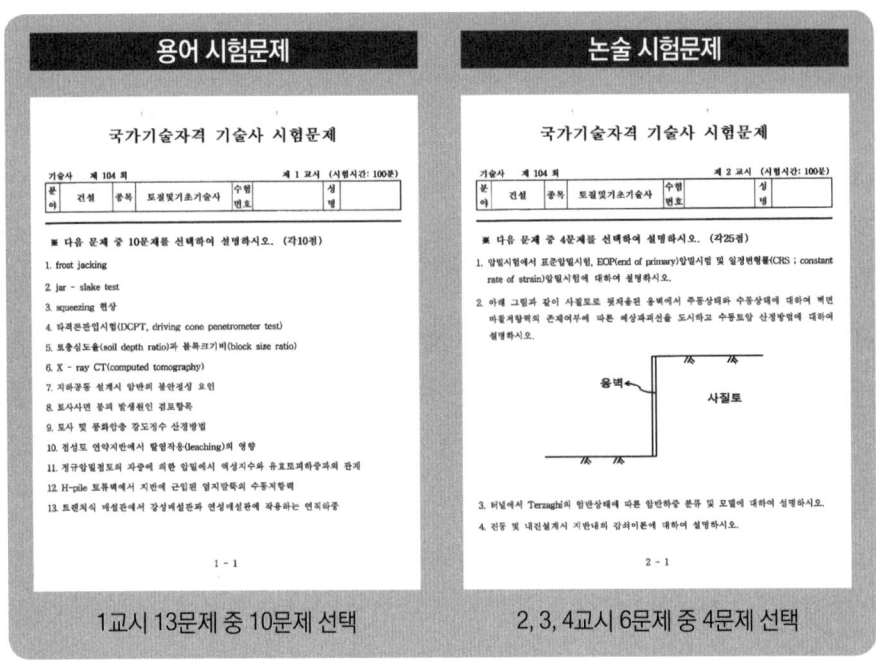

(출처 : Q-net 홈페이지)

    교시별 100분이라는 시간은 결코 많은 시간이 아니다. 메모할 거리를 생각한다거나, 순서를 바꾼다거나, 논지를 변경할 만한 시간이 없다. 문제를 보자마자 3~5개의 키워드를 쓸 수 있는 문제를 선정해내야 한다.

    답안을 작성할 때에는 메모된 키워드를 중심으로 살을 붙여 나가면서 작성하면 된다. 키워드가 잘 메모되어 있어야 사고의 흐름이 유연하게 이루어지고, 논리의 일관성을 유지할 수가 있다. 최근에 개정된 답안지에는 메모할 수 있는 페이지가 제공된다. 하지만 실제 시험장에서는 문제선택 및 답안 작성에 충분한 시간이 없기 때문에 사실상 별도의 메모페이지를 활용하기가 쉽지는 않다.

08 시험답안지는 어떻게 생겼나요

모든 유형의 종이와 펜에 쉽게 적응하는 수험자라면 그럴 필요가 없겠지만, 손에 땀이 많다거나 필기구의 감촉이나 종이의 질감에 영향을 많이 받는 수험자라면 답안지의 재질에 대해 미리 알아두는 것이 좋다.

기술사 시험 시 제공되는 답안지는 문제지처럼 A4보다 조금 길고, 굵은 실로 제본되어 있다. 106회 시험(2015년 5월 10일)까지는 위로 넘기면서 답안을 작성하는 상단편철방식이었는데, 107회 시험(2015년 8월 1일)부터는 좌편철(230㎜×297㎜)에 A4규격(210㎜×297㎜)보다 20㎜ 넓은 형태로 변경되었다. 다음의 그림을 통해 106회 이전의 상단편철방식과 107회 이후의 좌편철방식의 답지를 비교할 수 있다. 답지 표지에는 시험회차와 자격종목을 기재하도록 되어 있다. 표지에는 '답안지 작성 시 유의사항'이 기재되어 있으며, 시험 시작 전 감독관이 자세히 설명한다.

수험번호와 성명은 좌측 기재란에 적게 되어 있고, 매 시험시간마다 감독관이 신분증을 비교하여 본인확인 후 사인을 하도록 하고 있다. 시험이 끝나면 수험생들의 모든 답안을 좌편철로 하나로 묶게 되는데, 좌측에 기재한 수험번호와 성명은 이때부터 채점이 끝날 때까지 공개되지 않는다. 즉, 채점자도 수험번호와 성명을 보지 못한 채 채점을 하게 되는 것이다.

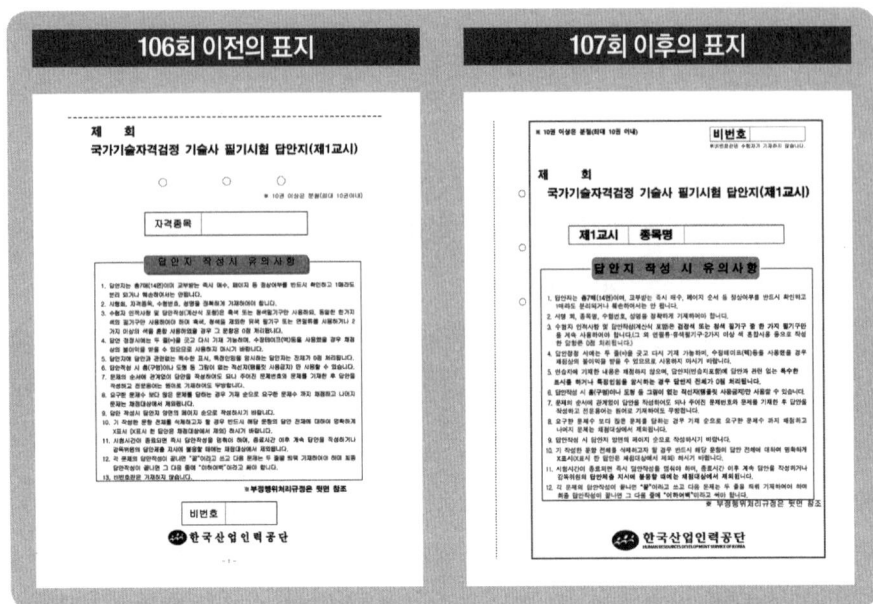
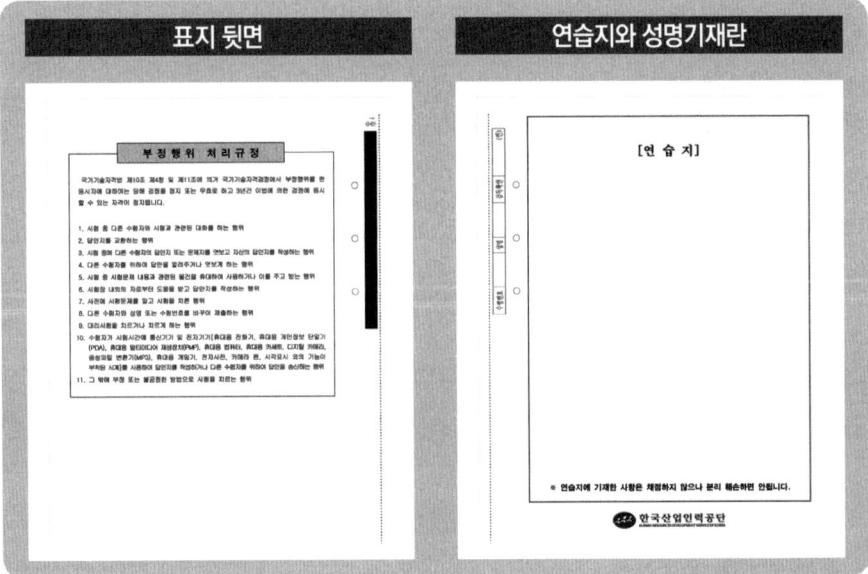

(출처 : Q-net 홈페이지)

답안지는 총 7매(14면)이며, 교부받는 즉시 매수, 페이지 등이 정상인지 확인하고 1매라도 분리되거나 훼손된 경우 재교부받아야 한다. 표지의 비번호는 수험자가 기재하는 것이 아니므로 유의해야 한다. 표지를 넘기면 뒷면에는 부정행위 처리규정이 기재되어 있다. 일반적이고 상식적인 내용이니 한 번만 읽어보면 된다.

106회 이전까지는 답지만 있었는데, 107회 시험부터는 '연습지'가 추가되었다. 연습지에 기록된 내용은 채점하지 않지만, 제외되거나 훼손되어서는 안 된다. 또 연습지가 지나치게 난잡하거나 혼란스러운 경우 이미지가 나빠질 수 있다.

답안지의 속지는 일반적으로 사무실에서 사용하는 $80g/1㎡$보다 조금 두꺼워서 앞면에 쓴 내용이 뒷면에 비치지는 않는다. 하지만 지나치게 굵은 펜이나 많이 번지는 수성펜을 사용할 경우, 뒷면에 번질 수 있다. 답안지의 재질은 펜의 선택과 관련이 있다. 유성펜은 잘 미끄러져서 글자를 반듯하게 쓰기가 쉽지 않으며, 수성펜은 잘 번져서 지저분한 느낌이 들 수 있다. 수험자 입장에서는 일단 응시를 해보고 자신에게 맞는 필기구를 선택하는 것이 중요하다.

답안지 한 면은 22줄이며, 1줄의 길이는 1.15㎝로 평소에 익숙한 대학노트의 0.8㎝보다 훨씬 길다. 기술사 시험 답안을 작성할 때 글씨를 크게 쓰라고 하는데, 답안지 1줄의 길이가 평소에 접하는 익숙한 길이보다 길기 때문이다. 답안지 좌측에는 '번호'라고 하는 1㎝폭의 격자가 있고 그 옆으로 0.7㎝폭의 2칸이 있다. 제일 좌측은 큰 번호를 적고, 우측으로 가면서 하위 번호를 기재하면 된다. 답안지 양식이 이렇게 지정되면서, 서술식이 아닌 개조식 답안 작성 방식이 많아진 것으로 보인다. 과거 이러한 구분이 없을 때에는 서술식으로도 많이 작성하였으나, 세로줄 구분이 생기면서 위계별 번호를 부여하여 작성하는 방식이 자연스러워진 것이다.

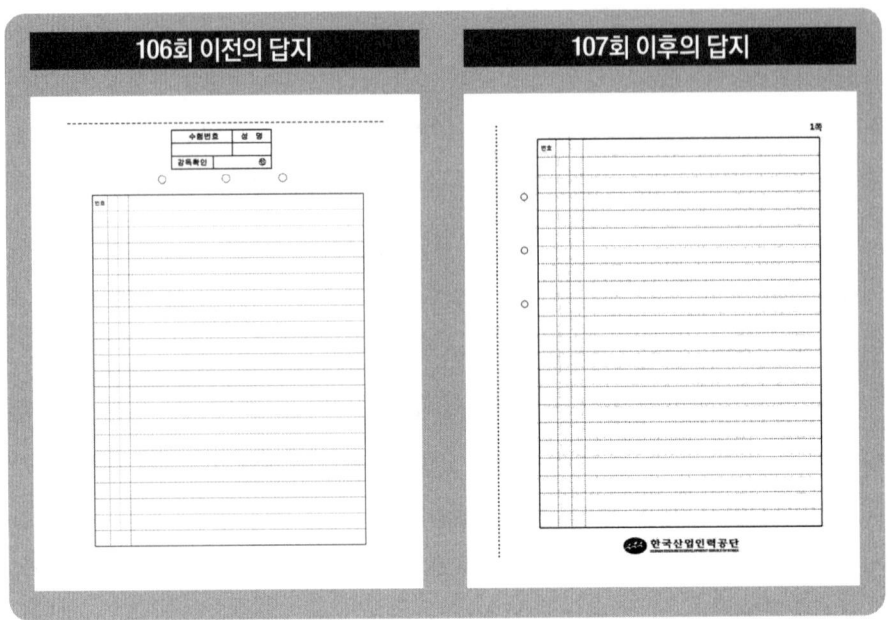

(출처 : Q-net 홈페이지)

　1교시 용어문제는 일반적으로 각 문제당 1페이지씩 작성하고, 2~4교시 논술문제는 문제당 2.5~3페이지씩 작성하면 된다. 많은 내용을 기재할 수는 없는 분량이다. 채점위원들의 경험과 연륜이 많다는 것을 감안할 때, 작고 많은 글씨보다는 크고 시원시원한 글씨가 더 좋은 점수를 받을 수 있다. 1.15㎝ 높이의 가로줄에 글을 쓰다 보면 1줄에 20자 내외로 작성하는 것이 가장 인식성이 높다. 평소 업무에서 높이 1㎝, 한 줄에 20자 내외로 작성하는 연습을 해 두는 것이 좋다.

09 시험 채점은 어떻게 하나요

기술사 시험은 대부분 일요일에 치러진다. 기술사 시험문제는 금요일에 출제하고 토요일에 인쇄하여 시험장으로 이동한다. 기술사 시험문제 출제자는 대부분 해당종목의 선배 기술사 3인으로 구성된다. 출제자는 금요일부터 일요일까지 통신이 단절된 채로 감금 아닌 감금 생활을 한 후 시험 종료와 함께 해방된다. 채점은 출제자가 하는 경우가 대부분이다. 간혹 출제자와 채점자가 다른 경우도 있긴 하지만, 출제의도를 가장 잘 알고 있는 출제자가 채점하는 경우가 많다. 따라서 총점은 1,200점(100점×3인×4교시)이고, 합격가능 총점은 720점(60점×3인×4교시) 이상이며, 합격가능 평균은 60점 이상이다.

출제자 3인은 각자 출제한 문제 중 논의를 거쳐 문제를 선별하게 된다. 기술사 시험에 응시해보면 해당 종목의 과목 중 하나의 분야나 주제에서 여러 문제가 출제된 적이 종종 있었을 것이다. 응시자 입장에서 본인이 자신 있는 주제의 문제가 많이 나온다면 운이 좋은 것이지만, 반대로 취약한 주제에서 문제가 집중되면 정말 당황스럽다. 이는 출제자가 주로 활동하는 전문 분야에 따라 문제가 집중되는 경우가 많기 때문이다.

출제자들이 가장 싫어하는 것은 출제문제에 대해서 모범답안이라 할 수 있는 '채점가이드'를 만드는 것이다. 문제를 출제하는 것으로 끝나는 것이 아니라 답안을 작성해야 하는 것이 가장 귀찮고 힘든 일이었다는 넋두리를 하기도 한다.

채점 시에는 3명이 번갈아 채점하고 합산하므로, 다른 채점자의 영향을 받는 경우도 많다고 볼 수 있다. '답안 작성의 비밀'에서 말했듯이 채점이 5초만에 끝난다는 말은 좀 과장된 말이지만, 비슷비슷한 수많은 답안을 꼼꼼히 읽어가며 채점하기는 쉽지 않다. 따라서 문제를 출제한 사람의 채점 점수는 다른 출제자의 참고자료가 되리라는 것을 추측할 수 있다.

채점자에게 어필하는 것은 깊은 논리와 디테일한 지식이 아니라 답안 자체의 프레임과 논리전개라고 볼 수 있다. 비슷비슷한 답안을 비교해가며 채점하다 보면 깔끔한 답안정리, 핵심을 바로 얘기하는 연역식 구성이 어필된다는 것이다.

또한 문제에서 요구하는 주요 내용을 단도직입적으로 제시하는 것이 중요하다. 채점자는 기술사고 응시자도 곧 기술사가 될 사람이다. 너무 원론적인 내용보다는 전문가가 전문가에게 설명하고 대화하듯 핵심 내용을 요약하고 제시하는 것이 좀 더 높은 점수를 받는 비결이라 할 수 있다.

PART 02

CHAPTER 01 기술사를 준비하자

01 합격에 이르는 힘, 동기부여

1 공부를 지속할 수 있는 힘

기술사 취득에는 인고의 시간이 필요하다. 시험 운이 좋다면 단기간에 취득할 수 있지만, 그렇지 않다면 장기간 고통을 참아내며 정진해야 한다. 실제로 이번 시험을 마지막으로 그만하겠다고 단언하고 마지막에 합격한 경우도 많이 있다. 마지막 시험에 혼신의 힘을 쏟은 결과일 수도 있으나, 그만큼 그 과정이 고통스럽다는 것을 의미한다. 이런 인고의 시간을 지탱해주는 힘이 내가 꼭 기술사가 되어야만 하는 이유, 즉 '동기부여'이다.

아름다운 목표만으로는 동기부여가 견고할 수 없다. 오히려 다소 어둡고 답답한 현실과 그 현실을 벗어나고자 하는 강력한 의지가 더욱 큰 힘이 된다. 물론 누구나 한 분야에서 최고의 전문가가 되고자 하는 순수한 마음도 가지고 있다. 하지만 때로는 열심히 일해도 늘지 않는 통장잔고 때문에, 혹은 '갑'의 횡포에서 벗어나고 싶어서, 아니면 나를 무시했던 사람들에게 통쾌하게 복수하기 위해서 등 각각의 구구절절한 사연이 절실함을 만들고 인고의 시간을 버티게 하는 원동력이 된다.

② My Story

이 부분은 개인의 사정에 따라 제각각일 수밖에 없다. 먼저 합격한 선배 기술사를 따라 할 수도 없다. 내가 실제로 느끼는 뼈에 사무친 갈증이 동기가 되어 순도 높은 동력원으로 작용한다. 지질한 이유도 상관없고 증오의 대상을 만들어도 상관없다. 다만 장기적인 동력이 되기 위해선 순수한 것일수록 좋다.

나는 어떠한가? 만일 기러기 아빠라면 가족들을 다시 한국으로 불러들이거나 해외에서 활동하기 위한 기반을 꿈꿀 수 있다. 박봉과 과도한 업무에 시달리는 와중에 부인이 둘째를 임신했다면, 이런 갑갑한 상황을 벗어나기 위한 카드로 기술사 취득을 생각할 수 있다. 시험에 합격한 기술사들의 사연은 열이면 열, 백이면 백 모두 다르다. 또 설렁설렁 공부해서 합격한 기술사는 본 적이 없다. 모두 각기 다른 사연을 동력으로 삼아 시험에 응한 것이다.

시험공부는 길고도 외로운 자신과의 싸움이다. 하지만 기술사는 포기하지만 않는다면 언젠가는 합격하는 시험이다. 그 합격의 순간이 가깝든 멀든 그때까지 버틸 수 있는 동기를 만드는 것이 기술사 시험의 첫걸음이라고 할 수 있다.

02 시험정보의 구득방법

① Q-net(한국산업인력공단 홈페이지)

한국산업인력공단은 고용노동부 산하 기술사 시험 시행기관이다. 기술사 자격증은 국가기술사격증으로서 한국산입인력공단에서 빌급한다. Q-net에시는 시험일정, 웅시지 및 합격자 현황 등 다양한 정보를 제공받을 수 있으며, 특히 종목별 활용 현황이나 자격증 관련 통계자료를 찾아볼 수 있다.

Q-net은 기술사 시험의 접수와 시험장의 안내 및 선택 등 절차적인 부분이 진행되는 곳이기도 하다. 기술사 시험을 준비하는 수험자라면 수시로 접속하여 정보를 확인하는 것이 좋다.

② 기술사 시험 전문 학원

학원도 빼놓을 수 없다. 실제로 합격자 대부분 학원 수강 경험이 있다. 간혹, 학원 수강을 하지 않은 합격자도 있으나, 거의 모든 응시자가 한 번은 거쳐가는 과정이라 할 수 있다. 학원의 경우 수강비용이 만만치 않다. 많은 합격자들이 학원 수강을 권장하지만, 학원 수강을 하지 않고도 얼마든지 합격할 수 있다. 응시자가 많은 종목은 학원에서 답안 작성 방법 등을 강의하기 때문에 이 자료를 구득해서 공부하면 되고, 응시자가 많지 않은 종목은 자신이 스스로 작성한 답안 자체가 훌륭한 사례가 될 수 있다.

③ 수험서(기출문제 풀이집 등)

비용과 시간을 고려할 때 학원 수강이 여의치 않을 수도 있다. 그렇다 하더라도 기출문제 풀이집 등 수험 관련 서적은 반드시 참고해야 한다. 응시자가 많은 종목은 수험서 구득이 용이하지만, 응시자가 많지 않은 종목은 수험서가 없거나 최신 내용이 반영되어 있지 않을 수도 있다. 시험에 합격하기 위해서는 기출문제 유형 분석과 답안 작성 방법에 대한 정보 취득이 가장 중요하다. 이를 먼저 확인하고 시험공부를 시작해야 한다.

④ 인터넷 검색(카페, 블로그 등)

대한민국은 세계 최고 수준의 IT인프라를 자랑한다. 인터넷 검색을 통해 해당 분야 기술사 시험 정보를 구득하는 일은 너무나 쉽다. 특히, 인터넷 동호회(카페)나 블로그 등에서 쉽게 정보를 구할 수 있으며, 인터넷 커뮤니티 회원 가입을 통해 얼마든지 알짜 정보를 구할 수 있다.

인터넷 검색은 최근 동향 분석 등을 위해 결코 소홀히 해서는 안 된다. 먼저 합격한 사람들의 합격수기를 검색할 수 있고, 알토란 같은 Tip도 많이 얻을 수 있다. 또, 같은 시험을 준비하는 사람들과 스터디를 구성하는 데 도움을 받을 수도 있다.

인터넷에서 구할 수 있는 가장 좋은 정보는 합격한 선배 기술사의 합격수기이다. 만약 수험자가 공부 방법과 양을 가늠할 수 없는 상태라면, 먼저 걸어간 수험자의 발자국을 확인하는 것만으로도 훌륭한 이정표가 된다. 특히, 성공비법이 응축되어 있고 시행착오를 최소화할 수 있다는 데에 큰 메리트가 있다. 하지만 사람마다 공부 방법이 다르고 여건이 다르기 때문에 맹신할 필요는 없다. 참고자료로 충분히 활용하고 나만의 방법을 만들어 내는 것이 훨씬 유용하다.

03 계획 세우기

① 방법 찾기

보통 기술사 시험을 준비하겠다고 마음먹고 제일 먼저 하는 일은 시중의 수험서를 구입하는 일일 것이다. 그리고 보다 적극적인 방법은 학원에 등록하는 것이다. 기술사 시험 합격을 위해서는 많은 정보를 수집하고 최근의 트렌드를 파악해야 하기 때문에 올바른 선택이라고 할 수 있다.

추천할 만한 방법은 먼저 합격한 선배 기술사를 만나서 생생한 이야기를 들어보는 것이다. 그 안에 공부에 대한 접근 및 공부 방법, 공부량, 정보구득방법 등의 노하우가 들어 있다. 다만 합격한지 5년이 넘어가는 경우에는 큰 도움이 되지 않을 수도 있다. 방법적인 부분에 대해서는 도움을 받을 수 있더라도 정보의 신선도가 떨어지거나 최신 트렌드에 대한 파악이 어렵기 때문이다. 이런 경우 보완적인 정보로만 활용하는 것이 좋다.

시험을 준비하는 사람 입장에서는 가장 좋은 방법을 찾고 싶고, 준비기간이 얼마나 걸릴지 궁금하다. 하지만 모든 공부가 그렇듯이 왕도는 없다. 본인만의 방법 찾기와 노력이 없다면 합격의 기쁨을 맛보기는 어려울 것이다.

② 공부는 언제 시작할까

시험에 응시하기에는 자신의 경력과 경험이 부족하다고 시험공부를 차일피일 미루는 경우가 있다. 혹은 공부해야 하는 시간을 가늠해보고 소위 '각'이 나오지 않아 후일로 미루는 경우도 있다. 그러나 하루라도 빨리 공부를 시작하는 것을 적극 추천한다. 합격자별 연령 분포를 보더라도 30대 합격자 비율이 35%에 이르기 때문이다. 좀 더 경험을 쌓은 후 또는 여건이 갖춰진 후로 미루다 보면 시험 합격에 필요한 기억력과 체력은 그만큼 쇠퇴해버린다. 어차피 해야 하는 공부라면 좀 더 젊을 때 끝내버리는 것이 여러모로 좋다는 결론을 도출할 수 있다.

공부를 위한 여건이 완벽하게 갖춰지는 경우는 없다. 공부를 당장 시작하지 않을 핑계는 얼마든지 만들 수 있다. 물론 절대적으로 공부할 시간을 많이 확보하는 수험자가 훨씬 유리하긴 하지만 보다 중요한 건 완주에 대한 의지이다.

시험응시도 빠르면 빠를수록 좋다. 시험 합격에는 시험장에서의 경험도 한몫을 한다. 또한, 시험공부를 통해 업무능력을 향상시킬 수 있다. 여러모로 경험이 부족하여 시험을 미룬다는 것은 핑계에 불과하다.

③ 공부 방법

공부 방법에 대한 의견은 분분할 수밖에 없다. 수험자의 성향에 따라 모여서 공부하는 것이 맞을 수도 있고, 산속 암자에 틀어박혀 홀로 공부하는 것이 나을 수도 있다. 또한 학원을 다니며 공부 범위와 접근방법에 대한 감을 익히거나 동료들과 지식을 공유하여 공부기간을 단축하는 방법도 있다.

시험에 임하는 입장에서는 공부시간 단축을 가능케 하는 모든 수단이 매력적이다. 학원을 다니면 공부 범위와 문제에 대한 접근방법, 답안 작성 요령 등의 테크닉을 습득하는 데 도움이 된다. 스터디를 하면 주제를 공유하여 공부시간을 단축할 수 있고, 의견교환으로 시야가 넓어진다. 또 말하는 능력이 향상되어 면접시험 대비에도 도움이 된다. 무엇보다도 혼자 공부하는 외로움과 나태함을 해소할 수 있다는 장점이 있다.

하지만 시험은 혼자 치르는 것이며, 공부의 기본은 혼자 하는 것이다. 학원에서 배운 내용도 복습하여 나의 것으로 만들어야 하고 나만의 생각과 시각을 투영하여 차별화를 해야만 효과가 있다. 스터디를 통한 공부도 마찬가지다. 공부의 기본은 혼자 하는 것이라는 것을 명심하고 그 외의 수단은 공부시간을 단축시켜주는 도구라고 생각해야 한다.

④ 공부하는 방법에 대한 공부

오랜시간 공부하다보면 내 공부 방법이 맞는지 의구심이 들 때가 있다. 깨진 독에 물을 붓는 것 같거나 허공에 삽질을 하는 것 같은 느낌이 들면, 자신의 공부계획을 다시 한 번 들여다 볼 필요가 있다. 공부계획은 맹목적으로 따라야 할 대상이 아니다. 어찌 보면 최상의 결과를 내기 위해 수정하고 보완해 가야할 대상이다. 공부가 진행될수록 방법론적인 부분도 습득할 수 있다. 잘못 세워진 계획, 본인의 성향이 고려되지 않은 계획 등은 공부하는 과정에서 피드백하는 것이 좋다.

'공부하는 방법'에 대한 '공부'는 공부시간을 단축시켜 준다. 실질적인 내용에만 매달리기보다 공부의 방법론에 대한 고민도 병행하는 것이 좋다.

04 주변정리

1 굵고 짧게 혹은 가늘고 길게

합격한 사람을 보면 주변정리가 잘 되어 있는 경우가 많다. 여기서 주변정리란 책상이나 근무환경이 아니라 주변 사람들과의 관계를 말한다. 기술사 시험 합격 수기를 보면 시험공부를 하는 동안 남편(아내), 아빠(엄마), 친구로서의 역할을 잠시 접어둔 경우가 많다는 것이다. 반대로 평소와 다름없이 사회생활을 하고 친구들과의 관계를 유지하면서 시험에 합격한 경우도 있는데, 이 경우는 시험 합격에 오랜 시간이 소요된다. 사회적 역할을 잠시 미루고 시험 공부기간을 짧게 할 것인지, 평소와 다름없이 사회생활을 하면서 장기간 시험 준비를 할 것인지는 자신의 선호도와 역량을 파악해서 선택해야 한다. 어떤 방식을 선택하든 주변정리는 필요하다.

2 가족의 협조

가족들, 특히 배우자의 적극적인 협조 없이는 시험합격이 거의 불가능하다. 시험 준비를 하다 보면, 주말에 도서관이나 독서실로 향하느라 부득이하게 가정에 소홀해진다. 이에 대한 배우자의 적극적인 이해와 협조가 필요하다. 주중에는 업무와 야근으로 공부시간이 부족하기 때문에 주말은 시험공부를 위해 대단히 중요한 시간이다. 주말이 얼마나 소중한 시간인지를 수험자뿐만 아니라 가족들이 인식하고, 주말에 공부할 수 있는 환경을 조성해야 한다. 최소한 한나절만이라도 집중적으로 공부할 수 있어야 하며, 수험자는 이 시간에 최대한 집중해서 공부해야 한다.

달리 생각하면 시험공부를 강도 높게 하든 설렁설렁하든 가족에게는 구성원의 부재로 느껴질 수밖에 없다. '나중에 잘 해줄게.', '나중에 호강시켜 줄게.'라고 달래며 독하게 공부해서 단기간에 끝내는 것이 진정으로 가족을 위하는 길일지도 모른다.

③ 생활습관

퇴근하고 집에 가는 길에 직장동료 또는 친구들과 모여앉아 회포를 풀며 하루를 마무리하는 생활, 집에 가자마자 소파에 누워 TV를 보다가 새벽 2시가 되어서야 잠이 드는 생활, 주말이면 느지막이 일어나서 아점(아침 겸 점심)을 먹고 하릴없이 뒹구는 생활, 이런 생활습관을 정리해야 한다.

하루하루 직장생활을 하다 보면, 게으르고 나태하게 지내고 싶은 욕망이 일어나는 것이 인지상정이다. 문제는 이런 생활이 습관으로 자리 잡을 수 있다는 점이다. 단기간에 끝낼 수 있는 시험이 아니기 때문에, 시험을 보겠다고 결심한 이상 이런 생활습관과는 잠시 작별인사를 해야 한다. 또한, PC게임이나 핸드폰 게임의 경우 게임하는 시간은 짧아도 머릿속에 잔상은 오래가기 마련이다. 과감하게 게임을 지우고 공부에 매진하도록 하자. 수험자의 머릿속은 시험과 관련된 것들로만 가득 차 있어야 한다.

④ 직장동료의 도움

직장동료들에게 도움을 청할 것은 두 가지인데, 첫 번째는 업무와 연관된 검토서 등을 썼을 때 이에 대한 심도 깊은 조언을 부탁하는 것이다. 이는 업무와 연관된 것이므로 사실은 양해를 구한다고 할 수도 없다. 두 번째는 시험을 1~3개월 정도 앞둔 시점에 업무

부담을 조금이나마 덜어 달라는 부탁을 하는 것이다. 주위에 시험응시자가 있을 경우 혼자만 공부하겠다는 것으로 비추어 질 수 있으므로, 자신이 처한 상황에 맞게 잘 대처해야 한다. 업무 부담이 줄어드는 것은 직장동료들의 헌신적인 도움 덕분이다. 이러한 직장동료들의 헌신적인 도움에도 합격하지 못한다면 본인뿐만 아니라 동료들에게도 미안한 일이므로 꼭 필요한 시점에 요긴하게 활용해야 할 것이다.

　기술사 공부를 시작하면서 주변사람에게 이를 알릴까 말까 고민하는 분들이 있을 것이다. 결론부터 얘기하면, 요란할 필요는 없지만 주변사람들이 내가 공부하는 것을 인지하는 것이 낫다. 눈치가 보일 때도 있겠지만, 주변사람들의 도움을 받을 수도 있고 처신을 더 바르게 할 수 있는 계기가 될 수도 있다. 오히려 너무 조용히 공부하면 중도포기의 유혹에 더 자주 노출될 것이다.

05 어디서 공부할 것인가

영화 '내부자들'의 주인공인 검사 조승우(우장훈 역)는 빽도 족보도 없는 경찰 출신의 검사다. 조승우는 이병헌(안상구 역)을 잠깐 피신시키기 위해 시골집을 방문한다. 수많은 헌책들이 즐비했던 우장훈 검사의 시골집 장면은 상당히 인상적이었다. 책들이 즐비한 통로를 따라 들어가면 우장훈 검사가 공부했던 방 책상 앞에 이런 문구가 쓰여 있다.

"만약 지옥길을 걷고 있다면, 계속해서 전진하라!"

출처 : 영화 「내부자들」

우장훈이 검사가 되기 위해 처절히 공부했던 지난날들이 몇 개의 장면만으로도 생생하게 전해지는 듯하다. 기술사뿐만 아니라 공부라는 터널을 처절하게 지나본 사람이라면 영화 속 이 문구에 공감했을 것이다. 영화의 맥락상 우장훈 검사는 고향집에서 처절하게 공부했음을 알 수 있다.

① 공부장소 정하기

기술사를 위한 계획과 주변정리가 끝나고, 본격적으로 공부의 패턴을 만들기 위해서는 공부하는 장소를 선택해야 한다. 기술사에 도전하는 수험생의 대부분이 직장생활을 병행하기 때문에 이역시도 기술사 시험 준비에 있어서 중요한 요소이다. 수험자의 연령과 생활환경, 공부스타일은 제각각인데, 합격한 사람들의 공부장소를 정리해보면 독서실과 도서관 또는 집이 대표적이다.

아직 결혼을 하지 않았고 특히 혼자 살고 있다면, 집이 조용히 공부하기에 안성맞춤일 수 있다. 하지만 결혼을 한 데다 어린아이를 키우는 사람이라면, 집은 공부하기에 그리 좋은 환경이 아닐 것이다. 아이들이 어느 정도 성장하고 나면 다시 공부하기에 좋은 장소가 될 수 있다.

독서실이나 도서관을 선택하는 이유는 공부하는 시간을 늘리기에 적격이기 때문이다. 열심히 공부하는 사람들 사이에서 공부에 집중할 수 있고, 평소 그렇게 공부하는 패턴을 키워온 경우가 많다.

기술사 도전을 위한 주변정리에서도 언급했듯이 공부장소의 선택도 가족의 배려와 합의가 있어야 더 탄력을 받을 수 있다.

② 장소별 장단점

집에서 공부하는 경우 다양한 장점이 있다. 기술사에 포커스를 맞춘 서재에서 다양한 자료를 수시로 빼서 볼 수 있다. 기술사 시험은 방대한 공부 범위로 다양한 책과 자료를 봐야하는데, 도서관에서보다 더 다양한 자료를 수시로 열어볼 수 있다. 또한, 기술사 시험에 어느 정도 적응하여 본인이 정리한 자료가 축적된 경우, 각 분야별 자료를 자신만의 패턴으로 정리해 놓은 집이 공부하기 편리하다. 주말이나 휴일에 집에서 공부하면 식사를 짧게 해결하고 장시간 집중할 수도 있다.

도서관에 가면 공부에 열중인 다양한 사람들이 있다. 주로 학생들이 많지만 제법 나이 드신 분들도 공부에 열중하신다. 책 넘기는 소리와 정숙한 분위기는 공부하는 환경을 만들기에도 적격이다. 평일에 시간을 낼 수 있다면 더 좋겠지만 주로 주말에 장시간 공부해야 한다면 도서관은 공부의 절대시간을 확보하는 데 효과적이다. 스스로 공부에 대한 지구력이 약하다고 생각한다면 도서관이 공부하기에 더 적합할 수 있다. 스터디 그룹을 만들어 활동을 하는 경우에도 도서관의 각종 시설들을 활용하면 편리하다. 하지만 방대한 자료를 다 들고 다닐 수 없기 때문에 공부스케줄에 맞춰 주제를 선정해서 필요한 자료를 효율적으로 가지고 다녀야 한다.

독서실은 도서관보다 좀 더 집중적이고 치열한 공부장소다. 독서실에서 공부패턴을 잘 잡는다면 좀 더 효과를 볼 수도 있다. 공공도서관처럼 자리를 잡기 위해 노력할 필요도 없고, 자료의 보관도 편리하다. 그리고 정숙성은 어느 장소보다도 뛰어나다. 다만, 답답해서 부담을 느낀다면 공부의지가 약해지는 순간 독서실로 향하는 걸음이 끊길 것이다. 그렇게 공부를 거르는 경우가 잦아진다면 독서실이 아무리 공부에 효율적인 공간이라 하더라도 의미가 없다.

공부장소는 장기간의 레이스를 위해 중요한 요소이다. 각자의 생활환경과 패턴에 따라 공부하기에 효율적인 장소이어야 하며, 동기를 지속적으로 끌어올릴 수 있는 장소를 선택해야 한다.

06 언제 공부할 것인가

1 공부시간 정하기

자신이 어떤 시간대를 선호하는지 아는 것이 중요하다. 아침에 공부가 잘 되는지 오후 또는 밤늦게 공부가 잘 되는지 알아보는 것이다. 합격자들이 집중적으로 공부한 시간도 무척 다양하다.

'아침형 인간'은 아침 일찍 일어나 하루를 시작하는 유형으로 생체리듬이 빨리 활성화 되는 경우다. 아침에 일찍 일어나 하루를 시작할 수 있으면 유리한 점이 많다. 맑은 머리로 보다 많은 내용을 효율적으로 공부할 수 있고, 하루를 여유 있게 시작할 수 있다. 시험장에 8시 30분까지 도착해야 하므로, 아침 일찍 일어나서 생체리듬을 잘 조절한 사람이 유리하다. 다만, 늦은 시간의 업무나 모임, 취미활동을 가급적 피해야 한다는 단점이 있다.

반면 '저녁형 인간'은 생체리듬이 오후 늦게 활성화되는 경우로 오후 시간을 택해서 공부하는 편이 훨씬 효과적일 것이다. 다만, 시험이 오전에 시작된다는 점을 상기하면서 생체리듬을 조절할 수 있어야 한다.

공부시간에 정답은 없다. 어느 유형이건 장단점이 있으며, 자신이 선호하는 시간대와 자신의 상황을 고려해서 지속적으로 공부하는 것이 가장 중요하다. 오히려 여건만 된다면 늘 공부할 수 있는 마음의 준비가 되어 있는 것이 더 중요하다. 시간적 여유가 생기면 떠오르는 생각의 고리를 기술사 시험과 연결해서 고민하는 습관도 필요하다.

② 주말 포지셔닝(Positioning)

"당신의 삶에서 주말이란 무엇인가?"

시중에는 주말 활용에 관하여 많은 서적이 있다. 여가시간을 활용하여 여러 가지 성과를 이룬 성공담이 대부분인데, 바쁜 일상생활로 정신적 여유가 없는 사람들이 그와 같이 실천하고 행동하기란 쉽지 않다.

가족에게 봉사하는 시간, 자기계발을 위한 시간, 주중의 힘들었던 몸과 마음을 달래는 시간, 아무런 일정이나 약속 없이 그냥 지내는 시간 등 질문에 대한 여러 가지 대답이 있을 것이다. 그 어떤 대답도 괜찮다고 생각한다. 다이어리가 아닌 자신의 Planner에 그 시간을 배분해 두었다면 말이다. 그러나 대부분의 사람들은 자신의 인생여정에 대하여 큰 그림을 갖고 있지 않다. 그래서 주말이 갖는 의미도 그때그때 다르게 부여한다.

수험생에게 주말은 계획했던 일정을 보완하거나 실행하고, 자신을 추스르는 시간이 되어야 한다. 가족에게 봉사하거나 자기계발을 위해 활용하거나 아무 것도 하지 않고 지낼 수 있는 여유 있고 한가한 시간이 아니다. 솔직히 직장인에게 평일 공부는 무척이나 어렵다. 평일에 1~2시간씩 분산하여 공부하는 것보다 주말 하루에 집중적으로 몇 시간 공부하는 것이 더 효과적일 수 있다. 수험생에게 주말은 모자란 공부를 할 수 있는 매우 유용한 시간이다.

기술사 시험에 합격하기 위해서는 공부를 위한 '주말계획'을 세울 필요가 있다. 주말계획을 세우기 위해서는 가장 먼저 자신의 장래 목표가 설정되어 있어야 한다. 그리고 그 목표를 이루기 위해 기술사 자격증이 필요하며, 주중에 마무리하지 못한 공부가 있기 때문에 주말을 활용한다고 생각해야 한다. 주말을 긴 인생여정의 일부로 자리 잡도록 하는 것이다. 공병호 자기경영연구소 소장은 자신의 저서 '주말경쟁력을 높여라(인생의 3분의 1, 주말경영법)'에서 이것을 일컬어 '주말 포지셔닝(Positioning)'이라 했다.

이를 위해서는 Planner가 필요하다. Planner에 주말에 할 일을 정하거나 쉬는 방법과 장소, 시간을 정해 기록하는 것이다. 주말에 공부만 하다보면 견디기 힘든 시간이 되고, 공부를 하지 못했을 때 그 상실감이 클 수밖에 없다.

자신의 Planner에 주말을 포지셔닝 해두고 잘 활용하기 바란다. 주말에 계획한 일을 했건 못했건 다음 주말이 기다려질 것이다.

07 학원을 다닐 것인가

예전에는 기술사 공부를 위한 정보에 목말랐던 경우가 많았다. 지금은 많이 달라졌겠지만, 대학에서도 시험 때가 되면 선배들의 족보를 확보하고 깨알 같은 노트를 복사해서 공부했던 기억이 있다. 지금은 인터넷상에서 많은 정보가 공유되고 있고 기술사 관련 서적도 많이 나와 있는 편이지만, 얼마 전만 해도 기술사 시험을 어떻게 보는지 무엇을 공부해야 하는지, 정보를 얻기가 쉽지 않았다.

1 학원에서 공부하는 방법

많은 기술사 합격자들이 한 번 정도는 학원을 경험해 보았다고 한다. 학원에 가면 기술사 시험에 대한 다양한 정보를 받아 볼 수 있고, 합격자들의 노하우를 접할 수 있다. 인기 있는 기술사 종목은 학원은 물론 다양한 수험서, 인터넷 카페 등을 통해 원하는 시험 정보를 충분히 취득할 수 있지만, 전문적인 기술사 종목인 경우 수험서나 인터넷 소모임조차 없는 경우가 있다. 이러한 종목의 응시자들은 학원에서 기술사 시험에 대한 개괄적 정보를 얻고, 공부의 방향을 설정하는 데 도움을 받기도 한다.

물론 학원조차 개설되지 않는 기술사 종목은 선후배 간의 정보교류를 통해 정보를 얻는다. 기술사 시험공부를 막 시작한 입문자에게는 공부의 방향과 답안 쓰는 요령 등에 대한 궁금증을 해소하고 본격적인 공부시작을 위한 다양한 가이드가 되는 정보를 얻는 데 학원이 도움이 된다고 볼 수 있다.

하지만 방대한 기술사 공부를 학원에만 의지하기에는 무리가 있다. 주로 1분기 내외의 강의를 듣는 것이 일반적인데, 기술사 시험공부의 방대한 줄기를 훑어보고 공부하는 방법을 소개하는 것이 대부분이다. 심도 있는 공부는 수험자 스스로 소화해야 한다.

그러면 학원을 다녀야 할까? 학원수강의 효과도 응시종목과 사람에 따라 다양하기 때문에 각자의 선택에 달려있다. 기술사 수험서, 인터넷 카페, 선배로부터 기술사 시험 정보와 경험을 충분히 얻을 수 있다면 그저 쭉 훑어보기 위해 고가의 비용을 지불하고 학원을 다닐 필요는 없다. 필자가 기술사 시험에 관심을 가질 때만해도 기술사 수험서가 지금처럼 다양하지 않았고, 기존 합격자들의 답안을 쉽게 구할 수가 없었다. 하지만 지금은 조금만 노력하면 다양한 정보를 얻을 수 있다.

그럼에도 불구하고 학원을 추천한다면 공부 방향을 잡고 전체 맥락을 한 번 정도 훑어보는 것, 같은 종목을 공부하는 사람들의 다양한 답안을 접할 수 있는 것만으로도 좋은 경험이 될 수 있기 때문이다.

② 독학으로 공부하는 방법

독학을 하면서 지속적으로 합격선에 근접한 점수를 받는 데 그쳤다면, 문제를 점검하고 놓치고 있는 분야를 보강하기 위해 다른 사람이나 먼저 합격한 사람의 도움을 받아보는 것이 좋다. 그러나 이런 경험을 학원에서만 얻을 수 있는 것은 아니다. 수험서, 선배, 카페, 스터디 그룹 등 다양한 루트를 통해서도 얻을 수 있다.

많은 정보를 얻을수록 답안의 퀄리티는 더 높아질 것이다. 이미 많은 기술사 수험생이 많은 정보를 바탕으로 공부하여 기술사 시험 답안의 질도 점점 상향평준화되고 있다. 좀 더 퀄리티 있는 답안이나 차별화된 답안을 작성하기 위해서 학원 등 외부의 정보를 받아 점검해 보는 것도 큰 도움이 될 수 있다.

독학은 사실 학원을 다니든 안다니든 누구나 겪어야 하는 과정이다. 학원 등 외부에서 다양한 정보를 취득한 후에는 반드시 스스로 공부하는 과정을 거쳐야만 한다. 독학을 통해 많은 양의 공부를 소화해야만 경쟁력을 가질 수 있다. 정리하면, 꼭 학원을 다닐 필요는 없다. 학원에서 얻을 수 있는 실력보다 업무와 독학을 통한 실력 쌓기가 훨씬 더 중요하다.

08 체력 관리하기

1 시험시간 400분

기술사 시험은 400분 동안 치른다. 100분씩 4교시에 걸쳐 보는데, 중간 중간 20분의 쉬는 시간과 점심시간을 포함해서 거의 9시간 동안 시험을 치러야 한다. 이 시간은 결코 만만한 시간이 아니다. 아무리 집중력이 좋은 사람이라도 체력이 뒷받침되지 않으면 안 된다. 일상생활을 하면서 400분 동안 집중해 본 기억이 있는가? 영화도 3시간의 러닝타임이면 몸이 꼬이고, 축구경기 시청도 2시간을 지속하기가 쉽지 않다.

기술사 시험은 영화감상이나 TV시청 같이 수동적인 형태의 집중이 아니다. 400분 동안 창조적으로 답안을 만드는 데 집중해야 한다. 두뇌는 풀가동해 예민한 상태로, 답안을 작성하는 데 온 힘을 쏟은 채로 말이다.

실제로 기술사 시험을 치른 이후에 몸살로 고생하는 경우가 많이 있다. 이는 시험 자체에 많은 에너지가 소모된다는 것을 의미한다. 머릿속에 지식과 답안은 가득한데 체력이 부족해 합격하지 못한다면 이처럼 애석한 일은 없을 것이다. 이런 일을 방지하기 위해 꾸준한 체력 관리가 절실하다.

② 규칙적인 생활

꾸준한 체력 관리의 기본은 규칙적인 생활이다. 기술사 시험은 순간적인 재치와 기지를 발휘해서 좋은 평가를 받을 수 있는 시험이 아니기 때문에 벼락치기 같은 방법은 절대 통하지 않는다.

앞서 나에게 맞는 공부시간을 정했다면, 꾸준한 시간을 확보할 수 있는 생활리듬을 찾아야 한다. 그리고 그 리듬이 깨지지 않도록 노력하며 최대한 유지하는 것이 중요하다.

처음에는 책상 앞에 1시간 앉아 있기도 버거울 것이다. 업무시간에 8시간 이상 앉아 있던 것을 생각하면 의아할 것이다. 습관이 들지 않아 새로운 리듬에 적응하지 못한다면 아무리 많은 학습을 하더라도 장기간 지속할 수 없다. 공부시간을 포함한 규칙적인 생활에 익숙해져야 한다.

기술사 시험은 해당 분야에 대한 전문지식은 물론, 풍부한 실무 경험과 체력, 그리고 부단한 노력과 연습이 필수적이다. 일상생활을 하면서도 계속해서 시험을 준비해야 한다. 시험시간을 염두에 두고 이미지 트레이닝을 하거나, 시험시간에 맞춰 바이오리듬을 유지해야 한다. 시험 날이 다가오면 학습시간을 100분에 맞추고 20분간 휴식하는 리듬을 만드는 것도 좋은 방법이다.

③ 운동-일거양득

공부할 시간도 없는데 운동을 하는 것이 말이 되냐고 생각할 수도 있다. 기술사 시험은 단거리 경주가 아니다. 오랜 기간 공부하면 디스크나 항문질환 등 소위 수험생 '직업병'

이 생겨 도중에 하차하는 경우가 생기기도 한다. 꾸준한 운동으로 항상 좋은 신체 컨디션을 유지하는 것이 장기전을 대비하는 데 좋다.

시간이 충분하다면 피트니스나 수영 같은 운동도 도움이 되지만, 여의치 않을 때는 뒷산을 오르거나 동네를 한 바퀴 걷는 것도 좋은 운동이 된다. 운동이나 산책은 동적이지만 정신적으로는 다소 여유 있는 활동이기 때문에 운동을 하면서 머릿속으로 오늘 학습한 내용을 복기해본다든지, 다양한 고민을 이어가본다든지 하면 충분히 유익한 시간으로 활용할 수 있다.

운동이 좋은 또 다른 이유는 수험생에게 활력소가 될 수 있기 때문이다. 공부를 하고 싶어서 하는 경우는 드물 것이다. 하기 싫어도 해야 하는 경우, 우리의 뇌는 스스로 보상의 시간을 요구한다. 그 보상은 수험생의 취향에 따라 음주나 게임, 지인과의 만남 등 다양하다. 음주의 경우 과음으로 이어지면 신체의 밸런스가 깨질 수 있고, 만남의 경우 시간이 길어지면 학습스케줄이 망가질 수 있다. 운동의 경우 더 하고 싶어도 힘들어서 못하는 장점 아닌 장점이 있다.

09 합격에 소요되는 시간은

1 합격에 필요한 공부시간은 2천 시간

시험에 합격하기 위해 필요한 절대적인 시간은 2천 시간이라고 한다. 옳고 그름을 논하자는 얘기가 아니다. 2천 시간 이상 투자를 하는 경우 기술사에 합격한다는 합격자들의 일반적인 경험을 말하는 것이다. 드물게 1천 시간 내외에 합격하는 경우도 있으나, 머리가 좋거나 운이 좋은 것보다는 업무수행이나 주변 여건을 수험공부와 잘 연계시키는 경우에 수험기간을 줄이는 데 도움이 된다고 보는 편이 맞다.

대부분의 수험자는 업무와 병행해서 시험 준비를 한다. 첫 번째 시험은 말 그대로 시험 삼아 응시를 해보고, 두 번째는 살짝 욕심을 내 보지만 지난 번 시험보다 약간 높은 점수를 받는 것에 만족하는 경우가 많으며, 세 번째 이후부터 본인의 노력 여하와 운에 따라 다양한 결과를 보인다.

2천 시간을 더 자세히 살펴보자. 전업으로 공부하는 사람이 아니라 회사생활을 하면서 공부하는 경우 주중 2시간씩 5일, 주말에 8시간씩 2일을 꾸준히 공부했을 때 무려 1년 6개월 이상 소요되는 시간이다.

$$(2시간 \times 5일 + 8시간 \times 2일) \times 52주 \times 1.5년 ≒ 2천 시간$$

명절과 연말연초 등에도 빠짐없이 공부했을 때 채울 수 있는 시간이므로 2천 시간은 결코 적지 않은 시간이다. 기술사 선배들이 머리가 나빠서 이렇게 많이 걸린 것은 아니다. 십수 년간 실무를 경험했음에도 시험을 위한 이론을 다시 정리하기 위해서는 쉼 없이 1년 반에서 2년 정도를 공부해야 한다는 것이다.

② 기술사 시험은 암기시험인가

답부터 말하자면 "매우 그렇다"이다. 창의성을 요구하는 시험이라보다는 암기를 통한 응용능력을 평가하는 시험이라는 것이 합격자 대부분의 의견이다.

기술사는 해당 기술 분야에 관한 고도의 전문지식과 실무경험에 입각한 응용능력을 보유한 사람으로 정의되고 있는데, 그런 인재를 선발하기에 적합한 시험이란 것은 애초에 있을 수가 없다. 시험관과 수험생이 1:1의 비율로 한 달 정도 합숙을 하면서 다양한 테스트를 한다면 모르겠지만 이런 시험은 현실적으로 불가능하다. 결국은 지필시험을 실시할 수밖에 없다. 이런 시험은 창의적 인재가 아니라 노력하는 인재를 판별해내는

데 상당히 유용하다.

　기술사 시험은 많은 암기를 필요로 한다. 창의성을 요구하는 것처럼 포장하고 있지만, 사실은 문제를 이해하는 데만 해도 많은 배경지식들을 필요로 한다(문제를 읽고 나서도 무슨 말인지 몰라 패스하게 되면 상당히 비참해진다). 그리고 짧은 시간 내에 망설임 없이 답을 써내려가는 것도 몸이 답을 기억하고 있어야 하는, 또 다른 형태의 암기라고 할 수 있다.

　모두들 경험하는 바지만, 시험장에서는 창의적인 답변을 떠올리기가 어렵다. 한 번도 풀어보지 않고, 고민하지 않았던 문제인데 기적처럼 답안이 작성되는 경우는 없다. 최소한 한 번 이상 고민하고 직접 써본 답안이라야 간신히 머릿속에 떠오르고 답안의 구색을 갖추기 마련이다.

　가장 효과적인 공부 방법은 다들 아는 것처럼 무조건 많이 읽고, 많이 생각하고, 스스로의 답안을 만들어 몇 번이고 직접 쓰면서 몸으로 체득하는 방법이다. 시간이 지나 잊게 되면 다시 그 과정을 반복하면서 머릿속에서 지식이 사라지지 않도록 해야 한다.

　그리고 규칙적·집중적으로 공부해야 한다. 바쁜 사회생활로 자칫 느슨해지면 며칠만에 지난 한 달간의 공부가 도루묵이 되는 경우도 다반사다. 최소 1년 반, 2천 시간이라는 수험기간은 생각만으로도 괴롭지만, 어영부영 공부하는 척만 하는 사람들은 그 몇 배의 시간을 허비하고도 합격하지 못한다. 또한, 놓쳐버린 기회에 대하여 평생 아쉬워할지도 모른다.

　제대로 즐기지도 못하고 2천 시간을 공부에 투자하는 것은 분명 아쉽지만, 기술사를 취득하고 싶다면 과감하게 인생의 일부를 투자해보자. 집중적으로 투자해 빠른 시일 내에 달콤한 과실을 맛보는 것이 어떨까?

10 언제 시험을 볼 것인가

1) 시험이라면 누구든지, 언제나 경험할 수 있다

'용감한 B 씨'는 취업한지 1년 만에 기술사 시험에 응시했다. 기출문제를 보니 별로 어려워 보이지도 않았고, 학부생 때부터 동경하던 기술사 시험을 경험하고 싶어서였다. 1차 시험 신청 때는 자격요건을 보지 않기 때문에 문제없이 시험에 접수할 수 있었다. '혹시나 합격하면 어쩌지, 경력이 안 되어 합격하고도 취소되면 참 억울하겠다.'라는 쓸데없는 상상을 잔뜩 하고 시험장을 찾아갔다. '용감한 B 씨'는 어떻게 되었을까?

처음 친 시험에서 기적적으로 합격점수를 획득하고 자격요건이 모자람을 통탄하는 스토리가 되었으면 좋았겠지만, 실제로는 시험지를 받자마자 기겁을 하고 감독관에게 보채서 바로 나왔다고 한다. 1교시는 단순 용어문제임에도 눈앞이 하얘져 도저히 100분은커녕 단 1분도 있기가 싫어졌고 '용기'를 내어 도망쳐 나왔던 것이다. 그 창피함과 굴욕감 덕분에 기술사 시험에 대한 도전의식이 생겼고, 결국 경력 4년을 채우고 제대로 준비해 다시 응시한 시험에서 합격을 했다고 한다. 필자 중 한 명의 이야기다.

1차 시험이라면 언제든지 칠 수 있다. 하지만 기술사 공부를 시작하고 나서 어느 정도 시점에 시험을 경험하는 것이 적절한 것인지에 대해서는 다양한 의견이 있다.

2) 닭이 먼저냐 알이 먼저냐

우선 "몇 살 정도에 취득하는 것이 좋은가?"는 물어볼 필요도 없는 우문이다. 갱신제도가 없는 시험이기 때문에 여건이 허락하는 한 최대한 빠른 시기에 취득하는 것이 답이다. 최근의 주 합격연령은 30~44세의 청장년층이다. 2010년 이전까지는 35~40세의 연령대가 높은 비중을 차지하고 있었으나, 최근에는 40대 초반으로 다소 상승했다.

◇ 기술사 합격자 연령 ◇

(단위 : 명)

구분	연도						
연령	누적	'75~'10	2011	2012	2013	2014	2015
소계	46,233	39,637	1,668	1,407	1,358	1,084	1,079
14세 이하	0	0	0	0	0	0	0
15~19	0	0	0	0	0	0	0
20~24	0	0	0	0	0	0	0
25~29	437	413	7	5	6	1	5
30~34	10,317	9,580	213	176	153	108	87
35~39	17,467	15,648	514	419	339	277	270
40~44	10,412	8,482	471	413	405	320	321
45~49	4,597	3,512	238	213	235	177	222
50~54	1,986	1,378	140	110	135	138	85
55~59	786	506	66	47	61	36	70
60~64	188	92	18	21	19	20	18
65세 이상	39	22	1	3	5	7	1
미상	4	4	0	0	0	0	0

(출처 : Q-net 홈페이지)

도대체 어느 정도 공부하고 시험에 응시할 것인가? 시험을 경험하는 것도 공부의 일환이기 때문에 합격할 수준이 되지 않더라도 경험 삼아 계속 시험에 응시해야 할까? 합격할 수준이 아니라는 것을 알고 있는데 응시하는 것은 돈만 낭비하는 것이 아닐까? 내가 어느 정도 수준인지 확인하기 위해서는 시험에 한 번 응시해야 되지 않을까? 꼬리에 꼬리를 무는 딜레마의 연속이다.

기술사 취득자들도 의견이 분분하다. 기술사 관련 온라인 카페에서도 종종 등장하는 질문인데, 명확한 결론은 아직 못 본 것 같다. 보통 "어느 정도 공부가 된 상태에서 2~3회 내에 합격할 것이라는 마음가짐으로 시험에 응시하자."라는 중도적인 해법이 제시되면 마지못해 토론이 종료된다. 그야말로 본인의 성향과 여건에 따라 결정할 문제인 듯하다.

시험 때마다 응시하다 보면 운 좋게 합격할 수도 있고, 합격하지 않아도 좋은 경험이 될 수 있을 것이라 생각할 수도 있다. 하지만 한 번에 합격하지 못하고 낙방이 누적되는 경우에 적지 않은 비용의 문제, 무력감이나 패배감 등 정신적 스트레스는 무시하지 못한다.

기술사 수험생으로서 좋아하는 답안 풀이방법 중 하나인 갑설, 을설 대비론으로 각각의 장단점을 살펴보자.

3 갑설 : 다다익선, 복권도 사야 걸린다

기술사 시험은 무려 400분이라는 시간을 홀로 버텨야 하는 시험이기 때문에 시험장 도착부터 준비, 식사의 해결, 체력의 안배 등도 충분히 고려해야 한다. 단번에 합격을 하면 가장 좋겠지만, 아쉽게도 그런 사람은 흔치 않다.

선배 기술사들의 무용담을 들어보면 처음 시험장에 가서는 하나도 못 풀지언정 도망가지 않고 400분 버티기를 하고, 그 다음은 조금 공부해서 100분은 시험에 집중하고 나머지 300분 버티기, 그 다음 시험은 200분 버티기 이런 식으로 합격할 때까지 시험을 응시했다는 분들이 있다. 상당히 과장된 무용담이겠지만, 경쟁자들과 한 공간에 같이 있는 분위기를 느끼면서 본인의 의지를 다지는 데 도움이 된다고들 이야기한다.

시험이라는 실전 상황은 끝이 없는 수험생활 중 긴장감을 불어넣는 확실한 방법이다. 또한, 어느 정도 공부가 된 상태라면 시험 때마다 조금씩 올라가는 점수로 본인의 실력을 확인할 수 있고, 시험장에 점점 익숙해진다. 그리고 그야말로 '시험 삼아' 본 시험에서 덜컥 합격한 분들도 없지는 않다.

이런 여러 이점들을 시험비용 몇 만 원으로 누릴 수 있다면 마다할 이유가 없다는 것이 '기술사를 마음먹은 때부터 시험은 치고 보자'는 입장이다.

4 을설 : 신중에 신중을 기하자

잦은 시험으로 의기소침해지는 경우도 왕왕 있다. 공부하면 할수록 점수가 오르기를 기대하기 마련이지만, 그렇지 못한 경우 오히려 자신감이 떨어질 수 있다. 멘탈이 강한 사람이라도 예외는 아니다. 특히 한 해 3번 시험 중 마지막 8월 시험에서 점수가 떨어진 경우 다음 연도 시험까지 공부가 손에 잡히지 않아 포기를 고민하는 경우가 많다.

가끔 지방 수험생 중에서는 타 지역으로 시험을 치러 가는 사람들이 있다. 특히나 수험생이 몇 없는 전문기술사는 그런 경우가 생각보다 많다. 신경이 곤두서는 시험 전날, 타 지역으로 이동해서 시험을 치는 것은 심신이 피곤하고 게다가 금전적으로도 부담이 될 터인데 말이다. 하지만, 듣고 보면 수긍이 가는 것이, 지역 시험장에서는 동일 과목의 수험생들이 한정적이어서 보통 한 교실에 모두 모여 시험을 친다. 대부분 서로 안면이 있어 겸연쩍게 웃어넘기지만, 역시나 신경이 쓰이기 마련이다. 특히나, 아직 기술사를 취득하지 못한 회사 고참이라도 만나는 경우 참 난감하다. 애써 시험공부를 비밀로 하고 있었는데 말이다. 이런 경우 무작정 연습 삼아 시험을 치러 다니기도 어렵다.

이런저런 이유로 많은 사람들이 모의고사 등을 통해 합격수준에 근접했을 때 집중적으로 시험을 치는 것이 현명하다는 말을 한다. 무작정 시험을 치는 것은 여러 가지로 독이 된다는 생각이다.

5 각자의 취향대로 소신 있게 하자

기술사 시험은 토익, 토플 같은 시험과 질적으로 다르다. 누군가 예상문제를 찍어주고, 기출문제가 그대로 나와서 공부만 하면 합격이 보장되는 시험도 아니다. 최소 2~3번 이상 시험을 치르면서 자신과의 싸움도 해야 하고, 약간의 운도 따라야 한다. 효율적으로 그리고 가장 덜 고통스럽게 기술사를 취득하기 위해 자신만의 차별적인 전략을 세워보자.

본인의 역량과 성향은 남들이 알 수 없는 법이므로 스스로 판단하는 것이 중요하다. 일단 시험이란 시험은 다 신청하든, 충분히 공부하고 합격수준이 되었을 때 집중적으로 시험을 보든 그것은 본인의 몫이다.

다만, 한 번 만에 합격하는 사람은 드문 것이 사실이니, 한 번 정도는 큰 기대 없이 시험장 경험을 해 보는 것도 나쁘지 않을 듯하다. 지레 겁먹고 완벽하게 준비되면 도전하겠다는 태도를 갖지 않도록 주의해야 한다.

CHAPTER 02 본격적인 시험공부

01 기출문제 분석하기

1 어떤 문제들이 많이 나왔을까

우선 해당 분야의 '원론'과 관련된 문제들이다. 해당 분야 종사자들이라면 기본적으로 이해하고 있어야 할 사항이며 대학교 학부 시절에 기초적으로 학습하는 내용이다. 이러한 주제는 세월이 지나도 꾸준히 출제된다. 기본 이슈들이므로 완벽한 이해와 반복적인 답안 작성 연습이 필요하다.

두 번째는 '정책'과 관련된 내용이다. 해당 분야 최고의 전문가라면 정부 정책에 대한 이해와 전문가적 소견을 반드시 갖추고 있어야 한다. 기출문제 분석 시 정부 정책과 관련 있는 이슈는 반드시 내용을 숙지할 필요가 있다.

세 번째는 '학회나 세미나에서 제시된 개념'이다. 기출문제를 분석해보면 학회지나 세미나 등에서 이슈화되었던 사항이 출제된 경우가 적지 않다. 이는 학회 등에서 활동이 많은 대학 교수들 또는 함께 연구 활동을 수행하던 기술사들이 출제위원이라는 점을 고려하면 쉽게 이해할 수 있다. 따라서 시험공부를 하는 동안 학회지나 각종 세미나 자료는 꼼꼼하게 챙겨둘 필요가 있다.

네 번째는 '새로 제정된 법규, 대폭 개정된 내용'이다. 법제처나 관련 법률 주관부처 홈페이지에 자주 접속해서 제·개정된 법률에 대한 자료를 확보하고 이해하는 것이 필수적이라 할 수 있다.

이렇게 해서 이번 시험에 나올 문제가 정리되었다면 예상문제를 작성해보는 것이 좋다. 예상문제 추출방법에 따라 예상문제를 만들다 보면, 적중률 50% 이상의 예상문제를 만들 수 있다. 그리고 나머지 50%의 답안을 작성할 수 있으면 시험에 합격하는 것이다.

최근 5~10년간 기출문제를 다음의 표를 기준으로 분석해보면 의미 있는 결과를 도출해낼 수 있을 것이다.

◇ **기출문제 유형 정리** ◇

구분		D - 10회차				...	D - 3 회차	D - 2 회차	D - 1 회차	평균
		1교시	2교시	3교시	4교시					
원론	문제 수					...				
	(비율)					...				
정책 관련	문제 수					...				
	(비율)					...				
학회/ 세미나 등	문제 수					...				
	(비율)					...				
제·개정 법규	문제 수					...				
	(비율)					...				

② 내가 출제위원이라면 어떤 문제를 출제할 것인가

이제 막 시험 준비를 시작하는 수험자에게는 무리한 주문일 수 있지만, '만약 내가 출제위원이라면'이라는 가정을 해볼 필요가 있다.

기출문제를 심도 있게 분석했거나 오랜 기간 동안 시험을 본 장수생은 자연스럽게 예상문제를 추출해낼 수 있다. 하지 않으려 해도 저절로 보이는 경지에 이르게 된다.

예상문제 적중률이 높지 않다고 하더라도 예상문제를 추출해보는 작업은 매우 의미 있다. 기출문제 분석을 통해 예상문제를 추출하고 연습을 해보자. 하지만, 그보다 더 우선시해야 하는 것은 기본기를 탄탄하게 하는 것이다.

③ 예상문제의 적중률을 높여라

기술사 시험에 합격한 사람들은 출제된 문제를 모두 예상하고 준비를 했을까? 예상문제 적중률이 얼마나 될까?

합격자들에게 확인해본 결과 50%가량의 예상문제 적중률을 보였다. 시험 문제 중 50%는 출제에 대비해 미리 준비할 수 있었고, 나머지는 미처 대비하지 못한 문제였던 것이다.

인터넷에서 기출문제를 모아둔 자료, 문제를 분류해서 출제빈도를 분석한 자료 등을 어렵지 않게 찾을 수 있다. 단순히 나열만 한 자료는 수험자에게 특별한 의미가 없다.

기출문제를 분석해 보면 동일문제, 유사문제 등 반복되는 문제들이 있음을 알 수 있다. 기술이라는 것은 과거 기술의 문제에 대한 해결방안과 현재의 당면 과제가 되는 사회적 여건 변화에 대한 대응, 더 나은 미래를 지향하기 위한 변화와 발전을 꾀하는 것이다. 이 점을 유의하면서 그 시대에 어떤 문제가 출제되었는가를 분석한다면 앞으로 출제될 문제들을 쉽게 예측할 수 있을 것이다.

02 문제의 유형 파악하기

1 전문지식을 묻는 문제

「기술사법」 제2조(정의)에서 '기술사는 해당 분야에서 고도의 전문지식과 실무경험에 입각한 응용능력을 보유한 사람으로서 「국가기술자격법」 제10조에 따라 기술사 자격을 취득한 사람'이라고 규정하고 있다.

기술사에 대한 정의에서 알 수 있듯이, 기술사 자격시험은 해당 분야의 최고 전문가를 선별하는 시험이다. 해당 분야 최고의 전문가로서 갖추어야 할 지식을 갖추었는지를 검증하는 시험이며, 풍부한 실무경험이 있는지를 묻는 시험이기도 하다. 문제에서 단순히 전문지식을 묻는다고 해서 전문지식만을 기술하면 높은 점수를 받기 어렵다. 풍부한 실무경험과 전문적인 견해가 추가되어야 좋은 평가를 받을 수 있다.

채점위원들은 새로운 가족을 맞이하는 기대감을 갖고 있을 것이다. 묻는 것에만 기계적으로 답변하는 사람보다는 풍부한 실무경험과 전문적인 식견을 갖춘 사람에게 기술사 자격증을 부여하고 싶을 것이다.

2 종합적 해석 능력과 판단 능력을 시험하는 문제

시험문제에서 요구하는 사항을 정확히 기술하기만 하면 될까? 기술사 시험은 전문적인 지식을 기반으로 문제해결 능력을 갖춘 사람을 선별하는 시험이다. 시험문제에서 요구하지 않더라도 전문지식뿐만 아니라 문제해결 방안 등을 제시해야 한다. 시험문제에서는 "특정 사안에 대해 논하시오. 기술하시오. 설명하시오."라고 하지만 답안에는 종합적인 해석과 입체적인 분석, 전문가로서의 판단 결과를 제시해야 한다. 거기에 덧붙여 실무경험을 기술한다면, 분명히 좋은 점수를 받을 것이다.

③ 기사시험에도 나오는 문제

간혹 기사시험에 출제된 문제가 기술사 시험문제로 출제되는 경우가 있다. 그렇다고 해서 기사시험에 작성하는 답안으로 기술사 시험 답안을 작성해도 될까? 결론부터 얘기하면 절대 그렇지 않다. 용어문제라 하더라도 해당 용어에 대한 설명만 하는 것이 아니라 다양한 실무경험을 통해 습득한 전문지식과 풍부한 주변지식을 함께 기술해야 좋은 점수를 받을 수 있다.

기사시험처럼 답안을 작성하면 그저 그런 점수를 받을 뿐이다. 합격의 문턱을 넘기 위해서는 무언가 다른 것을 준비해야 한다. 풍부한 실무경험과 전문적인 식견이 바로 그것이다.

03 기본도서 공부로 기초 다지기

① 기본도서(대학 교재)를 다시 꺼내자

대학 시절에 해당 분야를 전공하고 현업에 종사하고 있다면, 기본지식은 충분하니 바로 시험을 보면 될까? 이런 수험자가 가장 놓치기 쉬운 부분이 바로 '기본도서'다. 대학 때 배운 내용은 이미 알고 있다거나 매일 접하고 있기 때문에 별도로 공부할 필요가 없다고 생각하는데 이는 오산이다. 기초가 튼튼할 것 같지만 의외로 빈약한 것이 현실이다. 돌다리도 두들겨보고 건너야 하며, 모래 위에 성을 쌓는 우를 범해서는 안 될 것이다.

대학 교재를 다시 꺼내자. 물론, 법규나 기법 등 많은 사항에 변화가 있을 것이다. 그런 변화를 정리해두는 것이 중요하다는 이야기를 하는 것이다.

학창시절에 공부했던 기본도서를 갖고 있다면 도서를 구입하지 않아도 된다. 기존 도서를 요약정리하면서, 변경된 내용을 추가하는 것도 상당히 도움이 되기 때문이다.

최근 5~10년간 기출문제를 분석해보면 기본도서에서 출제된 비중이 상당함을 알 수 있을 것이다.

기초를 튼튼히 해서 어떤 문제를 만나더라도 기본 실력을 발휘할 수 있어야 한다. 이를 위해서는 기본도서를 잘 정리해두는 것이 좋다.

② 한 권으로 요약하기

해당 분야의 기본도서를 통독하고, 기본도서의 전체적인 큰 틀(내용)과 키워드(Key-Word) 중심으로 노트에 요약하는 것을 권장한다. 그리고 각각의 노트 중 가장 중심이 되는 노트를 기준으로 해서 다시 1권으로 만드는 것이다. 이렇게 하면 기본도서를 여러 차례 보게 되는데, 그 과정이 끝나면 상당한 자신감을 가질 수 있다. 이는 고승덕 변호사의 공부법으로 유명한 '1권으로 요약하기'다. 기초를 튼튼히 다졌으므로, 그 위에 어떤 집을 짓더라도 쉽게 무너지지 않을 것이라는 확신을 가질 수 있다.

기본도서 정리는 1권당 1~3개월 소요되는 길고 지루한 과정이다. 마른 땅에 비가 오고 땡볕이 내리쬐어야 단단한 토양이 되듯이, 시간과 정성을 쏟으면 반드시 보답을 받는다. '기술사 시험 합격'이 바로 그것이다.

요약노트를 만드는 것 자체가 공부다. 정신없이 바쁜 일과 중에도 잠깐의 짬을 낼 수는 있다. 잠깐 쉬는 시간이 생겼을 때 요약노트를 흘깃 보는 것만으로도 엄청난 공부가 된다. 출퇴근길이나 이동 중에 항상 손에 쥐고 있을 수 있는 요약노트를 준비하자. 전자기기는 내 것이 아니다. 수기로 시험을 보기 때문에 전자기기를 활용한 시험공부는 권장하지 않는다. 여러 차례 연필이나 볼펜으로, 내 손으로 직접 쓴 것이 머릿속에 오랫동안 남는다.

몇 번을 봤는데도 기억이 나지 않는다고 불평할 필요가 없다. 인간은 누구나 망각하게 되어 있으며, 이를 극복할 수 있는 방법은 '반복'이다.

04 관련 법규 공부로 공통기준 이해하기

1 왜 법을 공부해야 하는가

기술의 도입 및 적용 기준은 상호 협약된 '공통의 기준'이 있어야 한다. '공통의 기준'이란 '법'에 의해서 정해진다. 기술자는 해당 법령을 정확히 이해하고 기술에 접목해야 하므로, 관련 법에 대한 공부를 해야 한다.

① 내가 속한 분야의 관련 법은 무엇일까?

실무경험 3년 이상, 대리 이상의 직급이라면 아마 쉽게 알 수 있을 것이다.

② 내가 속한 분야의 관련 법만 알고 있으면 될까?

그 분야의 관련 법과 연계 법령, 유사 법령 등을 알고 있어야 한다.

③ 방대한 법령을 어떻게 암기하고 머릿속에 넣을까?

관련·연계·유사 법령의 핵심적인 기준(목적, 요건, 변경(경미)사항, 절차, 수치 등)에 대하여 요약정리하면 된다.

2 관련 법의 연혁을 정리하자

현재 시행되고 있는 법 외에 과거의 법까지 알아야 할까?

법의 제정 또는 개정의 목적 및 이유는 현재의 문제점을 해결하고 더 좋은 방향으로 나아가기 위함이다. 법의 연혁을 정리함으로써 그 시대의 정책 변화 및 사회적 여건이 어떠했는가를 알 수 있으며, 법이 어떤 흐름을 따라 현재까지 왔는지 이해함으로써 법에 대한 해석과 이해를 높이는 데 도움이 된다.

◆ 관련 법규의 연혁 정리 ◆

제·개정일자	○○ 법률	○○ 법률 시행령	○○ 법률 시행규칙	정책 및 사회적 이슈
0000. 0. 0. (제정)	(제정 목적 및 주요 내용)			(법이 제정 및 개정 되었던 사회적 이슈 또는 배경)
0000. 0. 0. (개정)	(개정 목적 및 주요 내용)			

05 학회지 구독으로 주요 이슈 파악하기

1 학회지를 구독하라

학회는 어떤 곳인가? 어떤 사람들이 활동하는가? 그리고 기술사 시험 출제위원은 어떤 사람들인가?

학회에서 주로 활동하는 대학 교수님들이 기술사 시험 출제위원일 가능성이 매우 높다. 이를 고려해볼 때 학회지의 중요성을 알 수 있다. 물론, 그렇지 않을 가능성도 배제할 수는 없지만, 출제위원이 학회지에서 이슈화된 주제를 시험문제로 출제할 가능성까지 고려하면 학회지를 결코 소홀히 해서는 안 된다.

기본도서를 정독하고 요약노트 정리가 끝났다면, 다음은 노트에 학회지, 논문, 세미나 자료를 정리하는 과정이다. 그렇게 하면 기본도서에 최근의 정보가 추가되어 해당 분야 원론에 대한 이해도가 한층 깊어진다. 스스로 만든 노트이기 때문에 기억에 더 오래 남는다.

학회지 구독에 드는 돈은 자신의 미래에 대한 투자라고 생각하고, 정기구독할 것을 권장한다.

② 관련 학회지의 주요 이슈도 점검하자

타 분야는 현재 트렌드를 어떻게 이야기하고 있을까?

학회는 여러 분야로 세분화·전문화되어 있다. 출제위원이 다른 분야 또는 학파일 수도 있다. 시험문제를 보고 출제위원의 소속 학회나 학풍 등을 파악하는 것은 어렵지만, 해당 분야의 트렌드와 이슈를 정확히 이해한 답안을 작성한다면 높은 점수를 받을 수 있을 것이다. 정반대로 해당 주제의 문제점이나 개선방안을 정확히 지적하는 것도 좋은 평가를 받을 수 있다.

이를 고려하여 여러 학회지를 구독하고 트렌드를 정확히 인지하는 것이 필요하나, 관련 학회지 전체를 구독하는 것은 경제적으로나 시간적으로 무리가 될 수 있다. 그렇다면, 적어도 관련 학회지의 주요 이슈는 빠짐없이 점검하는 것이 현실적인 방안이다.

06 스터디 그룹 참여하기

① 함께 공부할 친구를 찾자

공부는 함께하는 것이 좋은가? 혼자 하는 것이 좋은가? 이것에 대한 정답은 없다. 각자의 공부 방식일 뿐이다. 스터디를 통한 공부를 독려하는 이유는 다음과 같다.

첫 번째, 단기간에 집중하여 공부하는 가장 효율적인 방법이다. 여러 사람들과 함께 공부하면서 다양한 방법과 의견을 들을 수 있고, 매주 스터디를 준비하면서 공부의 끈을 놓지 않을 수 있다.

두 번째, 빠르게 정보를 습득할 수 있다. 예전과는 달리 기술사를 준비하는 연령대가 낮아졌고, 준비하는 사람도 많아져서 그만큼 공부해야 할 정보가 방대해졌다. 스터디를 통해 방대한 정보를 빠르게 습득할 수 있다.

세 번째, 독단에 빠지는 것을 막아준다. 어떤 주제에 대하여 토론을 하다보면 나와 다르거나 새로운 견해를 접할 수 있고, 이는 내가 가진 논리를 유연화 시켜줄 뿐만 아니라 더욱 탄탄하게 해준다.

이외에도 스터디를 하면 많은 장점이 있다. 토론과 의견교환을 통해 실력을 검증하여 자신감을 가질 수 있고, 타인이 작성한 답안의 문제점도 볼 수 있다. 함께 공부한 사람들 간 끈끈한 네트워크가 형성되며, 타인의 경험을 나의 경험으로 만들 수도 있다. 더디지만 함께 나아갈 동료를 찾아서 스터디를 구성하기를 진심으로 권한다.

② 좋은 스터디 그룹을 만들자

그러나 스터디만 한다고 해서 반드시 좋은 결과가 있는 것은 아니다. 스터디를 선택하고 운영할 때는 스터디원 간의 합의를 통해서 함께 앞으로 나아가야 한다. 모두가 win-win하는 스터디 그룹이 되어야 한다는 것이다.

그럼 스터디를 하면서 **경계하여야 하는 것은** 무엇일까?

제일 경계해야 하는 것은 '친목'이다. 스터디의 목적은 시험 합격에 있다. 스터디 후 친목도모를 위한 '한 잔'은 절대 금물이며, 스터디 시간에도 공부에 집중해야지 간식을 먹거나 잡담을 하며 시간을 허비하여서는 안 된다.

두 번째는 '나태함'이다. 스터디를 하다보면, 다른 스터디원의 의견 등을 들으면서 공부하지 않아도 공부한 것처럼 느껴질 때가 있다. 스터디에 익숙해지고 있는 것이다. 스터디는 혼자 공부하는 것이 아닌 만큼 안주하거나 나태해지면 다른 스터디원에게 피해를 끼치게 되므로 주의해야 한다. 만약 나 아닌 상대가 그렇다면 그 사람을 경계해야 한다.

07 자기만의 요약노트 만들기

앞서 말했던 기본도서 요약정리와 동일한 내용이다. 기본도서와 마찬가지로 기출문제, 스터디를 통해 공부한 내용, 스스로 공부한 내용에 대하여 알기 쉽게 요약노트를 만드는 것이다.

요약노트를 정리하는 방법도 다양하다. 키워드(Key-Word) 중심으로 나열하는 방법, 트리구조로 요약하는 방법 등 기술사에 합격하신 분들은 자기만의 방법으로 요약노트를 만들어 공부하였다.

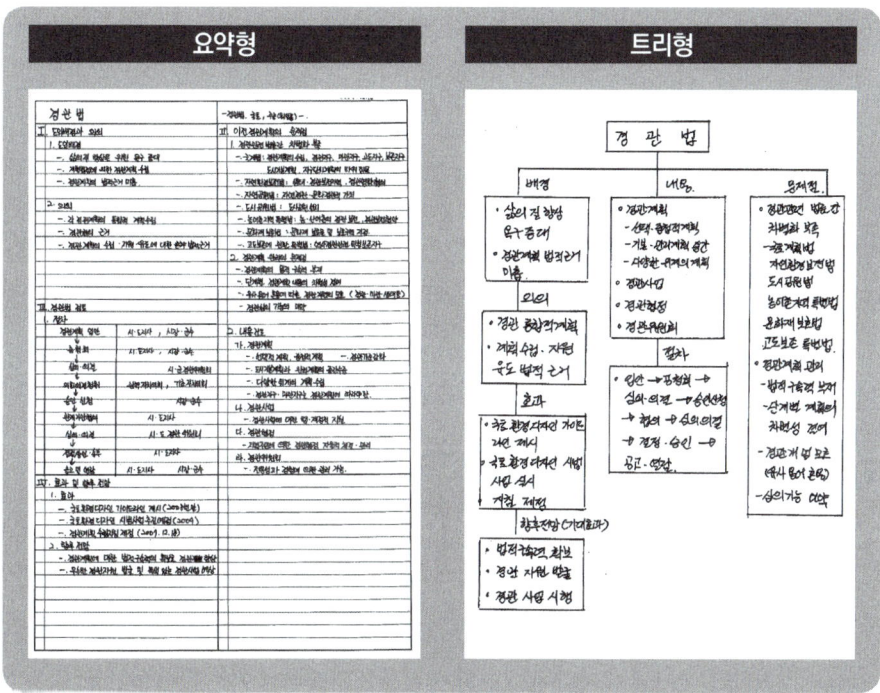

08 자기만의 답안 만들기

1 답안 포맷(Format)

즉흥적으로 답안을 작성할 수 있을까? 그것이 가능하다고 생각하는 것은 몽상에 불과하다. 꾸준히 노력하고 연습한 이후에 즉흥적으로 대처할 수 있다는 말에는 동의하지만, 그런 연습 없이 즉흥적인 답안을 작성할 수 있다는 말에는 동의할 수가 없다.

답안 작성 연습을 부지런히 하다보면 나만의 '답안 포맷(Format)'이 만들어 진다. 답안 포맷이 어느 정도 만들어졌다면, 합격의 문턱에 조금 가까워졌다고 할 수 있다. 어떤 문제가 주어지더라도 자신만의 포맷으로 설명하거나 기술할 수 있는 준비가 된 것이다.

2 나만의 답안 포맷 준비하기

많은 사람들의 답안을 비교·분석해보면 어느 정도 포맷이 있음을 확인할 수 있다. 각 종목별로 선호하는 포맷이 다르므로 꼭 찾아보고 확인하도록 하자. 1교시 용어문제의 경우 약 10가지의 답안 포맷이 있다. 이 중에서 자신에게 맞는 3~5개의 포맷을 준비하는 것이 좋다. 아무리 훌륭한 포맷이라도 자신에게 어울리지 않으면 의미가 없다. 자신이 잘 소화할 수 있는 포맷을 빨리 찾는 것이 중요하다.

2~4교시 논술문제의 경우 답안 포맷이 의외로 많지 않다. 1교시 용어문제와 마찬가지로 3~5개의 포맷을 준비한 다음, 상황에 맞게 변형하거나 활용하면 된다. 부단한 연습을 통해 포맷을 설정하고, 미리 연습한 포맷 내에서 자유롭게 상상하고 주장을 펼치는 것이다. 나만의 포맷을 하루빨리 찾아내는 것이 시험 공부기간을 줄이는 지름길이다.

③ 답안 작성 연습하기

나만의 답안 포맷이 준비되었다면, 이제 합격의 문턱을 넘기 위해서 무엇이 필요할까?

바로 '답안 작성 연습'이다. 연습 없이는 기나긴 공부의 방점을 찍을 수 없다. 연습량과 숙달 정도에는 개인차이가 있겠지만, 연습의 중요성에는 개인차이가 없다.

답안 작성 연습이 필요한 이유는 시험장에서 스스로 느낄 수 있을 것이다. 각 교시당 100분이라는 한정된 시간 동안 답안지를 작성하는 것은 결코 쉬운 일이 아니다. 머릿속으로 생각하며 손으로 옮기는 것은 시간적 한계가 있다는 것이다. 머리에 떠오르는 것을 바로 답안지에 옮기면서 답안 구성과 체계를 맞추는 것은 연습을 통해서만 할 수 있다.

09 모의고사 보기

① 모의고사는 실전처럼

스터디의 마지막 단계는 모의고사다. 컨디션 조절을 위해서 모의고사는 시험 2주 전에 하는 것이 좋다. 그리고 시험 1주 전에는 그간 정리했던 요약자료 및 모의고사 자료를 머릿속에 떠올려보는 것으로 컨디션 조절을 한다.

스터디 구성원 각자가 예상문제를 만들어서 비교해 보고, 모의고사를 치른 다음 채점을 해본다. 이렇게 함으로써 객관적인 시각에서 냉정한 평가를 받아 볼 수 있고, 단점을 보완할 수 있다.

그 이후에 멘토의 첨삭을 받아 보는 것이 가장 좋다. 스터디 구성원이나 멘토로부터 첨삭을 받아 보면, '글씨를 알아보기 힘들다', '페이지 구성이 일목요연하지 않다' 등 기본적인 사항부터 심도 있는 내용까지 매우 유용한 평가를 받을 수 있다.

모의고사 환경은 실제 시험과 동일하게 한다. 각 교시별로 100분 내에 해당하는 문제를 풀어보는 것이 좋으며, 실제 시험과 마찬가지로 쉬는 시간, 점심시간을 지키면서 모의고사를 실시한다. 처음에 이 방법이 어렵다면 반씩 나누어서 하프(Half) 모의고사를 보는 것도 좋다.

② 선배 기술사에게 첨삭을 받자

기술사 시험에 합격한 사람에게 첨삭을 받자. 자신이 모의문제를 출제하고 답안을 작성한 다음, 먼저 합격한 선배 기술사에게 첨삭을 받는 것이다. 최근에 합격한 기술사가 제일 좋지만, 합격한 지 오래 되었어도 큰 문제가 되지 않는다. 자신의 답안에 어떤 문제가 있는지, 보완해야 할 점은 무엇인지 금방 자문을 받을 수 있다.

이때 중요한 점은 모의답안을 작성할 때, 절대로 특정 문서를 옮겨 적거나 모범답안으로 작성해서는 안 된다는 점이다. 모범답안을 억지로 작성해서 첨삭을 받는 것은 자신과 첨삭자의 시간을 낭비하는 것이다. 실제 시험 상황에서 답안을 작성하고 이 답안에 대한 평가를 부탁하자. 그때 의미 있는 평가를 받을 것이며 진정한 멘토와 멘티 관계가 형성될 것이다.

CHAPTER 03 기술사 시험공부 노하우

　기술사 시험은 여타 다른 전문직 시험과는 난이도나 깊이가 다르다. 평균 2~3년이라는 합격에 소요되는 기간과 낮은 합격률은 여러 전문직 시험과 비슷할 수 있으나, 시험의 난이도가 같다고 할 수는 없다. 또한 기술사 시험은 학생 때부터 올인해서 도전할 수 있는 시험이 아니다. 일정 경력이 쌓이고 나서야 도전할 수 있는 시험이기에 타 자격시험과 절대적인 비교는 무리다. 시험의 실제 난이도는 낮을 수도 있지만, 직장생활과 가정생활, 학업을 동시에 수행해야 한다는 점에서 수험생 입장의 체감 난이도는 실로 크다. 따라서 많은 유혹과 방해를 넘어서 얼마만큼 공부에 집중하고 시간을 할애할 수 있느냐가 성공의 첫 번째 열쇠가 아닌가 생각한다.

　여러 종목에 도전하고 또 쉽게 취득하는 분들이 있다. 과거 기술사 수험 경험을 통해 일과 병행하여 공부하는 방법을 체화하였고, 바쁜 생활 속에서도 시간을 쪼개어 값지게 활용하는 법을 알기 때문이 아닐까 싶다. 우리의 하루는 24시간으로 모두에게 동일하다. 따라서 기술사 취득을 위한 소요기간에 종목별로 1,000시간, 2,000시간이라는 절대시간은 있으나 1년, 3년이라는 절대기간은 없다고 확신한다.

01 자투리 시간의 힘

1 나만 왜 이리 바쁠까

눈코 뜰 새 없이 바쁘고 회사의 모든 일을 혼자서 처리하는 것 같이 느껴질 때가 있다. 넘쳐나는 업무로 모든 구성원들이 정신없이 지내고, 야근과 철야의 연속일 수도 있다. 소변을 본 후 지퍼 올릴 시간도 없고, 신발을 짝짝이로 신고 외근을 나가기도 한다. 급하게 챙기다가 엉뚱한 서류를 들고 나오는 바람에 곤혹을 치를 정도로 바쁜 일상일 수도 있다.

왜 나는 이렇게 바쁜 것인가? 다른 사람들은 어떻게 시험 준비를 하는가? 나는 시험 준비를 할 수 없는 상황인 것인가? 온갖 잡생각이 다 든다. 생각해보자. 그렇게 바쁜 와중에 잠깐 머리를 식힐 시간이 전혀 없었을까? 시험공부와 관련된 업무는 전혀 없었을까? 아무리 바빠도 잠깐의 시간은 낼 수 있었고, 업무 자체가 시험공부와 밀접한 관련이 있었을 것이다.

바쁘다는 핑계로 중요한 것을 미뤄서는 안 된다. 핑곗거리는 힘들게 찾지 않아도 널려 있으니, 핑곗거리가 아니라 방법을 찾자. 의지를 가지고 노력하는 사람의 눈에는 방법이 보인다.

2 자투리 시간 활용하기

바쁜 직장생활 중에도 자투리 시간 15분은 낼 수 있다. 업무를 시험공부와 연계해서 수행하면, 업무 성과도 훨씬 높아지고 시험공부의 깊이도 깊어진다. 자투리 시간 동안 시험 관련 자료를 찾거나, 출력할 파일을 정리해두는 것이다. 다음 자투리 시간에는 출력을 하면 되고, 그 다음 자투리 시간에는 출력물을 읽어보거나 밑줄을 그으면 된다. 이후에도 자투리 시간이 생기면 요약노트에 옮겨 적거나, 암기를 하면 된다.

업무와 시험공부는 별개가 아니다. 자투리 시간을 어떻게 활용할 것인지 미리 준비하고 있는 사람과 그렇지 않은 사람은 엄청나게 다른 결과를 맞이한다.

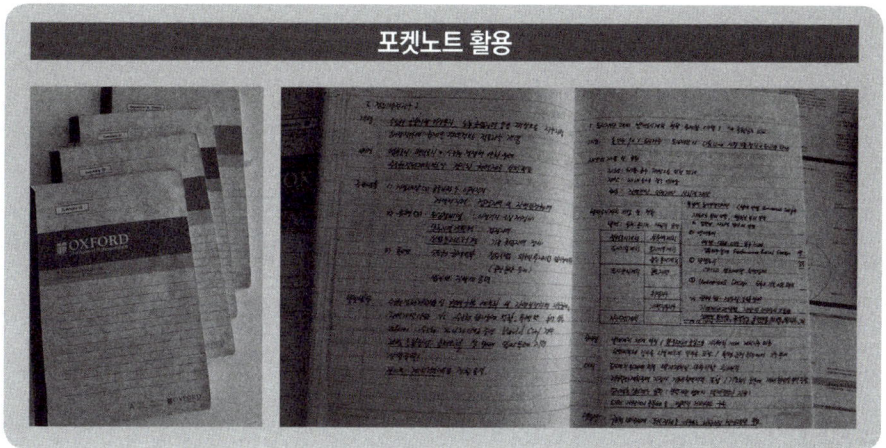

포켓노트 활용

02 두 번 이상 나왔던 문제는 반드시 또 나온다

1 중요하니까? 기본이니까!

기술사 공부는 단기간에 끝내기 어렵다고 한다. 시험의 난이도를 떠나서 실무경력을 요하기 때문에 회사업무와 병행하여 준비하기가 쉽지 않기 때문이다.

이러한 특성 때문에 짧게는 1~2년, 길게는 3년 이상 장기간의 수험생활을 경험할 수밖에 없다. 시험이 계속될수록 경험이 쌓이지만, 이를 체계적으로 정리하지 않으면 장수생의 늪에 빠질 위험이 있다. 3년 이상의 출제경향을 파악하고 기초를 다져가며 차근차근 정리해간다면, 어느 순간 합격의 기쁨을 누릴 수 있을 것이다.

① 분류체계별 출제경향(예 도시계획)

구분	84회	85회	87회	88회	90회	91회	93회	94회	95회
총론	2	3	6	3	5	4	3	3	3
정책경제	3	3	4	6	8	4	3	2	6
사회문화	1	2	1	1	1	-	2	-	4
국토 및 지역계획	2	4	2	2	2	3	3	3	2
도시개발	7	7	6	3	7	4	5	7	6
도시 관리	7	7	8	8	7	8	8	11	8
주택건축	5	-	1	3	-	-	3	-	1
토목도로교통	2	3	1	1	-	3	2	3	-
환경에너지	-	1	2	1	1	2	1	2	1
전자정보통신	2	1	-	3	-	3	1	-	-

② 출제원별 출제빈도(예 도시계획)

구분	84회	85회	87회	88회	90회	91회	93회	94회	95회
사회이슈	-	3	2	2	1	2	4	-	3
관련 사업 시행	2	2	1	4	1	2	3	-	2
정부기관 보도	-	1	-	5	3	5	1	4	9
학회지(논문)	8	11	14	9	6	8	5	13	9
법령지침계획	16	8	7	5	8	7	10	4	1
기본도서	1	4	4	2	9	6	5	9	5
실무	4	2	3	3	3	1	3	1	2

③ 기출문제 여부(예 도시계획)

구분	84회	85회	87회	88회	90회	91회	93회	94회	95회
신규출제	21	7	13	16	12	14	8	7	23
기출변형	7	15	9	13	12	10	17	18	6
용어 논술 전환	3	6	8	2	3	4	5	4	-
같은 문제	-	3	1	-	4	3	1	2	2

④ 최근 기출 회차(예 도시계획)

구분	84회	85회	87회	88회	90회	91회	93회	94회	95회
신규출제	21	7	13	16	12	14	8	7	23
최근 3회 이내	4	5	5	3	6	2	8	9	2
4~10회	3	11	6	9	6	4	7	7	2
11~20회	2	2	5	2	4	8	4	4	3
21회 이상	1	6	2	1	3	3	4	4	1

② 연관 분야 기출에서 이슈 들여다보기

연관성이 높은 타 분야의 최근 출제경향을 추가로 살펴본다면 몰랐던 최근 이슈도 놓치지 않고 준비할 수 있다. 예를 들어, 도시계획기술사 수험생의 경우 도시계획과 함께 조경, 교통, 도로및공항기술사 등 연관 분야의 최근 기출문제를 살펴본다면 다음 시험에 출제될 수 있는 연관 분야의 핫이슈를 알 수 있다. 수험생 입장에서는 공부에 집중하느라 학회나 협회 등에서 개최하는 세미나 등에 참석하기도 어렵고 주변에서 일어나고 있는 변화에 무뎌질 가능성도 있다. 하지만 기술사 합격 후 다양한 세미나에 참석하다보면 기출문제가 우리 주변에서 뜨거운 이슈로 거론되고 있었다는 것을 종종 느끼게 된다. 참고로 산업인력관리공단 Q-net 홈페이지에 전 종목 기술사 기출문제가 회차별로 업로드 되고 있다.

03 넘치면 오히려 독이 되는 공부 자료

1 책장에 쌓인 자료들은 내 것이 아니다

처음 공부를 시작하는 수험생들은 공부해야 할 범위와 자료의 방대함에 두려움을 느낀다. 과연 내가 이 많은 것을 다 할 수 있을까? 시간이 될까? 무엇을 먼저 해야 할까? 이런저런 생각에 위축되기도 하고, 포기하는 수험생도 종종 있다.

공부를 시작하면 다양한 자료들이 책장에 쌓인다. 하지만 그것들이 마음에 위안을 줄 수는 있어도 시험을 보는 수험생에게 힘이 되어주진 못한다.

일반적으로 기술사 시험공부를 시작하면 기본서부터 통독한다. 그리고 시간이 지나면서 참고서가 쌓인다. 학창시절에 교과서만으로는 마음에 안정이 되지 않아 참고서, 학습서, 학원교재 등을 구매하고 책장에 가득 쌓아두던 것과 비슷할 것이다. 하지만 기본이 되는 교과서를 등한시하고 쌓여가는 참고서를 바라보는 것만으로는 결코 성공할 수 없다.

기술사 시험 종목의 각 분야마다 기본서라는 것이 있다. 기술사 시험공부의 첫 관문은 이것에서부터 시작된다는 것을 명심해야 한다. 왜냐하면 모든 응용문제는 기본서 내용을 인용하는 데서 그 기초가 튼튼해지기 때문이다.

2 머릿속에 자신만의 책장을 만들자

막막했던 두려움이 진정되고 방향이 잡히기 시작한다면, 아마도 머릿속에 자신만의 책장이 만들어지고 있을 것이다. 책장의 크기는 중요하지 않다. 많은 지식들을 분류하고 자신의 법칙에 맞춰 전체적인 틀을 잡는 것이 더 중요하다. 어느 정도 큰 틀을 잡고 나면 부족한 부분이나 더 채워야할 곳이 보이고, 방향을 잃고 헤매거나 낭비하는 시간을 줄일 수 있다.

'마인드맵'을 작성하는 것도 도움이 될 수 있다. 기술사 시험은 논술시험이다. 명확하게 마인드맵 또는 머릿속 책장이 구성되어 있다면 연관된 지식들을 쉽게 꺼낼 수 있고 답안지의 많은 부분을 채워 넣을 수 있다. 단순히 글자 수를 채우는 것이 아니라 논거가 튼튼하고 짜임새 있는 답안을 작성할 수 있다.

③ 무엇을 모르는지 아는 것이 진정한 힘이다

기술사 시험을 준비하다보면 몇 단계의 변화를 체험하게 된다. 처음의 막막함이 걷히고 공부의 탄력이 붙어갈 때쯤 왠지 이번에는 합격할 것 같은 자신감이 생기고, 시험을 친 후 답안 작성을 성공적으로 완료했다면 이번에 합격할 수도 있겠다는 기대를 하게 된다. 이것은 논술시험이 주는 함정일 수도 있다. 답안에 대한 정확한 기준이 없기에 내가 기술한 논리와 생각이 옳다고 섣부르게 판단할 수 있기 때문이다. 다음으로 몇 차례 도전이 계속되어도 포기하지 않고 정진한다면 지식이 쌓여 가는 것을 느낄 수 있다. 시험이 끝나고 복기를 하며 그 기대는 계속된다.

하지만 합격자들의 이야기를 듣다보면 하나같이 어쩌다, 운이 좋게, 때가 맞아 합격했다는 겸손한 말들을 한다. 개인적으로도 합격했을 때 더 잘 쓰지 못한 아쉬움에 몇날 며칠을 괴로워했던 경험이 있다. 그렇게 내가 공부하고 쌓은 지식의 양이 얼마 만큼인지보다 넓이를 알 수 없는 지식의 바다에서 내가 무엇을 알고 무엇을 모르는지 어렴풋하게 깨닫게 되었을 때, 바로 합격의 순간이 찾아오는 게 아닐까 생각한다.

04 단기간의 집중적인 공부

1 공부를 위한 준비

앞서 기술했듯이 오랜 직장생활을 통해 깨진 공부패턴을 다시 복구하기 위한 준비가 필요하다. 따라서 기술사 취득에 도전하기로 마음먹었다면 생활습관과 패턴에 변화를 줄 필요가 있다. 회사에서는 친한 동료나 후배에게 양해를 구하고, 가정에서는 6개월 또는 1년 내에 합격하겠다는 다짐을 해야 한다. 마지막으로는 집에서 또는 도서관이나 독서실에 등록해서 최소한 1~2달 정도 새로운 생활패턴과 환경으로 전환해야 한다.

기술사는 얼마나 집중해서 도전하느냐에 따라 6개월에서 1년 내에 충분히 취득이 가능하다. 절대공부시간은 있으나 절대기간은 없다는 점을 다시 한 번 상기해야 한다. 3년, 5년이라는 손에 잡히지 않는 목표가 아니라 무슨 일이 있어도 올해에는 끝내겠다는 짧은 다짐이 더 효과적이다.

2 기술사 시험공부 즐기기

수험생으로서의 생활패턴이 어느 정도 몸에 익으면 조금은 여유를 갖고 수험생활을 즐기는 것도 필요하다. 단기전이 아닌 만큼 무리한 욕심은 생활의 균형을 깨뜨릴 수 있다.

자신이 정한 하루 공부량과 시간을 채웠다면 무리하지 않아도 된다. 때로는 열심히 공부하는 기특한 자신을 위해 시간을 쓰고 상을 주는 것도 필요하다. 너무 부담을 느낄 필요는 없다. 실제로 합격률이 낮은(1~2%) 종목에서도 합격한 수험생 중 대다수는 하루 평균 3~4시간 꾸준히 공부했다고 한다.

출퇴근 시간과 틈틈이 생기는 시간들을 충분히 활용하는 것이 성공의 지름길이다. 업무시간에는 일과 연계하여 지식을 쌓아간다면 24시간을 효과적으로 사용할 수 있다.

③ 이번 시험이 마지막이라는 다짐

기술사 시험은 종목에 따라 연 2~3회 시험기회가 주어진다. 또한 3회차 시험 이후 6개월 정도의 아주 소중한 시험 준비기간이 생긴다. 따라서 종목에 따라 개별적인 장·단기 전략이 필요하다. 보통 시험을 치른 후 발표까지 한 달 정도의 시간이 주어지는데, 이 시간마저도 전략적으로 활용하는 것이 좋다.

개인적으로는 1년 내 합격이라는 목표를 운 좋게 이뤘지만 1년 내내 공부에 매달리지는 않았다. 매번 이번 회차에는 꼭 합격하겠다는 단기계획을 세웠었고, 그 기간만큼은 어느 때보다도 집중적으로 공부했다. 가족들에게도 이번에는 꼭 합격하겠다고 3개월씩 양해를 구했었다. 시험이 끝나고 발표가 날 때까지 약 한 달 동안은 조금 느슨하지만 적어도 한두 시간 일정하게 공부했고, 나머지 시간은 가족들과 함께 보냈다. 그리고 결과가 나왔을 때 다시 한 번 양해를 구하고 공부에 집중했던 기억이 있다.

결론적으로 기술사 시험은 단기에 완성하기에는 무리가 있다. 하지만 너무 긴 시간을 잡을 필요도 없다. 개인의 성향에 따라 다르겠지만 일과 가정, 생활에 적절한 균형을 유지하며 최선을 다하는 것이 무엇보다 중요하다.

05 머리가 아니라 몸으로 하는 공부

① 머리 좋은 사람이 합격한다?

기술사 시험에 합격한 사람들은 머리가 좋은 사람들일까? 학창시절에도 우수한 학업능력을 자랑했던, 지능지수가 높은 사람들일까?

주변의 기술사 시험 합격자들을 둘러보면 그렇지 않다는 것을 알 수 있다. 지능지수의 높고 낮음은 핵심 요소가 아니다. 얼마나 열정이 있었는지, 얼마나 많은 노력을 했는지가 관건이다.

기술사 시험은 머리로 하는 것이 아니라, 시간과 노력으로 하는 것이다. 그보다 더 중요한 것은 열망과 열정이다. 지능지수가 아니라 열정지수가 높은 사람이 성공하는 사례를 여러 방면에서 어렵지 않게 확인할 수 있다. 기술사 시험도 마찬가지다.

2 '엉덩이'와 '손'으로 하는 공부

무슨 뚱딴지같은 소리인가? 엉덩이와 손으로 하는 공부라니? 이미 짐작한 사람도 있겠지만, '엉덩이로 하는 공부'라는 말은 오랫동안 의자에 앉아 있어야 한다는 이야기고, '손으로 하는 공부'라는 말은 많이 써 봐야 한다는 이야기다. 펜을 잡는 손의 가운데 손가락 끝마디에 굳은살이 생길 때에야 비로소 합격의 문턱에 다가간 것이라 할 수 있다.

직장생활을 하는 수험자들이 특히 명심해야 할 대목이다. 기술사 자격증은 지금까지 쌓아 온 풍부한 경험, 노하우, 기술력, 지식을 말로 표현해서 취득하는 것이 아니다. 오랜 시간 책상 앞에 앉아서 펜으로 쓰는 연습을 한 사람에게 주어지는 것이다.

3 생각하면서 쓸 것인가 혹은 쓰면서 생각할 것인가

기술사 시험은 해당 분야의 최고전문가를 선별하는 시험이니 신중하게 답안을 작성해야 한다. 자신의 실무 경력과 풍부한 지식을 기술해야 하니, 답안의 구성과 내용을 생각하면서 논리정연하게 주장을 펼쳐 나가야만 한다.

맞는 말이다. 그러나 그렇게 해서는 시간 내에 모든 답안을 작성할 수가 없다. 실제로 해보면 알 수 있는데, 시험장에서는 시간이 눈 깜짝할 사이에 지나가 버린다. 1교시 용어문제에 주어진 시간이 100분인데, 10문제에 대한 답안을 작성해야 하니 1문제당 10분의 시간이 주어진다. 10분 내에 한 문제의 답안을 작성하면 된다. 10분이면 충분한 시간일 것 같은가? 실제로 해보면 쉽지 않다. 논술문제는 1문제당 25분의 시간을 배분할 수 있는데, 1문제에 대한 답안을 25분 이내에 작성하는 것이 결코 쉽지 않다.

답안의 구성과 내용은 미리 생각해두되, 손으로 쓰면서 답안 내용을 생각해야 한다. 그래야 주어진 시간 내에 답안을 작성할 수 있다.

06 암기는 어떻게 해야 할까?

1 무작정 암기는 NO

무작정 외우는 것이 아니다. 체화(體化)하는 것이다. 외워서는 절대 기술사 시험을 통과할 수 없다. 실제 수험생들의 모의답안을 채점해보면 누구나 알 수 있다. 많은 기술사 선배들은 '외우는 것이 아니라 체화하는 것이다. 외운 답안과 체화한 답안의 차이는 극명하다.'라고 입을 모아 이야기한다.

본인의 논리에 맞춰 짜임새 있게 기술한 답안은 자연스럽고 절로 고개가 끄덕여진다. 하지만 아무리 잘 쓴 답안이라도 외워서 쓴 답안은 어색하다. 때로는 억지스러운 느낌마저도 든다. 어느 정도 공부가 되었다면 한 번쯤 다른 수험생들과 돌아가며 채점해보는 것을 권한다. 기술사 시험은 결국 사람이 채점하는 것이며 어느 정도 전문가가 되었다면 충분히 그 차이를 알 수 있을 것이다.

2 '체화'로 가는 길

그렇다면 어떻게 암기하는 것이 체화로 가는 길일까? 이는 단계별로 다른 전략으로 접근할 수 있겠다. 초기에 기초를 다지는 단계에서는 익숙할 때까지 반복학습을 통해 외우는 것이 주요한 전략이라 할 수 있다.

다음으로는 자신의 언어로 전환하여 '자기화'하는 전략이 필요하다. 우리 모두 유아기 때는 모방을 통해 말을 사용했고, 커가면서 각자의 생각을 표현하기 시작했다. 지금은 같은 단어와 글을 통해 대화를 나누지만, 모두가 똑같은 말투와 언어를 사용하지는 않는다. 이와 마찬가지로 기본이 되는 말을 배울 때 외우는 것은 필수다. 하지만 이 단계를 넘어 자신만의 생각과 논리를 가지지 못한다면 장수생의 늪에 빠질 가능성이 높다.

07 머릿속 책장 정리

어느 정도 공부가 되었다면 이제 '정리'를 해야 한다. 공부에 집중하는 동안 정리에 소홀할 때가 있다. 급한 업무를 처리하고 난 후에 컴퓨터 바탕화면이 가득 차는 것과 비슷하다고 할 수 있다. 앞서 기술한 자신만의 책장에 폴더별로 정리하는 시간을 가져보자. 책장이 잘 정리되어 있다면 지금부터 어떤 곳을 채워야 할지 알 수 있을 것이다.

기술사 시험의 공부 범위는 너무나 넓다. 모든 것을 대비할 수도 없고, 다 아는것도 불가능하다. 하지만 자신이 부족한 부분을 알고 채워갈 수 있다면 조금 더 효율적·효과적으로 공부할 수 있다.

정리가 되지 않은 책장은 버릴 엄두가 나지 않는다. 왜냐하면 어떤 것이 중요한지 어떤 것을 버려도 되는지 알 수 없기 때문이다. 우리 머릿속에 모든 것을 담을 수는 없다. 아니, 담을 수는 있겠지만 그 안에서 꺼내기 쉽게 정리하기는 어렵다.

예를 들어, 시험에서 왠지 익숙하고 알 것 같은 문제가 출제되었다고 생각해보자. 그런데 막상 답안을 기술하려니 손이 움직이지 않고 머릿속에만 맴돌았던 경험이 있을 것이다. 이것이 바로 아는 것 같지만 사실 모르는, 무엇을 아는지 무엇이 준비되지 않았는지 모르는 단계에 머물러 있는 것이다. 앞서 기술했듯이 무엇을 모르는지 아는 것이 진정한 힘이다.

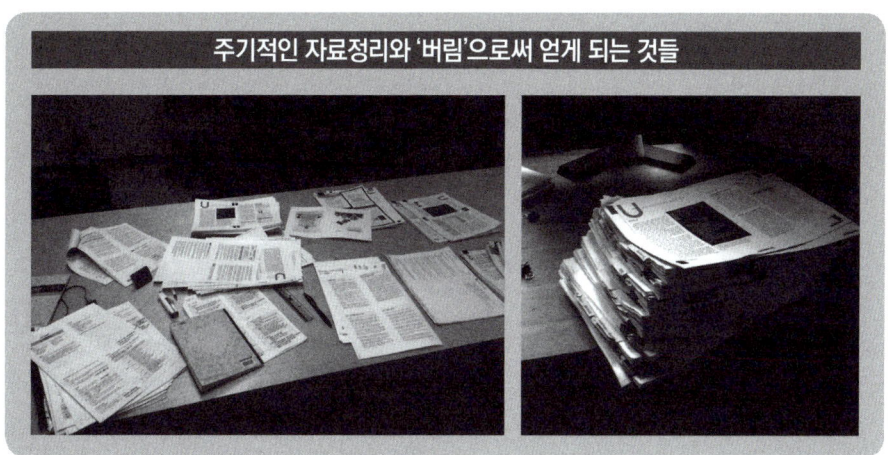

주기적인 자료정리와 '버림'으로써 얻게 되는 것들

08 기술사 선배의 합격노트 활용

기술사 시험에 관심이 있는 수험생이라면 먼저 합격한 선배 기술사를 찾아 조언을 구해봤을 것이다. 명쾌한 공부 방법을 제시해 주기도 하고, 때로는 운이 좋아 합격했다는 막연한 조언만 할 수도 있다. 혹은 친한 선배나 직장 상사에게 정리노트나 자료 등을 얻게 되었을 때 절반은 합격한 듯한 기분이 들 수도 있다.

하지만 기술사 합격에는 '절대공부방법'이란 없다. 논술시험의 특성상 개인의 특성에 맞는 방법과 노력만 있을 뿐이다. 따라서 여러 기술사 선배들에게 다양한 합격노트를 받았다고 해도 이는 그저 참고사항일 뿐 절대방법은 아니다. 그렇지만 합격한 사람의 공부전략과 흔적을 간접적으로나마 들여다보는 것은 큰 도움이 될 것이다.

혹여 이 노트가 답이라 생각하지는 말자. 때로는 잘못된 길로 들어서 돌아갈 수도 있고 꽤 긴 시간을 낭비하게 될 수도 있다.

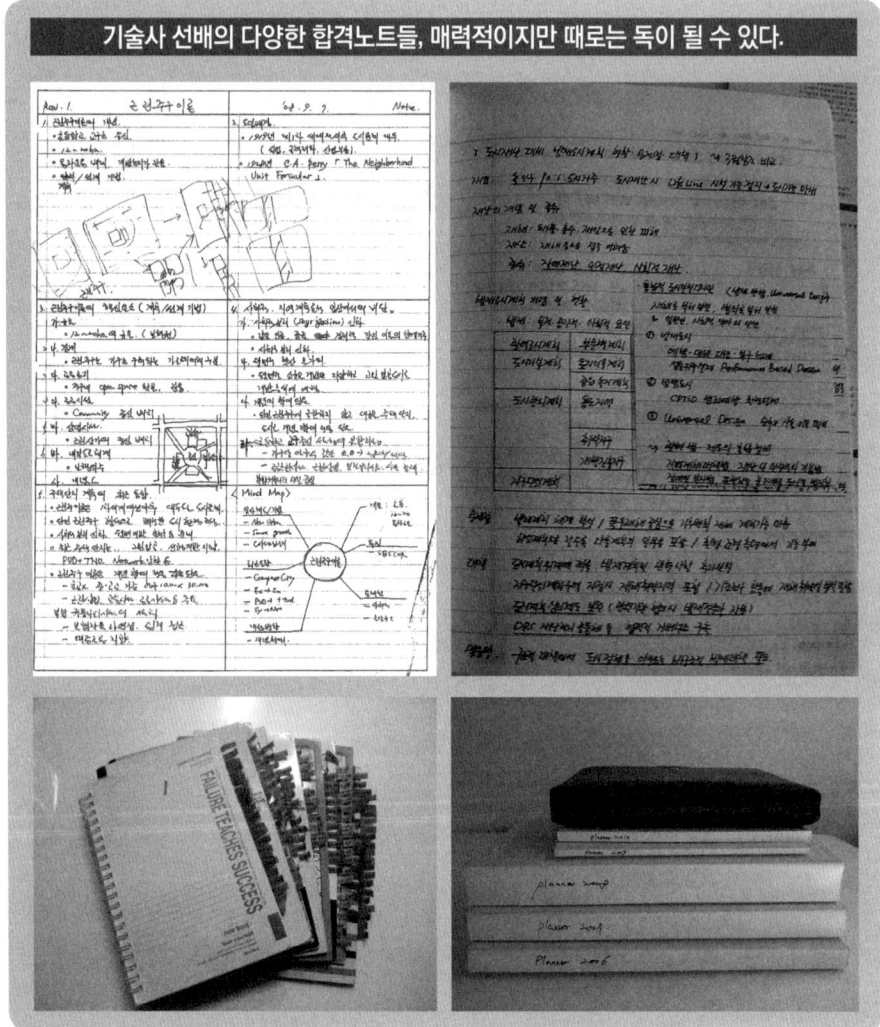

기술사 선배의 다양한 합격노트들, 매력적이지만 때로는 독이 될 수 있다.

PART 03

CHAPTER 01 답안 작성의 비밀

22줄로 이뤄진 14면의 답안지, 이 답안지를 어떻게 채우느냐에 따라 당락이 결정된다. 어떻게 보면 별 것 아닌 것 같기도 하고, 어떻게 보면 고도의 전략이 숨어 있는 전쟁터 같기도 하다. 처음 공부를 시작할 때는 이 답안지를 채우는 것 자체가 목표일 수도 있다. 하지만 이제는 14면의 답안지 안에서 승부를 내야만 한다. 59점에서 1점을 추가하여 합격에 이르는 비법은 분명 존재한다.

01 답안지 작성 방법은 수험생의 숫자만큼 많지 않다

1. 기술사에 대한 방대한 자료

대한민국은 IT 강국답게 수많은 정보들이 쏟아져 나온다. 물론 기술사에 대한 정보도 포함해서 말이다. 기술사에 대한 시험정보, 답안 작성 방법, 중요한 문제에 대한 모범 답안, 합격한 선배들의 답안지 등의 자료는 조금만 노력한다면 아주 쉽게 손에 넣을 수 있다.

처음 기술사 공부를 시작할 때, 시험에 대한 정보와 자료를 찾는다. 매우 중요한 일이며, 공부의 시작을 알리는 신호이다. 하지만 방향을 잡지 않고 자료만 수집한다면 기술사가 되는 것이 아니라 수집가가 되는 것이다. 또한 자료를 수집했다면 수집한 자료를 토대로 스스로 공부해야 한다.

2 다른 사람들이 쓴 답안은 내 것이 아니다

처음 공부를 시작했을 때에는 답안을 어떻게 써야 하며, 어떤 답안이 잘 쓴 답안인지 매우 궁금하다.

하지만 다른 사람의 답안지는 공부를 시작할 때 기초단계에서만 참고해야 한다. 다른 사람이 쓴 답안지를 구했다고 해도 그것은 절대 내 것이 아니기 때문이다. 공부를 시작하고 조금씩 답안을 작성해가면서, 답안은 자신이 이해한 내용을 요약해서 자신의 논리를 담아 써내려가는 것임을 금방 느낄 것이다. 다른 사람들이 쓴 내용을 이해한다고 해도 사실은 그 내용의 절반도 이해 못하는 것이다.

출제위원들의 이야기를 들어보면 '요즘은 예전보다 수준 높은 답안이 많다'고 한다. 그럼 채점하기가 정말 어려울까? 그렇지 않다. 수준 높은 답안이 많아도 전문가가 썼다고 느껴지는 답안은 극히 일부여서 채점하기가 매우 편하다는 것이다. 그만큼 수많은 수험자들의 답안이 '거기서 거기'라는 이야기다.

기술사 시험은 '자신의 생각을 얼마만큼 답안에 논리적으로 담느냐'에 따라서 당락이 결정된다. 그것을 넘지 못하면 59점, 1점을 잡을 수 없다.

02 차별적인 답안만이 살길이다

1 반드시 키워드를 적어라

수많은 답안지를 채점하는 채점자에게 장황하기만 하고 정확한 내용도 없는 긴 답안지는 피하고 싶은 답안지일 가능성이 높다. 통설에는 채점자들이 채점 기준표를 통해 문제마다 반드시 적어야 할 핵심 단어나 문장을 정해놓고 답안지와 비교하면서 채점을 진행하는 것으로 알려져 있다. 그러므로 키워드와 핵심 내용을 반드시 적어야 한다.

많은 수험자가 핵심 단어를 적고 싶지 않아서 안 적는 것이 아니라고 이야기한다. 떠오르는 생각들을 개념만이라도 이해시키기 위해 소설 같은 답안지를 작성한다는 것이다. 이 문제를 해결하기 위해서는 평소에 키워드와 핵심 문장을 먼저 외우고, 그 단어와 문장을 반드시 넣어서 개념을 설명하는 방법을 사용하는 것이 좋다.

2 비교와 사례 제시를 통한 설명

유사제도, 계획 등의 비교는 답안내용을 풍성하게 해준다. 간결하게 내용을 정리하기에 비교만큼 좋은 것은 없다. 표를 사용하여 중요한 비교대상과의 차별성을 부각시키는 답안을 작성하자. 단, 비교가 효과적이지 않은 경우 오히려 부작용이 있을 수 있다.

사례만큼 답안지의 품격을 높여주는 것도 없다. 본인의 경험이 반영된 사례도 좋지만, 가급적이면 일반화된 사례를 선택해서 내용을 설명하는 것이 좋다. 예를 들어, 소방기술사 용어문제로 '풍력발전기'가 나올 경우, '제주 구좌읍 행원 풍력발전단지'와 '제주 구좌읍 김녕리 풍력발전기'의 재원 및 화재 사례를 언급하여 답안을 작성한다면 전문 실무자로서의 면모가 드러날 것이다.

③ 경험이 표현되는 말 한마디

기술사 시험은 전문가로서 문제해결을 위한 합리적 해결방안 제시능력이 있는지를 검증하는 시험이다. 세세한 내용은 답안에 바로 적지 못하더라도 필요할 때 찾아보면 된다. 정책의 본질에 대한 이해와 최적의 방안을 찾는 능력이 있으면 되는 것이다. 전문가로서의 업무수행 경험과 의견제시가 답안에 포함되면 좋다. 암기만으로 문제를 푸는 것이 아니라 경험을 통해 문제 해결방안에 접근한다면 무조건 고득점에 유리하다.

만약 자신이 수행한 업무와 관련된 문제가 나온다면 직접적으로든 간접적으로든 경험에 대해 언급을 하는 것이 좋다. 하지만 단순 언급보다는 경험을 통해 얻게 된 이론과 실무의 간극이나, 실무상에서의 시각을 정제된 언어로 표현해야 한다.

④ 정책방향에 대한 의견제시를 포함하자

학계이론이나 정책, 정리된 시험자료만을 달달 외워서 답안을 작성한다면 그 답이 그 답일 수 있다. 그러므로 채점자에게 차별화된 답안을 보여주어야 한다. 찬반을 포함한 합리적 개선방안에 대해 자신의 의견을 제시할 수 있어야 한다.

업계 내 해결하기 어려운 사항에 대하여 문제를 출제하는 경우도 있다. 수험생들의 답안을 두루 살펴 신선한 시각을 통해 해법에 영감을 얻고자 하는 것이다. 혹은 업계가 전략적으로 선택해야 하는 주장에 힘을 실어줄만한 의견을 가진 수험자를 찾을 수도 있다. 자기의견이 확실하지 않거나 양비론만 내세우는 경우 좋은 인상을 줄 수 없다. 당신은 경험이 풍부하고 기술사 자격이 충분한 전문가라는 것을 잊지 말아야 한다.

03 두괄식의 비밀

① 질문에 충실하고 설명에 안정적인 포맷 구성

무턱대고 아는 내용부터 적다보면 백화점식 답안이 되어 채점자 입장에서 읽기가 힘들다. 답안 작성에도 전략이 필요하다. 답안을 이해하면서 읽어 내려가려면 안정적인 목차구성이 필요하다.

일반적으로 논술답안은 서론-본론-결론의 3단 구성이다. 보통의 경우 '개요 – 질문답변1 – 질문답변2 – 문제점 및 개선방안 – 맺음말' 정도의 구성을 갖추면 된다.

'개요' 부분은 질문내용에 대한 가장 핵심적인 키워드와 배경 또는 목적을 포함하여 구성한다. '본문'은 질문에 충실하게 답하면서, 자신이 알고 있는 전문지식과 식견을 보여줄 수 있는 가장 중요한 부분이다. '맺음말'에서는 임팩트 있는 주장이나 전문적인 실무자로서의 면모를 보인다면 플러스 1점을 획득할 수 있다.

위와 같은 구성의 답안이라면 내용이 충실하다는 전제하에 점수를 안 주려야 안 줄 수 없으며, 작성자에게도 채점자에게도 안정적인 인상을 준다.

② 본질을 알고 있음을 처음부터 표현하자

기술사 시험은 「기술사법」에도 명시되어 있듯이 '고도의 전문지식과 실무경험에 입각한 응용능력을 보유한 사람'을 선별하기 위한 시험이다. 답안을 작성할 때도 본인이 전문지식과 실무경험을 바탕으로 한 응용능력이 뛰어난 인재임을 나타내야 한다. 서론부인 '개요'에서 핵심 키워드가 포함되는 내용을 통해 이 문제에 대해서 방향을 잘 잡고 있다는 인상을 주는 것이 좋다. 그래야 후단에 작성된 응용능력에 대한 신뢰도를 높일 수 있다.

한 회 기술사 시험에 응시하는 수험자의 수를 헤아려 보면 채점자가 채점해야 할 답안지 분량이 어마어마하다는 것을 금방 알 수 있다. 따라서 채점자의 눈에 띄어야 하며, 답안지 처음 부분에 주요 내용을 적는 것이 고득점에 유리하다고 볼 수 있다.

③ 첫 단추를 잘 꿰어야 한다

본질을 꿰뚫지 못하는 답안의 경우 개요 부분부터 장황한 경우가 많다. 앞부분이 명쾌하지 않으니 본문도 장황하고 논점도 흐려진다.

'첫 단추를 잘 꿴다'는 의미는 그만큼 문제에 대한 인식이 명확하고 무엇을 답해야 할지 명확히 알고 있다는 것을 의미한다.

간혹 잘 모르는 문제에 대처해야 할 때가 있다. 이런 경우 정의를 포함한 개요 부분이 명확하면 답안 구성과 작성에 힘을 받게 된다. 따라서 '어떠한 내용으로 채울 것인가'보다는 '이 문제를 무엇에 대한 문제로 규정할 것인가'에 대하여 더 많은 고민을 하는 것이 좋다. 수험자가 100명이면 답안은 100가지이다. 기술사 시험에 틀린 답은 없다. 첫 단추를 잘 꿰고 나름의 논리를 펼친다면 오히려 다른 답안과 차별화가 되어 전화위복이 될 수도 있다. 그만큼 개요 부분을 명확하게 기술하는 것이 중요하다.

결론은, 가급적 두괄식으로 답안을 쓰자는 것이다.

04 글씨는 상관없다. 문제는 자신감이다

1 필체에 관한 고민

시험을 준비하다 보면 한 번쯤은 자신의 필체에 대해 고민하게 된다. 사람의 생김새가 모두 다르듯이 사람의 필체도 모두 다르지만, 조금 더 유리한 필체가 있을 것 같다는 생각이 드는 것이 당연지사이다. 특히, 판독이 어려울 정도의 악필이거나 글씨체에서 앳됨이 묻어나는 경우, 채점에 페널티를 받지 않을까 고민하기도 한다.

채점자가 수험자를 평가할 때 수기로 작성한 답안지를 평가한다. 답안지의 필체로 대강의 면모를 상상할 수 있다. 하지만 평가의 주된 대상은 답안의 내용이다. 답안의 내용이 우수하다면 필체는 큰 영향을 주지 않는다. 물론 신뢰가 가는 필체가 있긴 하겠지만, 내용의 우수함과 그렇지 않음을 뒤집을 만한 정도는 아니다.

간혹 판독이 불가능한 경우에는 문제가 될 수 있다. 심각한 악필이거나 글씨가 너무 작아 60대 이상 연령의 채점자가 읽기에 불편한 경우이다. 혹은 연애편지에나 어울릴 만한 예쁘고 귀여운 글씨체도 문제가 될 수 있다. 이 부분은 여성임을 어필할 수 있는 방법이라고 볼 수도 있어 논란의 여지가 있다. 하지만 어지간한 글자 크기, 읽기에 불편하지 않은 식자라면 당락에 큰 영향을 주지 않는다는 것이 정론이다. 또한 답안 연습이 충분히 된 상태라면 글을 적는 속도와 필체도 어느 정도 다듬어지기 때문에 크게 문제가 되지 않는다고 보는 편이 합당하다.

2 채점자의 눈

기술사 시험에 응시하기 전, 대부분의 수험자는 문제에 수동적으로 대처해왔을 것이다. 답이 정해져있는 객관식이나 단답형이 익숙한 상황에서 창조적인 답안을 당당히 적기는 힘든 일일 수 있다. 이는 공부하는 과정에서 여실히 나타난다. 나만의 방법으로 체계화하는 과정, 답안을 만들어 가는 과정, 나의 주장을 담은 맺음말을 넣는 과정, 어느 것 하나 당당하게 거쳐 간 적이 없을 것이다. 과연 적절한 방향인지, 이것이 유치한 외침이 되진 않을지 고민이 지속될 수밖에 없다.

　기술사 자격증은 국가기술자격의 최고봉이며, 합격자 역시 그에 합당한 실력과 면모를 가져야 한다. 또한 기술사 시험의 출제자와 채점자는 해당 분야 최고의 전문가이다. 어찌 보면 기술사 시험은 최고의 전문가와 함께할 동료 전문가를 찾는 과정이라고 할 수도 있다. 아니면 업계를 이끌어 나갈 새로운 동력이 될 인재를 구하고 있는 것인지도 모른다. 이러한 바람은 그대로 채점기준에 투영된다. 그러므로 시험답안지에서 전문가로서의 확신과 자신감이 느껴지는 경우 높은 점수를 기대할 수 있다.

③ 자신감 UP

자신감을 가질 수 있는 경우는 문제에 대한 답을 확실히 알고 있을 때이다. 준비해온 문제가 출제될 때만큼 수험생이 당당해지는 경우는 없다. 우선 여러 자료를 수집하고 다듬어 나가면서 답안에 대한 확신을 높여야 한다. 또한 날카로운 시선과 전문가적인 식견의 맺음말을 덧붙여야 한다. 준비된 답안을 반복하고 체화해두어 언제든 머리에서 꺼내 쓸 수 있도록 단련해야 한다. 지나가다 툭 치더라도 관련 사항이 술술 나오도록 준비하는 것이다. 철저히 준비된 문제만큼은 놓치지 않겠다는 마음가짐이 중요하다.

　하지만 시험에서 정확히 아는 문제만 만날 수는 없다. 오히려 준비하지 않은 문제에 대처해야 하는 경우가 더 많다. 모르는 문제라고 해서 흐지부지 작성하지 말고, 아는 것과 연결 지어 준비한 답안으로 유도한 뒤 마무리 하는 것이 좋다.

　앞에서도 언급한 대로 기술사 시험에 정답은 없다. 내가 생각하기에 그렇다면 그런 것이다. 다만 이론적 배경과 전문적 사실에 입각하면 될 일이다. 기술사 시험은 한 가지

답을 찾아내는 시험이 아님을 명심하고 시험에 임하자. 내가 쓴 답이 최고의 답일 수 있다. 자신감을 갖자!

05 채점은 단 5초에 끝난다

1 채점자 vs 수험자

기술사 시험의 응시자 수는 종목마다 상이하다. 어떤 종목은 1~2명 응시하는가 하면 어떤 종목은 7천명 가까이 응시하기도 한다. 수험자 한 명이 보통 14페이지짜리 답안지 네 권을 제출한다. 응시자가 많은 종목의 채점자가 담당해야 하는 답안지의 수는 그야말로 어마어마하다는 것을 알 수 있다. 대부분의 채점자는 60대 이상일 것이며 이는 곧 체력적인 한계의 문제도 내포하고 있음을 의미한다.

위에서 말한 모든 내용은 한 가지 사실을 전달하기 위함이다. 기술사 답안 채점은 절대 일일이 읽어보고 체크해가면서 이뤄지지 않는다는 것이다. 제목처럼 채점은 단 '5초'면 마무리 된다. 그렇다고 아무렇게나 이뤄지는 것은 아니다. 스터디를 구성하여 서로의 답안을 비교했거나 누군가가 작성한 답안지를 구해서 봤다면 어떤 의미인지 대충 알 수 있을 것이다. 답안지에서 풍기는 당락의 기운이 있다. 5초 만에 이뤄지는 1차선별을 넘어 심도 있는 2차선별로 넘어가기 위한 방도가 무엇인지 알아보자.

② 무엇을 신경 써야 하는가

먼저, 작성 갯수가 중요하다. 용어문제는 13문제 중 10문제, 논술문제는 6문제 중 4문제를 작성해야 한다. 단 한 문제라도 누락되면 이로 인해 당락이 결정되며, 이것을 어기고 합격한 수험자를 아직 본적이 없다. 일단 다 써라. 다 써야 후일을 도모할 수 있다.

다음으로 강조할 사항은 답안의 구성이다. 서론 – 본론 – 결론의 구성이 일반적이며, 중제목과 소제목의 분량도 적절해야 한다. 제목 줄의 여백과 내용 부분의 채움이 적절하게 배치되면 굳이 내용을 보지 않더라도 조화로움을 느끼게 된다. 조화롭고 안정적인 형태로 의견을 피력할 수 있는 수험자가 합격에 가까워지는 것은 당연한 일이다.

전문성을 드러내야 한다. 기술사 시험은 한 분야의 전문가를 가리는 시험이다. 답안에서 사용하는 어휘 역시 '전문가다움'을 나타내야 한다. 때로는 구구절절 말하지 않아도 한 단어만으로 명쾌하게 설명되는 경우가 있는데, 그런 단어를 키워드(Key-Word)라고 한다. 키워드를 통한 의견 전달은 전문가라면 갖춰야 할 덕목이다. 답안 역시 키워드를 중심으로 작성해야 신뢰감을 줄 수 있고 전문성이 드러난다. 채점자가 짧은 시간 답안지를 훑어본다면 적재적소에 배치된 키워드에 눈길이 머무를 것이고 그에 따라 답안의 구성과 내용에 대해 이해하게 될 것이다.

표나 다이어그램의 적절한 활용도 중요하다. 특별히 계산문제나 도식화 문제가 아니라면 대부분 답안구성은 글자위주로 이뤄진다. 이때 표나 다이어그램을 통해 시선을 사로잡는다면 분명 차별화가 될 것이다. 다른 수험자와 비교하지 않더라도, 14페이지를 모두 글자로 채워 넣는 것보다는 표나 다이어그램을 활용하여 단조롭지 않은 답안을 작성하는 것이 분명 도움이 될 것이다. 표와 다이어그램은 답안을 대충 때우기 위한 용도가 아니다. 오히려 훨씬 정확하게 학습된 상태여야 이를 활용할 수 있기 때문이다. 잘 활용한다면 짧은 채점시간에 본인의 수준을 어필할 수 있다.

06 표는 만능이 아니다

1 표를 활용한 답안 작성

답안 작성 시 표 활용의 효용성에 대해서는 의견이 분분하다. 표 형식 활용에는 장단점이 있다.

장점은 ① **깔끔한 표현** ② **압축력 있는 키워드 표출** ③ **중요 개념의 체계화와 연상화** 등이다. 주로 키워드 중심의 간결하고 체계적인 표현이 가능하고, 이에 따른 가점을 기대할 수 있다는 것이다. 반면, 단점은 ① **답안 작성 시간 과다 소모** ② **수정의 어려움** ③ **부연 설명 곤란** 등이다.

상기 장단점을 명확히 인식하고 표 활용을 결정해야 한다. 표 형식의 답안은 잘 쓰면 득이지만 어설프면 안 쓰는 것만 못한 결과를 내기 때문이다. 또한 본인의 취향에 맞지 않는데도 남들이 하니까 따라하는 식의 태도는 가장 지양해야 한다.

2 표를 활용하기 좋은 문제

표를 활용하기 좋은 문제는 어떤 것일까? 경험상 다음과 같은 문제의 답안 작성에는 표의 활용이 상당히 유용하다.

① **개념이나 제도의 비교문제** : 반대 또는 유사 개념 간 특징적인 차이점, 유사점을 표현하기에 적합하기 때문이다.
② **연대기를 나열하거나 체계를 분류해야 하는 문제** : 기간별 또는 종목·항목별로 세부 항목을 분류하고 설명하는 것이 가능하다.

③ **상당한 분량을 압축해야 하는 문제** : 유사한 형식의 서술이 반복되면 답안이 지루해질 수도 있다. 이때 표 등을 활용하면 간단하게 시각적으로 표현할 수 있다.

하지만 상기의 문제유형은 예시일 뿐이다. 상기와 같은 유형이 나오면 표로 답안을 작성하는 것이 무조건 유리하다는 오해는 금물이다.

표를 그리는 것은 광범위한 개념에 대한 전체적인 이해와 세부적인 표현, 핵심 키워드의 추출 등이 어우러져야 하는 고도의 테크닉이다. 시간이 촉박하고 수정이 거의 불가능한 시험장 환경에서 즉흥적으로 구상하여 옮길 수 있는 것이 절대 아니다. 따라서 표를 사용한 답안 작성의 필수 전제는 미리 표 형식으로 연습하여 충분히 암기하고 있는 문제여야 한다는 것이다.

③ 표의 기본은 깔끔함

표를 활용하는 경우 당연히 자를 사용하여 그려야 한다. 이는 기본 중의 기본이다. 하지만 시간이 부족하다는 이유로 표를 프리핸드(Free-hand)법으로 그리는 사람들이 있다. 이런 경우가 바로 다 된 밥에 코 빠트리는 경우다. 내용이 아무리 훌륭하다 하더라도 절대 채점관에게 높은 점수를 받을 수 없으며, 특별히 까다롭지 않은 채점관이더라도 채점 권위에 대한 심대한 도전으로 받아들일 수 있으니 주의해야 한다. '표 그리기'라는 것이 단순히 줄 긋기 같지만 평소에 연습하지 않으면 정말 중요할 때 발목을 잡을 수 있다. 표는 깔끔한 정리를 위해 활용하는 테크닉이다. 표로 답안지가 지저분해진다면 안 쓰는 것만 못하다.

4 답안지 양식의 활용

답안지 좌측에 미리 그어져 있는 3개의 점선에 관심을 가져보자. 답안 작성 시 위계구분선까지 내용을 쓰면 미관상 보기 싫을뿐더러, 위계의 인식성에도 문제가 생긴다. 따라서 답안의 내용은 가급적 본문기입 칸 내에서 기술해야 한다. 당연한 얘기지만 표도 본인이 쓰고 있던 위계에 맞춰서 쓰도록 하자. 칸이 부족하거나 특별한 경우 외에는 본문을 쓰는 칸에 표를 집어넣어서 깔끔하게 표현하는 것이 좋다.

표는 내용에 따라 다양하게 활용한다. 이때, 미리 본인만의 표 규격을 준비하고 연습하도록 하자. 칸당 몇 cm일 때 본인이 작성하기 편하고 가장 인식력이 좋은지 정도는 경험을 바탕으로 외워두는 것이 좋다.

표가 다음 페이지로 넘어가는 경우 채점에 상당한 노력이 필요하다. 채점을 위해 답안지의 앞장과 뒷장을 몇 번 정도 번갈아 뒤집고 나면 공정하게 채점을 하려는 마음이 싹 사라지기 십상이다. 답안지는 채점관이 보기 쉽게 작성해야 함을 잊지 말자.

표를 쓰는 이유는 딱 하나다. 구구절절하게 쓰느니 한눈에 볼 수 있게 요약하는 것이다. 1페이지를 넘어가는 경우 이러한 표의 이점이 상당히 반감된다. 혹여나 표가 너무 길어지는 경우는 중간 제목을 달고 표를 나눠서 그리도록 한다. 그럼에도 불구하고 나누기 곤란하여 하나의 표가 다음 페이지로 넘어가는 경우, 표 제목 정도는 한 번 더 반복해주자.

사실 애초부터 몇 줄짜리 표를 그릴지 세어보고 표를 작성하는 것이 좋다. 급한 마음에 표 제목부터 적게 되는데, 이런 경우 한두 줄의 애매한 분량이 페이지를 넘어갈 우려가 있다. 그다지 길지 않은 표(5~10줄)인데 답안 전개상 어쩔 수 없이 페이지에 걸리는 경우 역시 마찬가지다. 앞뒤의 답안 내용을 추가하거나 줄여 표가 들어갈 자리를 미리 확정하도록 하자.

⑤ 도식화에 대하여

'도식화'는 계획수립이나 사업추진 프로세스에 대한 설명, 다이어그램 등으로 보충 설명이 필요한 경우에 주로 활용된다.

추진 프로세스를 설명하는 경우 구구절절 표현할 것을 몇 개의 단어와 박스, 연결선만으로 손쉽게 해결할 수 있다. 단, 일반 표를 그리는 것보다 훨씬 손이 많이 갈뿐더러 중간의 여백 줄도 미리 계산하여 그려야 하므로 의외로 신경이 쓰인다. 반드시 자로 마무리 해주고, 특히 중간선은 비뚤어지지 않게 한 번에 그어주도록 하자.

표와 마찬가지로 다이어그램 역시 시험장에서 기적처럼 완성되지 않음을 명심해야 한다.

다이어그램은 작성하기 성가시지만 막상 작성해보면 효과 만점이다. 2010년부터 모양자(템플릿)의 사용이 금지되었으나, 2017년도 1회차 시험부터 다시 사용이 가능하다. 이를 사용하면 미려한 곡선이나 원형 등을 통한 답안의 차별화를 기대할 수 있다. 특히 원리, 구조, 그래프 등에 활용하는 경우, 보다 명확한 의미전달이 가능하기 때문에 모양자의 사용에 관심을 두어야 한다.

※본도서에 삽입된 템플릿은 기술사시험에 특화하여 제작되었다. 다양한 도덕화 적용에 최적화된 만큼 활용하면 답안 퀄리티를 높여주는데 도움이 될것이다.

07 다양한 사람들에게 첨삭을 받자

① 왜 점수가 안 나올까?

어느 정도 공부해온 수험자들이 매우 곤혹스러워하는 부분이다. 답안도 무난하게 작성했으며, 나름대로 가점 포인트도 많이 배치했는데, 생각만큼 점수를 받지 못할 때가 있다.

이 경우는 두 가지로 나눌 수 있다. 하나는 논리나 주장이 지나치게 편중되어 있는 경우이고, 또 하나는 채점위원들이 정확히 평가하지 못한 경우이다.

- ① **편중된 논리나 주장** : 이러한 경우가 대부분인데, 수험자가 자신의 답안이 완벽하다고 생각하여 현실을 인정하지 않는 경우이다. 이는 매우 위험한 생각이며, 아집에서 빨리 벗어나야 한다. 우물 안에 갇혀서는 우물 주변에 어떤 변화가 있는지 알 수 없다. 스스로 답안이 완벽하다고 생각하는 것은 발전의 여지나 의지가 없는 것이므로, 애석하지만 더 이상의 기대는 무의미하다.
- ② **정확히 평가하지 못한 경우** : 이 경우는 정말 운이 없는 경우이다. 여러 관점과 논지 중에서 하나를 택하여 기술했는데, 채점위원의 의중과 다르거나 채점위원이 정확히 평가하지 못한 경우이다. 이런 경우라 하더라도 빨리 수긍하고 다음 시험을 준비해야 한다. 보다 넓은 스펙트럼을 준비하고 보다 견고한 논리를 확보해서 종합적으로 높은 점수를 받을 수 있도록 준비해야 한다. 점수가 높지 않다면 무언가 문제가 있는 것이다. 얼른 문제점을 파악하고 다음 시험을 대비하는 것이 현실적이다.

② 첨삭을 받자

스터디를 하면 자신의 주장과 논리에 대한 구성원들의 반응을 볼 수 있고, 다양한 주장과 논리를 들어볼 기회도 생긴다. 스터디 구성원 각자가 예상문제를 만들어서 비교해보고, 모의고사를 치른 다음 채점을 해보자. 이때 객관적인 평가를 받아 볼 수 있고, 단점을 보완할 수 있다.

그 이후에 기술사 선배의 첨삭을 받아보는 것이 좋다. 직접 모의고사 문제를 출제하고 답안을 작성한 다음, 선배 기술사에게 첨삭을 받는 것이다. 자신의 답안에 어떤 문제가 있는지, 보완해야 할 점은 무엇인지를 금방 자문 받을 수 있다. 답안을 작성할 때, 완벽한 답안을 작성하기 위해 서적을 참고하는 등의 행동을 해서는 안 된다. 실제 시험장에서처럼 시간을 정해두고 오로지 스스로 답안을 작성한다. 그렇게 할 때 의미 있는 평가와 피드백이 이루어질 것이다.

08 모르는 문제라도 답은 쓸 수 있다

1 자료의 분류 및 체계화

어느 정도 시험공부를 했지만, 막상 답안을 작성하려고 하면 머릿속이 하얘지고 생각이 나는 것들은 단편적이어서 답안을 작성하기 힘들다는 토로를 많이 들었다. 공부를 시작할 때는 체계적으로 차근차근 해나가겠다고 다짐했지만, 단편적으로 습득한 지식들이 서로 연계가 되지 않아 고민하는 경우도 많다. 이때 필요한 것이 '분류별 체계화'다.

'분류별 체계화'란 여러 가지 관점의 주제를 자신만의 분류체계로 체계화하는 것이다. 어떤 주제를 분류할 체계를 갖고 있다면, 모든 문제에 자신 있게 대응할 수 있다.

우선, 분야를 중심으로 대분류를 구성한다. 이를 다시 주제별로 분류하여 중분류로 나누고, 내용을 중심으로 소분류 한다. 공부가 충분히 되었다면 나만의 분류체계를 만들 수 있다. 그렇지 못한 경우 선배 기술사의 분류체계를 나만의 것으로 수정·보완해 나가는 것도 좋은 방법이다.

이렇게 분류체계를 만들어 놓고 나면, 어떤 주제든 일단 대분류로 분류할 수 있고, 중분류로 가면 유사하거나 관련 있는 주제들이 있어서 서로 연관 지어 생각하기가 용이하다. 그러면 처음 접하거나 모르는 문제라 하더라도, 주변의 주제들과 연계해서 쉽게 논리를 펼쳐 나갈 수가 있다.

신문스크랩도 분류체계에 따라 정리하면, 자료정리가 한결 수월해진다. 그 신문스크랩을 시험 직전에 한두 번 훑어보기만 해도 천군만마를 얻은 듯한 자신감을 가질 수 있다.

② 업무는 곧 시험 준비다

기술사 시험 준비를 하는 수험자들은 몇 가지 상황에서 금방 알아 볼 수 있다. 먼저, 볼펜이 달라진다. 평소에는 아무 볼펜이나 쓰던 직원이 한두 가지 볼펜을 계속 쓰고 있다거나 항상 그 펜을 지니고 있다면 시험 준비를 하는 경우일 수 있다. 또한, 업무 보고서나 검토서를 작성할 때 컴퓨터 프로그램이 아니라 수기로 작성하는 경우, 그 검토서나 보고서가 특정 포맷으로 정형화된 경우이다. 제3자의 경우에 빗대어 이야기했는데, 기술사 시험을 준비 중이라면 그렇게 하는 것이 좋다는 이야기다.

직장 동료 중 누군가가 나의 시험공부 상황을 알면 어떤가? 업무에서도 시험을 준비하자. 업무와 시험공부는 별개가 아니다. 시험공부를 하면서 업무 능력은 배가되고, 업무 능력 증대는 곧 시험 준비이기 때문이다. 이론의 범위에서 벗어나 업무를 통해 시험을 준비하다보면 다양한 경험을 하게 되고 모르는 문제에도 더 쉽게 대처할 수 있다.

③ 몰라도 쓰는 연습을 하자

기술사 시험 문제를 받아 보면, 절반가량은 대비를 못한 문제일 수 있다. 잘 몰라도 답안을 작성할 수 있어야 한다. 잘 몰라도 부끄럽게 생각하지 말고 이리저리 끄적거려 보자. 쓰다보면 나의 부족한 점을 발견할 수도 있고, 적어도 모르는 문제에 대처하는 연습을 한 셈이기 때문이다. 연습이 결과를 만든다. 잘 알든 모르든 쓰는 연습을 하는 것이 중요하다.

'몰라도 쓴다'는 것은 숙지하고 있던 지식을 적는 것이 아니다. 머릿속의 지식이 융합되어 즉흥적으로 새로운 형태로 표현되는 것을 의미한다. 이는 상당히 높은 에너지가 소모되는 활동이다. 기술사 시험에서 셀프 모의고사가 상당히 높은 훈련효율을 보이지만 잘 지켜지지 않는 이유이기도 하다. 모르는 것에 대하여 쓴다는 것 자체가 스트레스 그 자체이다. 짜증이 몰려오고 그냥 관두고 싶다. 모두 정상적인 반응이다. 하지만 시험장에서 당황하지 않으려면 이에 친숙해져야 한다.

09 당신은 전문가, 전문가의 냄새를 풍겨라!

1 기술사 시험은 채점관의 동료를 선발하는 시험이다

기술사 시험의 출제자는 다양하지만, 기존 기술사를 중심으로 하는 업계 전문가, 교수를 비롯한 학계 전문가 등 관련 종목의 전문가로 구성되는 것이 일반적이다.

기술사 시험이라는 것은 수험자의 입장에서는 자격을 취득하는 기회이지만, 출제자의 입장에서 보면 본인의 동료를 선발하는 시험이다. 호락호락하게 그 관문을 열어줄 리가 없다. 가채점 이후 합격자가 예상보다 적은 경우가 다반사다. 이런 경우 채점 기준 회의를 다시하고 재채점을 통해 합격자를 추가하기도 한다.

이러한 현상은 기술사 시험뿐만이 아니다. 서술형 시험방식을 채택하고 있는 여타 국가시험에서도 비슷한 양상을 보인다. 출제자는 본인의 출제의도를 관철하고자 하며 수준 낮은 응시생을 가차 없이 떨어뜨리고자 하지만, 시험을 관리하는 입장에서는 최소한 전년도 합격률을 유지해서 수험자의 항의를 조금이라도 덜 듣고 싶어하기 때문이다.

그럼에도 불구하고 채점관은 언제나 엄격하게 채점하고, 동료로서 수준에 걸맞은 전문가를 선발하고 싶어 한다. 그러다 보니 1차 필기시험의 합격률은 6%를 넘지 못하는 경우가 많다. 소수를 뽑는 전문기술사의 경우 2~3%인 경우도 많다.

② 전문가임을 어필하자

채점자들은 비슷비슷한 답안을 보며 많이 실망한다고 한다. 학원에서 연습한 것처럼 보이는 보기 좋은 답안은 식상하기도 하고 뭔가 프로페셔널과는 거리가 멀어 쉽사리 합격점을 주지 못한다는 것이다.

채점자 모두에게 합격점을 받아 쉽게 본선에 진출하는 것을 목표로 한다면, 앞서서 공부한 차별화 전략을 다시 떠올려 보자. 단순히 다른 사람과 답안 기술을 차별화하는 것만으로는 조금 부족하다.

차별화 전략에서 가장 높은 수준은 본인의 '전문성'을 어필하는 것이다. '나는 당신들과 동등한 수준의 전문가다.', '기왕에 합격자를 선발할 거라면 나를 뽑아다오.'라는 당당한 도전에 채점관들은 흐뭇한 미소를 띠며 연신 동그라미를 매겨 주고 있을 것이다.

③ 전문성의 표현은 어떤 방법으로

결론은 '경험'을 담자는 것이다. 쓸데없이 영어로 된 전문용어를 나열하거나 지식을 뽐내는 행위에 집착하지 말자. 채점관은 당신보다 더 해박한 전문지식을 가지고 있는 사람이다. 법령 몇 줄을 언급하는 행위도 별로 소용없다. 실무에서는 그냥 찾아보면 되는 것이다. 상술한 바와 같이 본인의 경험과 노하우를 보여주도록 하자.

다양한 방법이 있겠지만, 실패/성공 사례 제시형, 과거반추형, 대안제시형 등이 유용하다. 본인만의 프로젝트 경험을 통해 실패/성공 사례를 담는다면 단숨에 다른 답안과의 차별성을 확보할 수 있다. 또한, 본인의 경험이 충분한 경우 각종 기술이나 제도의 과거와 현재를 비교하는 과거반추형도 유용하다. 무엇보다 좋은 것은 문제에서 요구하고 있는 단순 설명 외에 기술 또는 제도의 대안을 제시하는 방법이다. "내가 직접 해보니 이런저런 문제가 있고, 이런저런 방법으로 해결할 수 있다."라는 것은 경험이 있는 당신과 그렇지 못한 경쟁자들의 답안을 확연하게 차별화할 수 있는 요소가 될 것이다.

다음으로, 간단명료하게 '핵심'만을 표현하도록 하자. 기술사 답안 작성 방법을 고민할 때 인터넷을 찾아보면 맥킨지 보고서 작성 방식, 공무원들의 보고서 노하우 등을 접할 수 있다. 잘 쓴 보고서는 짧은 보고서다. 실무에서는 짧지만 군더더기가 없고, 몇 줄만으로 핵심을 파악할 수 있는 보고서를 선호한다. 답안도 마찬가지다. 당신의 전문성은 잘 짜인 답안에서도 금세 확인할 수 있다. 다만, 회사 보고서와 기술사 답안은 다른 점이 있으므로, 본인도 만족하고 채점관도 흡족해할 만한 답안은 연습을 거듭하면서 완성할 수밖에 없다.

마지막으로, 기술사는 '해결사'다. 실무에서 기술사는 책임기술자로서 프로젝트 수행 중 많은 고민들의 종지부를 찍어줘야 한다. 당신이 충분한 실무수련을 통해 그런 역량을 가지게 되었다면, 시험에서도 그런 자질을 보여주자. 극단적인 답안은 채점자의 성향에 따라 좋지 못한 점수를 받을 수 있어 중도적인 의견제시를 하는 경우가 많다. 하지만, 채점자는 그렇게 과도하게 신중한 태도를 좋아하지 않는다. 오히려, 실무경험 없이 공부만 한 사람으로 평가절하 받을 수도 있다. 본인이 정확하게 결정할 수 있고 조언할 수 있는 문제라면 명쾌하게 답을 제시하자.

10 마무리 멘트를 준비하자

1 당신은 이미 기술사

내가 기술사라면 어떤 문제에 어떻게 답할까를 떠올려 보자. 어느 위치에 있든 실무자라면 미사여구를 멀리하고, 간단명료하게 적시해야 한다. 특히나 기술사라면 언제나 상대방이 원하는 답을 중심으로 대답하고, 정확한 기술용어와 오해 없는 표현을 사용해야 한다는 것이 지금까지 계속 강조했던 기본 중의 기본이다.

그런데, 이것만으로는 뭔가 부족한 느낌이다. 어느 분야든 전문가의 조언이라는 것은 단편적인 질문에 대한 단순한 답을 말하는 것이 아니다. 질문자의 지식부족 등으로 인하여 질문의 범위는 한정적일 수밖에 없다. 진정한 전문가는 경험을 바탕으로 질의자가 궁금해하는 근원적인 부분을 순식간에 파악하고, 추가적인 한마디를 덧붙일 수 있는 사람이 아닐까 한다. 그런 경우 상대는 감탄하기 마련이다.

기술사 시험은 전문가 중의 전문가를 뽑는 시험이다. 필살의 한마디를 통해 채점관을 감동시켜 보자.

2 모든 글은 마무리가 명확해야 한다

기술사 시험 답안 작성 시 초보자들이 가장 작성하기 어려워하는 부분은 결론 부분이다. 서론-본론은 미리 공부한 지식으로 충분히 작성 가능하지만, 결론은 그렇지 않기 때문이다. 본론 내용을 제대로 요약하지 못하고 흐릿하게 끝맺음하는 경우가 많다. 이런 답안을 보는 채점관 역시 혼란스럽기는 마찬가지다.

수백 명의 답안을 연이어 채점하는 채점관의 입장에서 답안 전체를 꼼꼼히 읽는다는 것은 사실상 불가능하고, 비슷비슷한 본론 내용보다는 서론 – 결론에 좀 더 눈이 갈 수밖에 없다. 그런데, 본론 내용과 상반된 결론을 제시하거나, 별 영양가 없는 내용으로 결론부를 작성하면 힘들게 잘 쓴 본문의 내용까지 같이 평가절하 될 것이다.

3 분량조절의 핵심

답안을 쓰다보면 22줄의 답안지를 제대로 활용하지 못하고 몇 줄을 남기고 답안이 끝나거나 다음 페이지로 넘어가서 2~3줄 만에 답안이 끝나는 경우가 왕왕 발생한다. 내용적으로는 큰 일이 아니지만, 채점자에게 풍기는 이미지는 좋지 않을 수도 있다.

안정적으로 시각적 배치가 되어 있는 One page 보고서의 경우, 내용이 한눈에 들어오는 것이 장점이다. 답안지도 마찬가지다. 시각적인 부담이 없고 분량이 적절히 안배되어 있으며, 지면의 한계를 적절히 활용하여 마지막 줄에 맞춰 답안을 끝냈다면 정성적인 가점을 얻을 수 있을 것이다.

마무리 멘트는 이러한 편집적 마무리에 용이하게 활용할 수 있다. 각자의 분야별로 공통적으로 쓰이는 문구가 있다면, 1줄짜리부터 3~4줄짜리까지 미리 준비해서 분량을 조절하는 데 활용할 수 있도록 연구해보자.

4 인상적인 마무리 멘트

기술사 시험은 작문시험이 아니므로 문장의 완성도가 필요한 것은 아니다. 오히려 쓸데없는 미사여구로 결론이 흐려지는 것은 주의하도록 하자. 본문의 내용을 잘 반영하되 전문가로서의 조언을 한마디 첨부하는 것이 핵심이다.

자신만의 멘트를 몇 가지씩 준비하여 대응하는 방법도 있지만, 가장 효율적인 것은 문제가 포괄하는 사항에 대한 개인적인 고뇌가 묻어있는 진심이 담긴 맺음말일 것이다. 실무를 수행하며 아쉬웠던 부분이나 제도, 정책, 규정 미비에 대하여 지적하는 것, 문제의 해법을 넘어 분야가 지향해야 할 목표를 제시하거나 목표를 달성하는 데 걸림돌이 되는 사항을 지적하는 것 등이 좋은 예가 된다. 그 외에도 이따금 떠오르는 아이디어를 활용하여 전문 단어의 향연으로 채점자를 홀릴 수 있다면, 그 이상 효율적인 마무리 멘트는 없다고 생각한다.

따라서 인상적인 마무리 멘트를 위해서라도 학습내용에 대한 사색이 요구된다고 볼 수 있다.

11 답안 작성 방법과 유의사항

기술사 답안은 논리적 전개가 분명한 기획서이기도 하다. 나는 채점관에게 어떤 답안을 제출할 것인가? 논지를 알 수 없는 지루한 답안을 줄 것인가? 핵심 키워드 위주로 논리적인 전개의 깔끔한 답안을 줄 것인가? 물론 후자일 것이다.

아래 표는 기본적인 답안 작성 방법이며, 문제 형식에 따라 응용하여 답안 작성 연습을 하면 도움이 된다.

◇ 답안 작성의 방법 ◇

구성			방법	
서론	개요		• 개요는 출제의도를 파악하고 있다는 것이 표현되도록 핵심 키워드 및 배경, 목적을 포함하여 작성한다.	
본론	제목		• 제목은 해당 답안의 헤드라인이다. 어떤 내용을 주장하는지 알 수 있도록 작성한다.	• 본론 전체 내용은 다음을 염두하며 작성한다. - 내가 주장하는 바의 방향이 맞는가 - 각 내용이 유기적으로 연계되어 있는가 - 결론을 뒷받침할 수 있는 내용인가
		문제에 대한 답변 1,2,3...	• 문제에서 요구하는 내용은 꼭 작성하여야 하며, 필요에 따라 사례 및 실무 내용을 포함하도록 작성한다.	
	제목			
		문제점	• 내가 주장하는 논리를 펼 수 있는 문제점에 대하여 작성하도록 하며, 출제 문제에 해당하는 정책, 법적사항, 이행사항, 경제·사회적 여건 등 위주로 작성한다.	
	제목			
		개선방안	• 작성한 문제점에 대한 개선방안으로 작성한다.	
결론	맺음말		• 전문가의 식견(주장)이 담긴 객관적인(과도한 표현 지양) 문장이 되도록 작성하며, 본론에서 제시한 내용에 맞게 작성한다.	

완성도 높은 답안을 작성하려면 어떠한 내용으로 답안을 채우고 어떻게 구성해야 좋을지에 대하여 설명하였다. 답안 작성의 방법과 앞서 설명한 내용(답안 작성의 비밀 1~10)을 요약 정리하면 아래 표와 같다. 답안 작성 후 첨삭 시 체크리스트로 활용해 보면 답안 작성의 방향을 잡을 수 있다.

◇ 답안 작성 시 유의사항 ◇

내용	평가
출제의도를 파악했는가?	
문제에 대한 다양한 자료를 수집하고 이해했는가?	
두괄식으로 답안을 작성했는가?	
나의 논지가 담긴 소제목으로 구성했는가?	
가독성 있게 핵심 키워드와 함축된 문장으로 표현했는가?	
전문성(실무내용)있는 내용을 포함했는가?	
적절한 표 or 삽도를 포함했는가?	
논리적(스토리텔링)으로 답안을 구성했는가?	
논지를 흘트리는 과도한 미사여구가 포함됐는가?	
임팩트 있는 결론인가?	
나만의 답안인가?	

CHAPTER 02 시험장 실력 발휘 Tip

노력에 대한 성과를 꽃피워야 할 시간이다. 중지에 굳은살이 박이고 손목에 관절염이 오도록 준비했는데 시험장에서 실력을 100% 발휘할 수 없다면 너무 안타까운 일이다. 시험장에 왔다고 답안만 냅다 적는 것이 아니다. 시험장에서 실력을 111% 발휘할 수 있는 Tip이 여기 있다.

01 문제마다 요구하는 답이 있다

1) 한국말은 끝까지 들어야 한다

종목에 따라 다르지만 대부분 1교시 용어문제는 한 단어로 출제된다. 문제에 대한 답이 명쾌한 경우에는 개념과 주요 내용, 유사한 개념과의 비교, 정책 개선방향을 적어 마무리한다. 1교시의 경우 문제 단어에 대한 이해도가 답안으로 바로 연결된다.

반면 2~4교시 문제는 한 문장이나 여러 문장으로 출제된다. 문제의 맨 끝에 '~하라.'라고 되어 있는 경우가 있는데, 이 부분은 출제자가 요구하는 답안의 가이드라인이 포함된 부분이다. 각각 다음과 같이 이해할 수 있다.

① **정의하라** : 간략하고 명확하게 의미를 표현하는 것을 뜻한다.
② **열거하라** : 내용을 횡적으로 늘어놓는 유형이다. 다수의 해결방법을 모두 숙지하고 있는지 묻는 질문이기 때문에 표나 동일위계의 나열을 통해 작성하면 된다. 단순히 늘어놓는 형태의 답안으로도 충분하지만 필요에 따라 장단점이나 차이점을 추가적으로 기술해도 좋다.
③ **논하라** : 특정한 주제에 대해 깊이 이해하고 있는지를 확인하기 위한 유형이다. 원리나 이론적 배경을 포함하여 종합적으로 작성하도록 하자.
④ **설명하라** : 주제에 대한 명확한 정의와 그 원리를 이해하고 있는지, 원인과 이유를 알고 있는지 묻는 것이 주된 내용이다. 이 경우 채점자에게 설명하듯 작성하면 좋다. 논리적으로 명쾌하고 흐름이 매끄러워야 함에 주의하자.
⑤ **기술하라** : 문제에서 요구하는 것에 대하여 충분히 작성하면 된다. 이해나 논리보다 솔루션의 원리나 작동방법이 주가 되는 경우가 많기 때문에 지식과 사실을 중심으로 작성하면 된다.
⑥ **계산하라** : 종목에 따라 계산문제가 함께 출제되는 경우가 있는데, 해법만 알고 있다면 '꿀' 문제라고 보면 된다. 논술형보다 시간을 아끼며 확실하게 점수를 얻을 수 있는 부분이므로 절대 놓치지 말아야 한다. 가능하면 공식유도과정, 풀이과정 등을 기재하고 단위계산에 유의하여 작성하도록 하자.
⑦ **비교하라(대조하라)** : 이 경우 주제에 대한 정의와 더불어 유사점과 차이점, 장단점 등을 작성하면 된다. 대조의 경우 차이점만을 내용으로 하지만 큰 차이는 없다. 이는 유사한 성격을 가진 둘 이상의 항목에 대한 이해력을 테스트하기 위한 것이므로 이에 맞춰 대응한다.

논술문제는 아는 문제가 나왔을 때 흥분하여 문제를 끝까지 읽지 않을 수 있다. 이는 경계해야 할 행동이다. 문제에 내포된 가이드라인을 지키지 않고는 높은 점수를 기대할 수 없음을 기억해야 한다.

② '답.정.너', 서식은 정해져 있고 너는 답만 하면 된다

묻고자 하는 것이 명확한 문제 유형이 있다. 문제에서 답안의 유형을 모두 언급하였기 때문에 그대로 목차를 잡아 작성하면 된다. 다음의 문제를 살펴보자.

> "건식스프링클러설비의 건식밸브에서 발생되는 Water Columning 현상의 정의, 발생원인, 영향 및 방지대책에 대하여 설명하시오."(소방기술사 100회)

이런 경우, 문항에서 제시한 대로 '정의 – 발생원인 – 영향 – 방지대책'으로 대목차를 구성하고 답안을 작성하면 충분할 것이다. 추가적인 답변을 첨부하기 위해 제시된 내용의 일부를 누락하거나 충분히 답변하지 못한다면 오히려 역효과가 날 수 있다.

정리가 얼마나 잘 되어있는가, 답안이 얼마나 함축적인가에 따라 평가가 판가름 난다. 내가 아는 것이 많다고 해서 제시된 꼭지를 무시하고 휘갈기는 우를 범하지 않도록 하자.

③ 사과를 가리키는데 손가락을 보다니!

출제자가 묻고자 하는 것이 있는데 그 포인트를 명확하게 짚어내지 못하는 경우가 있다. 다음의 문제를 보자.

> "전기부품 중 콘덴서의 고장 메커니즘과 화재확대 메커니즘에 대하여 설명하시오."
> (소방기술사 110회)

이 문제의 경우 출제의도는 콘덴서를 잘 알고 있는지, 고장 메커니즘과 화재확대 메커니즘에 대해 이해하고 있는지, 문제점을 지적하고 개선할 점이나 유의할 점을 제시할 수 있는지를 평가하려는 것이다. 이때 콘덴서의 원리와 종류 등에 답안의 많은 분량을 할애한다면, 기본점수의 획득이 어려울 뿐 아니라 이 문제로 인해 그 교시 전체가 좋지 않은 평가를 받을 수 있다. 출제의도를 잘못 파악하는 것은 매우 중대한 실수다. 그렇다고 콘덴서에 대한 일반적인 내용이 전혀 필요 없는 것은 아니다. 콘덴서의 개요에 대해서는 간단하게만 언급하고 넘어가면 될 일이다.

출제자가 듣고자 하는 내용을 적는 것, 또 그 내용이 잘 준비된 문제에 우선적으로 대응하는 것이 중요하다.

02 시험문제 선택과 답안 작성

1 수험자도 선택할 수 있다

기술사 시험이 워낙 방대한 공부범위를 자랑하는 시험이어서인지 몰라도 수험자에게 일종의 편의 아닌 편의가 제공된다. 그것은 바로 문제를 선택하여 기술할 수 있다는 것이다. 통상 1교시 용어문제의 경우 13문제 중 10문제를 선택하여 작성하고, 2~4교시 논술문제의 경우 6문제 중 4문제를 선택하여 작성하면 된다.

문제를 선택하는 것도 주어진 100분의 시간 내에 이뤄져야 하기 때문에 신속하게 해야 한다. 가장 좋은 방법은 1번부터 마지막 번호까지 문제 옆에 떠오르는 키워드를 적어

보는 것이다. 잘 쓸 필요도 없고, 많이 적을 필요도 없다. 연쇄반응을 일으킬 수 있는 단어 몇 개만 적어두면 문제를 선별하는 데 큰 도움이 된다. 답안을 기술해나가다가 머릿속이 하얗게 되어 기억나지 않는 상황에도 대비할 수 있다.

이제 문제 옆의 메모를 보고 ○, △, × 표시를 하며 문제를 선별하면 된다. 실제론 × 표시가 몇 개고 어떻게 대처했느냐에 따라 점수가 결정된다고 볼 수도 있다. 9개의 답안을 잘 작성한다고 해도 합격으로 연결되지는 않는다. 꼭 용어문제는 10문제, 논술문제는 4문제를 채우도록 한다. 요구한 문제수보다 많이 작성할 경우 기재 순으로 문제를 채점하고 나머지는 제외되기 때문에 괜한 고생을 할 필요는 없다.

②번호순인가 혹은 자신 있는 순인가

철저하게 전략적인 부분이다. 특히 1교시 용어문제의 경우 10문제를 작성해야 하는데, 순서대로 작성할지 자신 있는 순서대로 작성할지 상당히 난감하다.

가정을 해보자. 우선 13문제 중 10문제를 '선택'하여 답안을 작성하는 경우에는 번호순으로 답안을 작성할 수 있다. 반대로 자신 있는 순으로 답안을 작성하는 경우에는 13문제 중 10문제를 정확하게 알지 못하는 수험자로 여겨지기 쉽다. 이런 경우 뒤쪽에 작성된 답안은 빈약하기 때문에 순서대로 작성한 수험자와의 비교에서 우위를 내줄 수밖에 없다. 머리를 한 번 더 굴려서 잘 아는 문제와 잘 모르는 문제를 섞어서 작성하는 전략을 세우는 수험생도 있었다. 전략이 먹혀서인지 모르겠지만 결과는 합격이었다. 하지만 순서대로 작성한 답안이 그렇지 않은 답안에 비해 보다 안정적으로 느껴질 수는 있다. 같은 답안을 작성했다는 전제하에서 말이다.

3 답안 작성의 규칙

답안을 작성할 때는 먼저 문제의 번호와 문제를 적어야 한다. 답안지 1면 유의사항에도 명시되어 있으나, 시간이 없거나 귀찮다는 이유로 문제 번호만 적거나 약식으로 적는 경우가 있다. 굳이 채점관의 권위에 도전할 필요는 없다. 시키는 대로 문제를 적어주자. 옮겨 적는 동안 머리로는 답안구성에 대한 고민을 하면 된다.

답안지 좌측 세 개의 줄은 수험자마다 다른 답안의 위계를 쉽게 알아보기 위해 있는 도구라고 생각하면 된다. 가장 좌측은 문제번호, 답, 대제목을 두 번째 칸은 중제목, 세 번째 칸은 소제목을 위한 말머리를 쓰며, 본문 칸에는 본문만을 적는 것이 가독성과 인식성이 좋다.

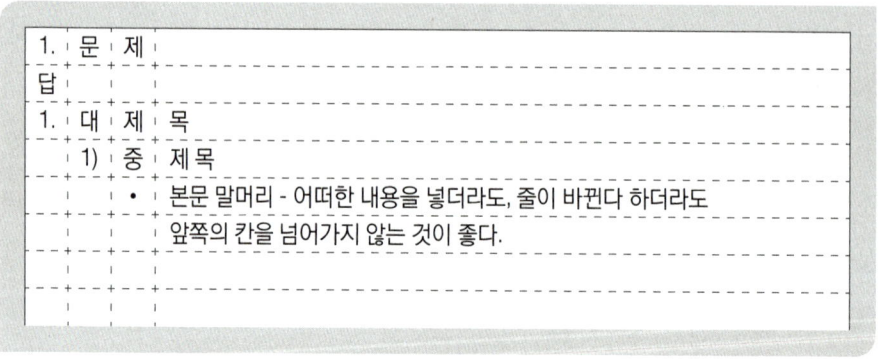

가끔 이를 무시하는 경우가 있는데, 표나 다이어그램을 그리기 위해 한두 번 무시하는 것은 용인될지 모르나 아예 무시하는 경우 좋은 점수를 기대하기는 힘들다.

각 문제의 답안이 성공적으로 작성되었다면 마지막에 '끝.'이라고 쓰고 두 칸을 띄워 다음 문제를 적어야 한다. 문제의 답안이 다음 장에 걸쳐 작성되는 경우 숙련된 수험자가 아니라는 이미지를 줄 수 있기 때문에 문제마다 페이지 맺음을 잘 해야 한다. 크게 중요하지 않은 한두 줄 때문에 페이지가 넘어가지 않도록 조절하자.

요구하는 모든 문제를 다 작성한 경우 마지막에 꼭 '이하여백'이라고 기입하자. 사실 이것을 적는 것은 많은 수험자의 꿈일 것이다. 시간 내에 원하는 바를 다 적었다는 것을 의미하기 때문이다. 이하여백을 네 번만 적어 낸다면 합격권을 기대해볼 만하다. 답안 작성을 성공적으로 마쳤음을 자축하며 기쁜 마음으로 이하여백을 써 넣도록 하자.

4 수정할 수는 있지만 안 하는 것이 좋다

답안 작성 시 개념 혼동이나 오타로 인해 내용을 수정해야 하는 경우가 있다. 이런 수정은 사실상 치명적이기 때문에 큰 실수가 아니라면 슬쩍 넘어가는 것도 좋은 방법이다. 내용과 문맥에 큰 문제가 없다는 가정하에서 말이다. 기술사 시험에서는 수정액의 사용을 금지하고 있고 꼭 두 줄을 그어 수정을 해야 하는데, 답안에 두 줄이 그어지면 그 어떤 기법을 사용하는 것보다 시선이 집중된다. 키워드를 틀리거나 오자가 남는 것은 치명적이다. 따라서 최대한 두 줄을 긋는 일은 발생하지 않게 하는 것이 좋다.

작성하던 문제의 답안을 포기해야 한다면 더욱 심각하다. 이 경우 작성하던 답에 크게 X 표시를 하고 다른 문제를 풀어야 하는데, 두 줄을 긋는 것 이상으로 시선이 집중돼 내 답안의 대표 이미지가 될 수도 있다. 이런 문제를 방지하기 위해 문제를 받자마자 키워드를 적어가며 문제를 선별하는 과정을 거치는 것이다.

03 시간은 누구에게나 공평하다

1 100분의 집중력

문제지를 처음 받고 나면 머릿속이 하얘지고 가슴이 먹먹해지며 '아, 이번 시험은 실패인가.'하는 생각이 든다. 하지만 1분 1초가 아까운 상황에 탄식만 할 수는 없다. 어서 문제를 추리고 키워드를 떠올려 문제에 대한 공략방법을 만들어야 한다.

100분이라는 시간이 길게 느껴질 수도 있지만, 합격에 근접한 사람들에게는 한없이 부족한 시간이다. 1교시 용어문제는 10문제를 작성해야 한다. 100분을 단순히 10문제로 나눠봤을 때, 한 문제당 10분이라는 결론에 이른다. 하지만 실제로 답안을 작성해 보면 잘 만들어진 1.5페이지짜리 답안을 옮겨 적는 것만 해도 10분에 육박하는 시간이 소요됨을 알 수 있다. 하지만 이것도 만들어놓은 답안대로 문제가 나왔을 경우에 한한다. 모르는 문제가 섞여 있는 경우, 한 문제나 두 문제를 작성하지 못한 채 시간이 종료되는 경우가 허다하다.

논술문제의 경우도 애매하게 숙지한 문제에 대처할 때, 두뇌의 버퍼링과 장황한 설명 혹은 삼천포로 빠지는 구성을 바로잡느라 시간을 잡아먹고 마지막 문제의 앞단만을 적고 답안을 제출하는 경우가 많다.

시험시간 100분 동안 집중하여 효율적으로 시험에 임하기 위해서는 시험시간 관리 Tip이 필요하다.

② 100분 + α

통상적으로 시험장에서는 문제지를 먼저 나눠주고 답안지를 나중에 나눠준 후 100분의 시간을 카운트한다. 한 교실에서 다양한 종목의 기술사 시험이 동시에 이뤄지기 때문에 감독관에 따라 다르게 또는 가나다순으로 문제지가 배포된다. 일반적으로 문제지를 책상 위에 뒤집어 놓고 시험 시작을 위해 대기하도록 한다. 편법이긴 하지만 문제지를 받거나 앞에서 뒤로 나눠주면서 슬쩍 그 내용을 확인할 수 있다. 아니면 문제지를 받았을 때 빠르게 훑어보고 미리 키워드를 적어 놓는다. 물론 감독관에게 제지당할 수도 있다. 하지만 '+α'의 시간을 효율적으로 활용하여, 시험시작 전에 머리를 예열시켜 놓고 문제의 해법을 떠올려 놓아야 한다.

100분이 시작되면, 가장 먼저 문제선택을 해야 한다. 그러기 위해서는 앞서 기술한 대로 생각나는 키워드를 문제 옆에 적어 선별하는 것이 신속하게 이뤄져야 한다. 이제 용어 10문제나 논술 4문제를 추렸다면 빨리 답안 작성을 시작해야 한다.

③ 시간배분이 중요하다

1교시 용어문제를 기준으로 본다면 100분에 10문제로 계산할 경우 문제당 10분의 시간이 주어진다. 하지만 앞에서 문제선별에 시간을 사용했다면 이 계산으로는 답안을 완성할 수 없다. 10문제를 모두 작성할 수 있도록 시간계획을 조정해야 한다.

문제선별에 5분, 마무리시간 5분을 제외하고 90분의 시간을 남긴다. 이제 문제마다 9분의 시간을 배분한다. 한 문제를 작성하는 도중 9분이 경과하면 남은 분량만큼의 줄을 띄운 뒤 다음 문제의 답안을 작성하는 것이다. 남는 부분은 대부분 결론이나 맺음말 정도가 될 것이다. 아니면 잘 안 풀리는 문제의 반쪽일 수도 있다. 이때 수험생 본인도 많이 작성할 수 있으리라는 생각은 들지 않을 것이다. 겨우 마무리할 수 있을 정도의 빈 공간만 남겨두고 넘어가는 것이 좋다. 잘 풀리는 문제를 만나 9분 이내에 답안을 작성했다 하더라도 다음 문제는 9분의 시간을 지키는 것이 좋다. 중간에 막힌다고 해서 그 문제에 머물러 있으면 안 된다. 아는 내용이라고 해도 떠올리려 애쓴다고 떠오를 내용이 아니다. 오히려 다른 문제를 풀면서 그 내용이 떠오를 수도 있다.

이제 마무리시간 5분이 남았다. 작성한 답안을 훑어보며 빈 줄을 채워나간다. 1~2줄이 비어있다면 공들여 맺음말을 작성해야 하고, 시간이 너무 부족하면 어떻게 해서든 답안을 마무리 짓고 '끝'과 '이하여백'을 적어 넣어야 한다. 실력 때문이 아니라 시간 때문에 답안 작성을 마무리하지 못한다면 아쉬움이 클 것이다. 그러지 않도록 시간배분에 유념해야 한다.

④ 1초도 아깝다

시험장에서는 정말 1분 1초가 소중하다. 1초가 아쉬운 때에 한 줄 쓸 때마다 시험장 앞에 놓인 시계를 쳐다본다면 이런 비효율도 없을 것이다. 손목시계를 차고 가자. 고개를 들고 시계를 보는 시간도 아깝다.

극도로 예민한 상태에서 혼신의 힘을 다해 답안을 작성하다보면 손에 땀이 나고 펜이 미끄러지기 시작한다. 그립감을 좋게 하기 위한 볼펜의 고무부분은 뜨뜻하게 데워져 찝찝하기 이를 데 없다. 이럴 때 잠시 펜을 놓고 손목을 털기도 하는데, 시간이 부족해서 그럴 여유가 없다면 미리 펜을 여러 개 준비해서 바꿔들면 된다.

시험 중간에 감독관이 문제지에 사인을 한다. 필자의 경우 신분증과 얼굴이 달라서 그런지 오랫동안 대조를 했다. 첫 시험에서는 친절하게 답안 쓰는 것을 멈추고 대조에 응해주었으나, 이것도 시간이 오래 걸리면 괜히 잘 쓰던 답안의 맥이 끊기는 것 같고 귀찮다는 생각이 든다. 어차피 매 교시마다 한 번씩 있는 시간이니 차라리 문제지에 다음 문제 키워드를 적는 시간이라고 생각하고 대응하도록 하자.

04 채점관을 설득하자

① 시험의 끝은 항상 '채점관'

많이 공부한 상태라면 이것저것 하고 싶은 말이 많을 것이다. 주변 지식과 실무경험 사례 등을 많이 풀어놓고 싶은 욕심이 생기는데, 이를 자제할 수 있어야 한다. 흔히 '57점의 늪'에 빠졌다고 표현하는 수험자들의 모의 답안을 보면, 아는 내용을 모두 적으려는 욕심을 버리지 못한 경우가 많다. 그로 인해 답안의 논지가 흐려지고 내용의 부조화가 발생한다. 자신이 아는 내용을 모두 적는 것이 중요한 것이 아니라 채점관이 이해할 수 있도록 작성하는 것이 중요하다. 이를 위해 묻는 말에 정확히 답하는 연습을 많이 해야 한다. 자신이 아는 내용을 모두 쏟아 놓는 데 집중한 나머지 전체 글의 논지가 흐려져서는 안 된다.

2 시험지의 첫인상

채점자는 수기로 작성한 답안지를 통해 수험자의 면모를 파악한다. 시험지에서 첫인상은 바로 '글자'이다. 악필은 어쩔 수 없다 치더라도 가독성이 좋지 않은 글은 쳐다보기도 싫다. 악필일지언정 큼직한 글씨와 적절한 자간, 여백과 조화를 이루는 답안지는 눈에 잘 들어온다. 채점관의 눈에 가장 먼저 들어오는 것은 답안의 내용이 아니라 답안의 표현이다. 한눈에 미려한 답안이 초등학생 수준 글씨의 답안보다 호감이 가는 게 사실이다. 그나마 다행인 것은 지독한 악필인 경우에도 시험에 붙는다는 것이다. 필체 역시 중요하지만 꾸준히 써보고 단련한다면 악필로도 보기 좋은 답안을 쓸 수가 있다.

답안지의 좌측 세 줄을 무시하여 답안의 위계가 무너진 답안지 역시 좋은 인상을 남길 수 없다. 한 페이지를 평가하는데 5초 이내의 시간이 걸리는데, 답안의 구성을 찾기 위해 굳이 눈을 찌푸리고 들여다보는 수고를 할 이유가 없다.

3 개조식이 최선인가

수험생들이 선호하는 답안 작성 방식인 '개조식'은 정말 유용하다. 잘 익혀두면 처음 보는 문제라도 적당히 장수를 채우고 그럴듯한 답안을 만들 수 있다. 인식성도 상당히 좋다.

문제는 다들 동일한 형식의 답안을 고수한다는 것이다. 대부분 유사한 구성과 천편일률적인 소제목을 사용하고 있다. 물론 이러한 형식으로 대세가 기운 데에는 나름의 합당한 이유가 있을 것이다. 하지만 모두 비슷한 답안을 작성하는 현실을 볼 때, 조금이라도 다른 형식의 답안이 눈에 띄면 상당한 호감을 가지고 읽게 될 것이다. 답안 형식을 혁신적으로 바꿀 의지가 없다면 소제목만이라도 참신하게 사용하는 것이 도움이 된다. 평소에 자신만의 소제목을 준비하고 활용하는 것이 좋다. 특히 3~4개의 항목을 지정하여 설명하라는 형식의 문제라면, 지정된 풀이 항목들을 소제목으로 활용하는 것도 괜찮을 것이다.

명확한 결론을 요구하는 문제라면 '두괄식'의 사용도 괜찮은 방식이다. 모든 답안을 미괄식, 두괄식으로 통일해야 한다는 규칙은 없으니, 문제에 따라 적절하게 활용하도록 하자.

4 빈 수레가 요란하다

일반적으로 답안 분량이 많을수록 좋다고 생각하는데, 반드시 그렇지만은 않다. 뻔한 내용으로 무리하게 늘려 쓴 답안은 충실하게 쓴 답안과 확연히 다르다. '14페이지를 다 써야 한다.', '최소한 12페이지 이상씩은 작성해야 합격한다.'는 항간의 소문도 실제와 한참 다르다. 이는 그 이하의 분량으로 합격한 분들의 증언을 봐도 그렇다.

용어는 1페이지를 작성해도 짜임새 있게, 논술은 2.5페이지를 작성해도 알차게 작성하면 그만이다. 짧게 쓰더라도 충실하고 임팩트 있는 답안을 작성하자.

또한 기출문제를 보면 모호한 질문이 없다. 이처럼 답안도 모호해서는 안 된다. 양비론(兩非論)이나 양시론(兩是論)을 좋아할 채점관은 없을 것이다. 혹여 출제자나 채점관이 의도했던 결론과 상반되더라도, 자신의 주장을 논리정연하게 펼치는 것이 중요하다.

05 스스로를 믿어라

시험 시작종이 울렸다. 한정된 시간은 100분, 이 시간을 어떻게 사용할 것인가. 생각할 시간은 많지 않다. 생각과 함께 손은 이미 답안을 써내려가고 있어야 한다.

모든 사람에게는 아주 재미있는 능력이 있다. 어떠한 상황에 직면했을 때, 그 상황에 대처하기 위한 '잠재력'을 가지고 있다는 것이다. 잠재력은 경험, 지식, 응용력이 결합되었을 때 큰 힘을 발휘한다.

시험을 치르기 위해 얼마나 많은 시간을 투자했고, 얼마나 많이 노력했는가? 스스로 잘 알 것이다. 이 순간을 위해 열심히 준비했다면 자신을 믿고 답안지를 채워보자. 답안지를 쓰는 동안 공부했던 키워드들이 머릿속을 스쳐지나가며, 수초 후 작성될 답안내용이 그려질 것이다. 머릿속에 그려지는 그림을 손으로 옮기기만 하면 된다.

06 시험장 이모저모

1 시험시간의 활용

수험자는 오전 8시 30분까지 입실을 완료하여야 하며, 대부분의 수험자는 8시를 전후해서 시험장소에 도착한다. 입실하여 안정을 취할 수 있도록 여유 있게 도착하는 것이 좋다. 자리에 앉으면 무엇을 할 것인가? 많은 것을 할 시간도 없고 집중도 되지 않는다.

8시 30분부터 감독관이 들어온다. 그리고 자리배치 후 책상 위의 자료는 모두 가방 안에 넣어야 한다. 9시부터 시험시작이니 기나긴 30분 동안 마인드 컨트롤은 필수이다.

8시에 입실한다면 자유시간은 1교시 시작 전 30분, 쉬는 시간 각 3회(20분씩) 60분, 점심시간 60분, 총 150분이다.

주어진 시간에 마음의 안정을 취하고, 예상문제의 키워드를 훑어보는 것도 좋은 방법이다. 시험 중 지나간 문제에 대한 아쉬움은 과감히 버려라.

◇ 교시별 배정시간 ◇

구분		시간	비고
오전	입실 및 준비	08:00~08:30	30분
	시험안내	08:30~09:00	30분
	1교시	09:00~10:40	100분 / 20분
	2교시	11:00~12:40	100분 / 20분
중식		12:40~13:40	60분
오후	3교시	13:40~15:20	100분 / 20분
	4교시	15:40~17:20	100분

(출처 : Q-net 홈페이지)

② 다양한 감독관

다양한 답안지처럼 다양한 감독관이 들어온다. 시험시간을 칼같이 지키는 감독관, 시험 시작종이 울리기 전까지 문제를 보지 못하게 하는 감독관, 돌아다니는 감독관, 한자리에만 있는 감독관 등 그 유형도 다양하다.

수험생 입장에서 가장 으뜸인 감독관을 뽑자면 시험 시작 전에 문제를 보아도 크게 뭐라고 하지 않는 감독관이다. 하지만 보지 말라고 해도 **빠르게 보는 것이 이득**이다. 시험지를 나눠주고 설명하는 시간 동안 손은 쉬고 있으나 머리는 움직일 수 있기 때문이다. 그만큼 답안 작성 시간이 늘어나는 것이다.

시험 시작 전 문제를 본다는 이유로 부정행위로 간주한다며 수험생을 윽박지르는 경우가 있었으나 실제 실행에 옮기는 경우는 흔치 않다. 그렇다고 너무 대놓고 보진 말자. 적법한 사항은 아니니 적당히 융통성 있는 수준이 좋다.

07 시험에 필요한 준비물

하루 종일 치르는 시험이라 시험 당일에 준비해야 할 것이 많다. 크게 신분확인에 필요한 준비물과 답안 작성에 필요한 준비물, 체력보충(도시락과 간식)에 필요한 준비물로 나누어 볼 수 있다.

1 신분확인에 필요한 준비물

① **신분증** : 개인의 신분을 증명할 수 있는 것을 준비해야 한다. 주민등록증이 일반적이며, 운전면허증과 여권도 가능하다.
② **접수증** : 시험 중 감독관이 접수증을 확인한다. 접수증을 다른 용도로도 활용할 수 있다. 필자의 경우 접수증 뒷면에 답안 작성 시간을 적어 두었다. 시험시간 100분을 문항수대로 나눈 시간을 메모해두어서 그 시간이 경과하면 다음 문제를 작성하였다.

2 답안 작성에 필요한 준비물

① **답안 작성용 펜 2개 이상** : 1개의 펜으로는 만약의 사태에 대비할 수 없으므로, 2개 이상의 펜을 준비하는 것이 좋다. 답안을 작성하다 보면 땀이 나며 펜을 쥐는

손이 미끄러워지는 경우가 있다. 특히 여름에 응시하는 경우 그러하다. 이럴 때, 잠시 펜을 놓고 식히기보다는 다른 펜으로 빨리 바꿔 잡으면 답안 작성 리듬을 유지할 수 있다. 평소 연습을 많이 해서 가장 잘 써지는 상태의 펜 2개 이상을 준비하고, 비상용으로 1개 더 준비하는 것을 권장한다.

② **연필 또는 샤프** : 문제지를 받자마자 메모를 하는 것이 좋은데, 답안 작성용 펜으로는 많은 내용을 메모하기 어려우므로 연필 또는 샤프를 이용하는 것이 좋다.

③ **요약노트나 키워드북** : 시험을 준비하면서 작성한 자기만의 요약노트를 준비하는 것이 좋다. 시험 전, 쉬는 시간, 점심시간 등에 활용할 수 있다. 잠깐 동안 요약노트를 전체적으로 훑어봄으로써 기억을 되살릴 수 있다.

④ **손목시계** : 휴대폰 등 휴대용 전자기기에 익숙해져 있어 손목시계를 착용하지 않는 사람이 많다. 필자는 시험에 응시하면서 손목시계를 착용하기 시작해서 지금까지 착용하고 있다. 시계는 시험시간을 체크하는 데 가장 중요한 준비물이다. 혹자는 큼직한 벽시계를 준비해 와서 시험장 앞에 두기도 한다. 그러나 그 시계를 보기 위해 고개를 드는 것보다는 자신의 팔목이나 책상 위에 있는 시계를 보는 것이 훨씬 유용하다.

⑤ **계산기** : 계산문제가 출제되는 종목의 수험자라면 꼭 필요한 준비물이다. 시험장에서는 계산기에 저장된 정보를 활용할 수 없도록 메모리 리셋을 해야 하므로, 계산 이외의 특별한(?) 활용은 궁리하지 않는 것이 좋다.

⑥ **자-직선자, 모양자(템플릿)** : 잘 정리된 답안을 작성하기 위해 꼭 필요한 것 중 하나다. 텍스트로만 작성한 답안보다 일목요연하게 정리된 표, 이해를 돕기 위한 그림이 첨부된 답안이 좋은 점수를 받을 가능성이 높다. 이를 위해 자를 준비하여 표와 그림을 반듯하게 그리자. 2009년에 금지되었던 모양자(템플릿)의 사용이 2017년 1회차(111회)부터 다시 가능해졌다. 표와 다이어그램 등의 작성에 활용하도록 하자.

⑦ **유색펜** : 시험 직후에 느낀 점을 기록하고 다음 시험에 대비할 점을 메모하기 위한 것이다. 빨간색 펜을 권장하며, 시험 직후 드는 느낌을 메모해 두었다가 복기를 할 때 다시 확인하도록 한다.

3 체력회복에 필요한 준비물

① **도시락** : 평소 도시락을 준비하지 않는 직장인이라면 격려를 받으며 애정이 담긴 도시락을 먹는 재미가 쏠쏠하다. 도시락을 준비할 때는 평소 먹는 양보다 조금 적게, 소화에 크게 문제가 없을 만한 먹거리로 준비해야 한다. 시험을 보느라 한껏 긴장된 상태이기 때문에 많이 먹을 수 없을뿐더러, 계속 앉아서 시험을 보기 때문에 소화도 잘 되지 않는다. 배탈이라도 난다면 큰 낭패가 아닐 수 없다. 대신 과일이나 음료 등 간단한 간식을 여러 가지 준비하여 허기가 들지 않게 하고 적절한 몸 상태를 유지하도록 한다. 도시락 준비가 여의치 않다면 근처 식당에서 사 먹을 수도 있다. 하지만 휴식과 체력회복을 고려한다면 도시락을 추천한다.

② **간식** : 기술사 시험 합격을 위해서는 끈기, 집중력, 응용력, 암기력, 풍부한 경험 등이 필요한데, 시험 당일 가장 필요한 것은 체력이다. 체력부족으로 답안을 작성하지 못한다면 다른 어떤 요소로도 보완할 수가 없다. 체력은 평소 생활습관 개선을 통해 꾸준히 관리해야 하고, 시험 당일에는 에너지 소모가 많기 때문에 초콜릿이나 사탕, 과일 등 체력보충을 위한 간식을 준비하는 것이 좋다. 20분의 휴식시간은 쉬는 시간이 아니라 체력회복 시간이라고 봐야 한다. 그 시간 동안 달콤한 초콜릿 등을 먹으면서 기분을 전환하고 체력을 회복해야 한다. 겨울에는 시험장이 건조하기 때문에 보온병에 녹차나 커피를 싸가는 것도 좋은 방법이며, 긴장완화를 위해 사탕이나 껌을 씹는 것도 좋다. 다만 습관적으로 소리를 내며 씹으면 제지를 당할 수 있으니 유의해야 한다.

CHAPTER 03 디테일을 챙겨라

01 필기구는 나의 분신이다

① 나만의 필기구 정하기

답안지 첫 페이지에는 다음과 같은 안내가 있다.

> "수험자 인적사항 및 답안 작성은 반드시 흑색 또는 청색 필기구 중 한 가지 필기구만을 계속 사용하여야 하며 연필, 굵은 싸인펜, 기타 유색 필기구 등으로 작성된 답안은 0점 처리됩니다."

필기구 역시 자신에게 맞는 것을 선택해야 한다. 답안지의 재질과 자신의 필체를 고려하여 적절한 필기구를 빨리 선택하는 것이 좋다. 신림동 고시촌에서 유행하는 필기구를 알아보는 것도 방법이지만, 직접 써보고 흡족한 필기구를 찾아야 한다. 흔히들 1.0㎜ 이상의 굵은 펜을 사용하라고 하는데, 자신에게 맞지 않는데도 굳이 굵은 펜을 써야 하는 것은 아니다. 개인적으로 1.0㎜ 필기구는 직선이 곧게 나오지 않고, 너무 흘려 쓴 것처럼 보여서 약간 까끌까끌한 느낌이 나는 0.5㎜ 필기구를 사용한다.

필기구를 선택할 때 판단기준으로 '피로감'이 있다. 기술사 시험은 400분 동안 쉬지 않고 써내려 가는 시험이다. 피로를 느끼게 된다면 끝까지 시험을 볼 수가 없다. 글을 쓸 때 손에 힘이 많이 들어간다면, 우선 배제해야 한다. 한 번 쓴 내용을 고쳐 쓰거나 알아보기 어려운 글자를 다시 쓸 시간도 없다. 빨리 써도 알아보기 쉬운 글자가 나오는 필기구를 찾아야 한다.

다음으로는 '번짐 여부'이다. 깔끔하게 정돈된 답안을 작성해야 하는데, 글자가 번지고 다음 장에 묻어난다면 좋은 점수를 받기 힘들다.

마지막으로 '필기감'이다. 평소 익숙한 필기감으로 시험을 봐야 답안에 집중할 수 있다. 개인적으로는 약간 거친 필기감이 있는 필기구를 선택했다. 필체가 좋지 않아 약간 거친 느낌이 들어야 가로 또는 세로획이 많이 흐트러지지 않았기 때문이다.

자신에게 맞는 필기구를 선택했다면 일단 시험장에 가서 실제로 답안을 작성해 봐야 한다. 예상했던 것보다 많이 번지거나, 미끄러지거나, 거칠 수도 있다. 참고로 필자는 실제 시험에서 0.3mm부터 1.5mm까지 다양한 두께의 필기구, 모나미 볼펜부터 만년필까지 다양한 필기구를 써보았다. 연습할 때 부드럽게 써지는 필기구도 실제 시험에서는 딱딱하게 느껴지는 경우가 있고, 연습할 때에는 번지지 않았는데 시험에서는 수묵화 그리듯 번지는 경우도 있다.

② 나의 분신과 친해지기

필기구를 선택했다면 실제 시험장에서 답안을 작성해 보고, 그 필기구를 쓰기로 결정했다면 그 다음은 계속 연습하는 것이다. 다음의 표는 필자와 기술사 준비 카페 회원들이 시험공부를 하는 동안 쓴 필기구들이다. 제조회사, 굵기, 필기감이 등이 다양하다. 참고로 필기구 제조회사가 신제품을 출시하면 기존 제품을 단종시키는 경우가 있으므로 정말 마음에 드는 필기구를 찾았다면 대량 구매하기를 권한다. 자신에게 맞는 필기구의 생산이 중단될 수도 있기 때문이다.

  오른손 중지 끝마디가 깊게 패이고, 몇 겹의 굳은살이 박이고, 관절염이 걱정될 정도가 되어야 합격한다는 말이 있다. 자신의 손에 맞는 필기구를 만나 부단히 노력하는 것만이 합격을 보장해준다.

◇ 많은 수험생들이 사용하는 필기구 ◇

제품명	이미지	이미지 출처
마하펜		모닝글로리 http://www.mgstore.co.kr
SARASA		제브라 http://www.zebrapen.com
HI-TEC-C		파이로트 http://www.pilot.co.jp
SUPER GRIP		파이로트 http://www.pilot.co.jp
JETSTREAM		미쯔비시연필 한국 http://www.uniball.co.kr
UNI-BALL Series		미쯔비시연필 한국 http://www.uniball.co.kr
애니볼		동아연필 http://www.dongapen.com
FX ZETA		모나미 http://www.monami.com
ENERGEL		펜텔 http://www.pentel.com
VELOCITY		빅 http://www.bicworld.com

02 글자의 인식성을 높이자

1 글자체 교정하기

시험을 준비하면서 악필이라 우려하는 사람이 많다. 필체가 나빠서 합격하지 못하는 것이라며 자책하는 사람도 있다. 결론부터 말하자면, 필체와는 상관이 없다. 필자를 포함하여 필자 주변에 합격한 사람들 중에는 악필이 많다. 다만, 채점관이 잘 알아볼 수 있도록 썼는지가 관건이다.

답안지는 22줄로 구성되어 있고, 1줄은 약 1㎝다. 일상생활이나 업무에서 접하는 활자보다 훨씬 간격이 크다. 여기에 알맞은 크기로 써야 하고, 가독성을 높이는 것이 중요하다. 혹자는 악필교정을 위해 학원에 다니기도 하고, 고시용 필체를 연습하기도 한다. 하지만, 새로운 필체를 익히는 것은 좋은 방법이 아니다. 필체를 교정하느라 너무 많은 시간이 소요되고, 필체에 신경 쓰느라 공부에 소홀해질 것이기 때문이다. 다만, 강조하고 싶은 용어를 약간 크게 쓰고, 글자의 간격을 넓히는 등 글자의 가독성을 높이는 연습은 도움이 된다.

직접 작성해보고 주변 사람들의 평가를 받아 보는 것이 가장 확실한 방법이다. 필체가 좋은지 나쁜지가 아니라, 자신감 있게 작성한 것으로 보이는지, 주요 키워드가 잘 보이는지를 물어보는 것이다.

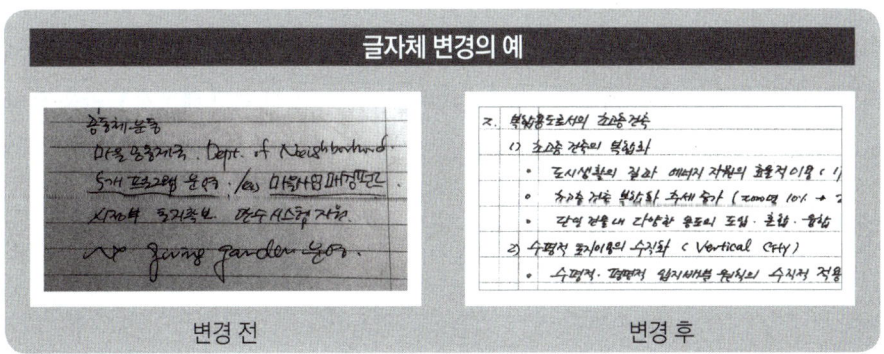

② 여성의 강점 활용하기

남성의 경우, 직장생활에서 팀장이나 그에 준하는 직급에 오르면서 자연스럽게 경험과 연륜이 묻어난 필체가 나오기도 한다. 그러나 여성은 이미 유려한 필체를 가지고 있는 경우가 많다.

여성 응시자가 쓴 답안은 깔끔하게 정리된 느낌이 든다. 이러한 장점을 활용해서 중요한 키워드를 빠뜨리지 않도록 충실하게 공부하고, 키워드가 두드러져 보이도록 쓰는 연습을 하면 된다. 여성 특유의 깔끔함과 단정함이 느껴지는 필체는 남성보다 유리한 고지에 있다고 할 수 있다.

기술계 분야에 종사하는 여성의 수가 적은 반면, 여성 합격자의 비율은 2004년까지 4%였지만 2010년 현재 10% 이상으로 높아진 추세이다. 여성 응시자는 여성 특유의 깔끔함과 단정함을 무기로 적극적으로 도전해 볼 필요가 있다.

03 템플릿(모양자)을 사용하자

① 표와 그림 활용하기

과거에는 템플릿이나 곡선자, 원형자 등을 사용하는 데 제약이 없었으나 언제부턴가 직선자만이 시험장에서 허용되었다. 하지만 최근 111회 시험부터 다시 템플릿 사용이 허용되었고, 종목에 따라 템플릿을 효율적으로 활용한다면 더 쉽고 빠르게 답안을 작성할 수 있다.

(출처 : Q-net 홈페이지)

답안을 작성할 때 수식이나 설명 그림을 적절하게 곁들이면 더 효과적이고 명확한 정보전달이 가능하다. 답안을 글로만 작성하면 채점하는 사람이 지루해지기 쉽다. 이때 표와 그림이라는 도구를 활용해 보자. 표를 작성할 수 있다는 것은 여러 가지 내용을 항목별로 구분해서 설명할 수 있다는 것을 말하며, 그림을 그릴 수 있다는 것은 하고 싶은 말을 그만큼 효과적으로 전달할 수 있다는 것을 말한다. 내용을 잘 알고 있어야 표나 그림을 활용할 수 있다. 이것은 수험자나 채점자 모두 알고 있는 사실이다.

② 깔딱고개 넘기

표나 그림을 잘 활용하기 위해서는 많이 연습해야 한다. 어설픈 내용의 표나 그림은 오히려 역효과를 가져올 수 있다. 칸을 채우기 위해 요령을 피운 것처럼 보일 수도 있기 때문이다.

57~59점에 머무르는 사람들이 있다. 흔히들 '57점의 늪'에 빠졌다고 표현한다. 조금만 더 공부하면 합격할 것 같지만, 그 '깔딱고개'를 넘기가 쉽지 않다. 수험생 본인이 가장 답답하겠지만 주위에서 보는 사람도 안타깝다. 57점 이상을 취득할 수 있는 수험생의 경우, 표와 그림 연습을 많이 할 것을 권장한다. 미리 준비하지 않은 표나 그림이 시험장에서 기적처럼 작성되지는 않는다. 일반 서술은 몇 글자 틀려도 취소선을 긋고 정

정할 수 있지만, 표나 그림은 잘못 그리면 치명적인 실수가 된다. 따라서 평소에 템플릿을 활용하여 표나 그림을 그리는 연습을 해야 한다. 아는 만큼 절제하여 일목요연하게 정보를 전달하는 것이 마지막 1%, 화룡점정이라고 볼 수 있다.

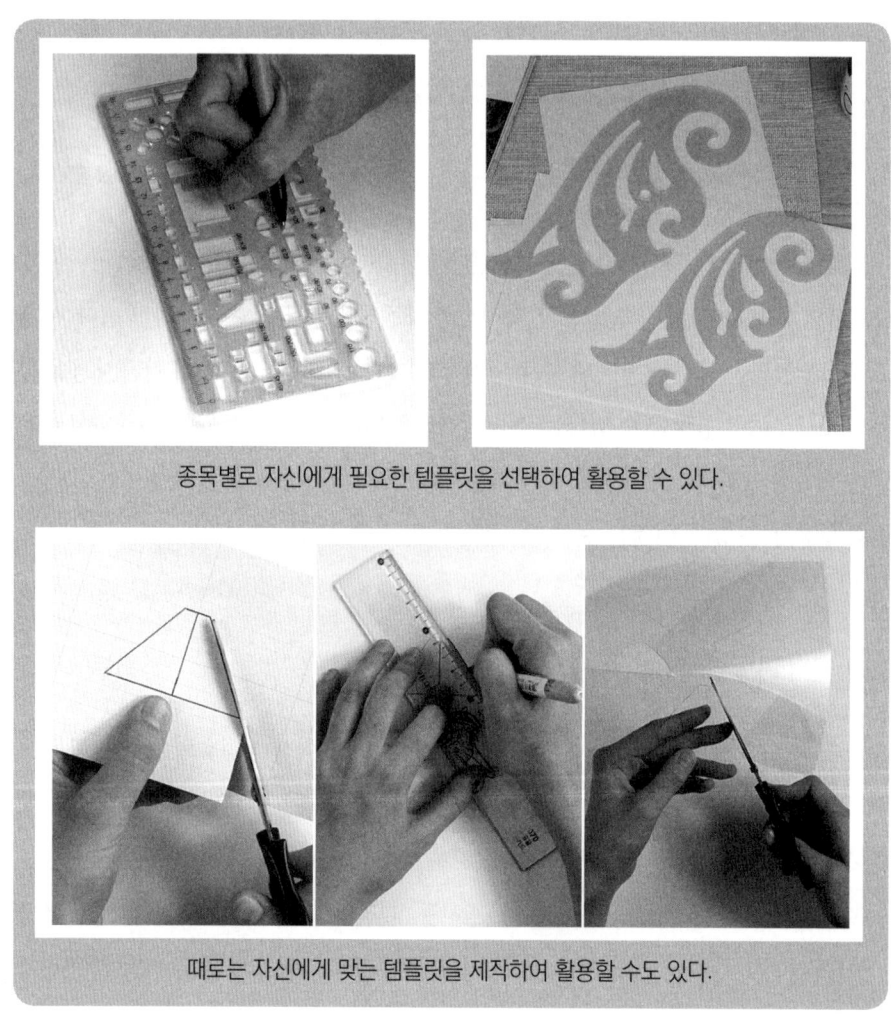

종목별로 자신에게 필요한 템플릿을 선택하여 활용할 수 있다.

때로는 자신에게 맞는 템플릿을 제작하여 활용할 수도 있다.

04 시험장은 선택할 수 있다

1 모든 준비가 되었다면? 시험 신청하기

기술사 시험은 한국산업인력공단 홈페이지 Q-net에서 접수할 수 있다. 12월 초 일년 단위의 시험일정이 발표되는데, 일정을 미리 체크하여 놓치지 않도록 주의해야 한다. 특히 1차 필기시험은 원서 접수 시 가까운 수험장을 선택할 수 있지만 선착순으로 마감된다. 원하는 수험장에서 시험을 보고자 하는 수험생은 원서접수를 서두르는 것이 좋다.

현재는 서울과 몇 개의 도시에서만 시행되고 있기 때문에 그 외의 지방에 거주하는 수험자의 경우 새벽 일찍 또는 전날 도착해서 시험을 준비해야 한다(PART01 기술사 시험장소 표 참고).

2 시험장과 친해지기

기술사 시험은 단기간에 합격하기 쉽지 않고, 보통 몇 차례 시험에 도전해야 한다. 따라서 가까운 곳 또는 개인적으로 익숙한 곳이 있다면 한곳에서 계속 시험을 치르는 것도 좋다.

필자는 시험일정이 발표되면 다이어리 또는 휴대폰 달력에 일정을 입력해두고 원서접수 초기에 늘 같은 장소로 시험접수를 하였다. 같은 장소에서 시험을 본다면 그 장소에 익숙해져서 쉬는 시간 또는 점심시간에 길을 헤매며 시간을 낭비할 일이 없다. 힘든 시험을 앞두고 혹시 모를 돌발변수를 하나씩 제거하는 것도 최상의 컨디션으로 임할 수 있는 방법 중 하나일 것이다.

CHAPTER 04 고지를 향하여

01 마지막 3개월, 마지막 1주일

기억(記憶)과 망각(妄覺)

공부는 '망각(妄覺)'이라는 인간의 한계를 극복하기 위한 노력의 과정이라고 볼 수 있다. 수험생에게 망각이라는 것은 극복해야 할 과제이기도 하다. 어제 벌어진 일은 기억하지만 석 달 전 하루를 기억하지 못하는 경우가 많다. 어제 공부한 것을 오늘은 기억할 수 있으나, 반복적 학습이 없으면 지속적으로 기억할 수가 없다. 어린아이가 단어 하나를 이해하고 지속적으로 구현하는 것은 은연중에 수없이 많은 반복 학습이 있었기 때문이다. 읽기, 듣기, 손으로 쓰기 등 기억이 더 오래가게 하기 위한 방법은 여러 가지가 있지만 결국 복습이 답이다.

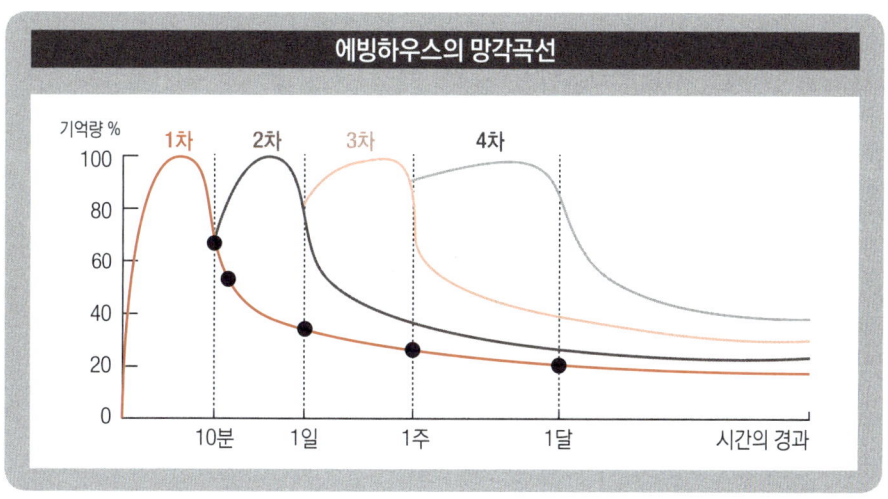

(출처 : 「에빙하우스 망각곡선」)

에빙하우스

독일의 심리학자 '에빙하우스'의 망각곡선이론에서 제시하는 '망각곡선'을 이해할 필요가 있다. '망각곡선'은 10분후에 복습하면 1일 동안 기억하고, 다시 1일 후 복습하면 1주일 동안, 1주일 후 복습하면 1달 동안, 1달 후 복습하면 6개월 이상 장기기억 한다는 것을 보여준다.

② 시험까지 남은 기간 대처 : 3개월, 1주일

기술사 시험은 통상 매년 2월초에 시작된다. 연초에 있을 기술사 시험을 위해 장기간 공부를 하지만, 많은 수험생이 11월부터 본격적으로 공부한다. 3개월을 남겨두고 방대한 분량의 학습내용을 정리하기 위해서는 체계적인 반복학습과 요약이 중요하나. 그동안 공부한 것을 체계적으로 복습하고 좀 더 요약해서 키워드(Key-Word) 위주로 정리하는 것이다. 카테고리별로 정리한 요약노트를 훑어보면 예전에 공부했던 내용을 기억해서 시험장에서 활용할 수 있는 확률이 높아진다.

학습기간에 따라 정리한 예시답안이나 요약노트의 분량도 상당할 것이므로, 3개월 정도 남은 시점부터 몇 번을 돌려 볼 것인지 스케줄을 정하는 것이 좋다. 2개월, 다시 1개월을 남긴 시점에는 좀 더 빠른 속도로 전체를 훑어보는 것이 성적향상에 도움이 된다. 시험기간이 얼마 남지 않았는데 본인이 아직 정리하지 못한 과목이나 특정 주제에 얽매이면, 이전에 공부한 것마저 놓쳐 제대로 실력발휘를 못할 수도 있다.

공부했던 내용임에도 막상 시험장에서 문제를 받아본 순간 구체적으로 기억나지 않아 당황했던 경험이 있을 것이다. 제한된 시간 내에 답안을 써야 한다는 압박에 기억은 더 꼬이고, '내가 그 자료에서 이 내용을 정리했었지'하는 생각은 나지만 정작 중요한 '내용'이 가물가물 생각나지 않는 경험 말이다. 본인이 학습한 내용을 최대한 끌어올려 실력을 발휘하려면 3개월, 2개월, 1개월, 그리고 마지막 1주일이 정말 중요한 것이다.

시험을 앞둔 수험생은 앞에서 설명한 에빙하우스의 '망각곡선의 원리'를 잘 활용할 필요가 있다. 1주일 내에 복습한 것은 1달 정도 기억할 수 있다는 원리를 활용하여, 마지막 1주일은 빠른 속도로 그동안 학습했던 내용을 쭉 읽어가며(억지로 외우기보다 이해하며) 넘어가는 것이 효과적이라 할 수 있다.

'망각곡선의 원리'를 조금 더 활용하면 시험 전날이나 당일에 잠깐씩 읽어본 자료도 큰 도움이 될 수 있다. 필자의 경우도 유독 기억이 잘 안 나는 주제들이 있었다. 이러한 주제를 써야 할 상황을 대비하여 핵심 키워드위주로 짧게 읽어보거나 키워드의 앞자리를 연결하여 기억하고 시험에 임하기도 했다.

역설하자면 시험날짜가 다가올수록 하루하루가 더 소중해진다. 합격에 대한 욕구가 클수록 심리적으로 압박도 되고, 전체를 훑어보기에 시간이 부족하다고 느낄 수 있다. 하지만 본인이 정리한 노트를 중심으로 가볍게 읽어가며 차분히 준비한다면 분명 도움이 될 것이다.

02 스스로 출제하고 채점하기

종목별로 본인만의 학습 카테고리를 정하여 공부한 후에 스스로 작성한 답안이나 요약노트가 모아지면, 예상문제를 만들어 답안을 작성하는 것이 큰 도움이 된다.

기출문제 분석을 통해 기존에 나왔던 문제, 그리고 반복적으로 출제됐던 문제를 참고하여 새로운 유형의 문제를 예상해볼 수 있다. 반대로 기출문제에 없었지만 이번기회에 나올만한 내용을 예상문제로 정리해볼 수도 있다. 시험날짜가 다소 남아있는 경우에는 실전처럼 답안을 작성해 보고 기존에 정리했던 요약노트를 참고하여 나름대로 채점하면서, 누락된 혹은 잘못된 내용을 점검하는 것이 실전에 많은 도움이 된다.

시험날짜가 다가오면 예상문제를 놓고 주요 키워드위주로 목차를 구성하는 정도만 작성하고, 빠진 키워드를 보강하여 논리순서를 점검해보는 것이 큰 도움이 된다.

실제 시험을 본 후, 본인이 축적한 자료를 참고하여 채점을 해보면 이때의 예상점수가 실제 점수와 근접한 경우도 종종 있다. 이런 경우 점점 합격선에 근접해 가고 있음을 알 수 있다.

03 시험후기의 작성

1 적자생존 : 적는 자가 생존한다

'적자생존'이라는 말이 있다. 본래의 의미는 변화하는 환경에 잘 적응하는 자가 살아남는다는 뜻이다. 하지만 이 말을 '적는 자가 생존한다'는 뜻으로 해석하기도 한다.

수기로 시험을 치르는 기술사 시험에서 '적는' 행동이 가지는 의미는 매우 크다. 시험을 준비하는 과정 대부분이 손으로 쓰는 절차를 거쳐 숙련되고 각인될 것이다. 많이 적어본 사람이 합격에 가까워지는 것은 당연한 결과다. 하지만 다른 의미로 '적는다는 것'을 '메모하는 습관'으로 볼 수도 있다. 메모를 즐기는 성격의 소유자라면 여러 면에서 유리하다. 메모를 할 당시에는 귀찮고 불편하지만, 다음을 생각할 때 메모만큼 도움이 되는 것이 없다. 시험에서는 더욱 그러하다.

메모를 잘 하지 않는 사람들은 모든 것을 머릿속에 담아 둘 수 있으며, 잊어버리지 않는다고 장담한다. 각골난망(刻骨難忘)한다고 하지만, 실제로 그렇지 못한 경우가 많다. 기억은 시간이 흐르면서 자기중심적으로 재구성된다. 자신의 환경과 여건에 따라 유리하거나 호감이 가는 부분은 과장되고 극대화되며, 불리하거나 비호감인 부분은 축소되는 방향으로 말이다. 윌리엄 슈테른이라는 발달심리학자는 "기억을 믿지 말라"는 경고를 하기도 했다. 이러한 뇌의 망각과 왜곡을 보좌할 수 있는 수단이 '메모'이다. 오늘 떠오른 기가 막힌 아이디어나 개념의 이해 혹은 멋진 맺음말 문구를 단순히 뇌에만 의존하여 기억하려고 한다면 이러한 생각들이 신기루가 되어버리는 것은 시간문제일 것이다.

② 소중한 시험장의 경험

수험자의 시간표는 시험에 맞춰 돌아가지만, 정작 시험장에서의 경험은 많아 봐야 1년에 세 번이다. 종목에 따라서 1년에 한 번뿐일 수도 있다. 따라서 시험장에서의 경험은 어디에서도 얻을 수 없는 상당히 중요한 경험이 된다.

매 교시가 끝난 후 또는 시험 직후, 필히 후기를 메모해두자. 플래너에 체계적으로 적어 두는 것이 가장 좋긴 하지만 평소 즐겨 쓰는 수첩이든, 메모장이든, 시험지 상단이든, 어디든 상관없다. 시험을 치른 직후의 느낀 점을 적어 두자. 다음 번 시험을 생각할 때 이보다 더 좋은 스승은 없다.

필자가 실제로 메모한 내용을 보면, '기초를 튼튼히 하자, 기본도서에 충실해야 겠다, 시간배분을 잘하자, OO문제 다음번에 또 출제 예상'이라고 되어 있다. 이런 메모를 보고 어떻게 준비를 안 할 수 있겠는가?

시험 직후라 힘들고 귀찮겠지만, 마지막 남은 힘으로 간단한 메모를 해두자. 그 어떤 스승의 가르침보다 한 마디의 메모가 소중하게 다가온다.

③ 메모하는 습관과 관리

① 평소에 메모를 잘 하는 편인가?
② 그 메모를 잘 관리하는 편인가?
③ 메모를 자주 또는 가끔 보는가?

이상 3가지 질문에 모두 '그렇다'라고 답변할 수 있어야 한다.

메모를 하는 것은 기억이 나지 않을 때를 대비하는 것이며, 장기기억으로 유지하기 위한 노력이다. 시험을 준비하는 사람은 메모의 중요성을 가슴 깊이 인지해야 한다. 며칠 전에 본 건데 왜 기억이 안 날까? 난 머리가 안 좋은 걸까? 공부하다보면 이런 의문이 들 때가 많다. 그러나 머리의 좋고 나쁨, 혹은 지능지수의 문제가 아니다. 모든 인간의 뇌는 망각하도록 설계되어 있다. 중요한 정보를 반복해서 인지하느냐 아니냐의 문제이다.

중요한 사항은 손으로 쓴 메모를 통해 반복학습하고 장기기억장치에 담아 두도록 하자. 그 다음에는 그 메모를 잘 분류하고 관리해서 자주 또는 가끔 들여다보면 된다. 간단하다.

시험에 대비해서 들인 습관이 평소 생활이나 업무에 좋은 효과를 내는 경우가 많다. '메모하는 습관'이 바로 그렇다. 기술사를 취득하고 난 이후엔 그에 걸맞은 역할이 주어지기 때문에 작은 것 하나 소홀히할 수 없다. 더 책임감 있게, 더 복잡한 업무에, 더 비중 있는 역할로 대응해야 한다. 당장 오늘부터 메모하는 습관을 들이자. 시험 준비 중에도, 합격 이후의 어떠한 상황에도 절대 손해 보는 일은 없을 것이다.

04 시험문제의 복기

우리 주변에는 바둑에서 유래한 용어나 격언이 많다. 바둑을 둘 때의 여정을 인생살이에 비유하기 때문일 것이다. 그중 한 가지가 '복기(復棋)'다. 복기란 자신과 상대방이 착점했던 위치를 기억해서 다시 두는 것이다. 돌 하나 하나 신중하고 의미 있게 두었기 때문에 가능하다. 바둑에서도 어느 정도 경지에 도달하지 않으면 어려운 과정이다. 시험을 치를 때에는 한 글자 한 글자에 대단히 정성을 쏟게 된다. 곧, 복기를 할 수 있는 상태라는 말이다. 이번 시험에서 합격하고 두 번 다시 시험 볼 일이 없다면 상관 없겠지만, 결과는 아무도 장담하지 못하는 것 아닌가?

시험장에서 기력을 다 소진하여 당분간 아무 생각도 하지 않고 쉬고 싶은 마음은 충분히 이해한다. 하지만 다음번을 생각한다면 최소한 2~3일 이내에 복기를 하는 것이 좋다. 답안 작성 흐름이나 주요 키워드만이라도 메모를 해두자. 몇 개월 지나서 봤을 때 어떤 내용이 부족한지, 합격하지 못한 경우 왜 합격하지 못했는지를 발견하는 훌륭한 단서가 될 수 있다.

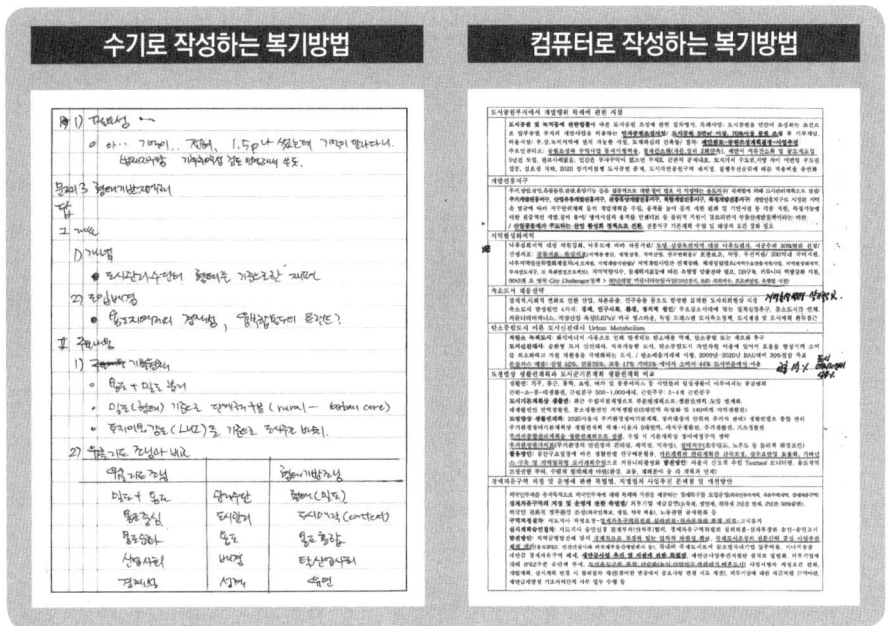

시험장에서는 초인적인 능력이 발휘되는 경우가 많다. 스쳐지나가며 본 내용이 자세히 기억이 난다거나, 번뜩이는 아이디어와 평소 이상의 필력으로 답안을 작성하는 경우가 있다. 그래서 많은 수험생들이 이번 시험에서 합격할 것 같다는 생각을 한다. 이런 생각은 시험결과 발표일이 다가올수록 더욱 강해진다. 시험결과 발표 전날에는 다음날 표정관리를 어떻게 해야 할지 행복한 고민을 한다.

그러나 결과가 불합격일 뿐만 아니라 기대했던 것보다 저조한 점수를 받는다면, 그 원인을 규명하기가 힘들다. 그때 어떻게 답안을 작성했는지 기억도 안 나고, 어떻게 보완해야 할지 방법을 알 수가 없다. 체력적으로도 정신적으로도 매우 힘들겠지만 조금만 자신을 다독여서 복기를 해보자. 나중에 큰 도움이 될 것이다. 또한 1차 합격의 기쁨을 맛보고 나서, 면접시험을 대비할 때 소중한 자료로 활용할 수 있다.

05 실패는 성공의 어머니

1 내 사전에 포기란 없다

21세기 천재의 대명사 스티브 잡스가 아이팟, 아이패드로 성공하기 이전에 리사, 애플 4, 큐브라는 실패작이 있었다는 사실을 아는 사람은 많지 않다. 에디슨이 전구를 만들기 전 400번의 실패를 했고, 베이브 루스가 1천 개의 홈런을 치는 동안 그 3배에 달하는 삼진을 당했다는 사실을 아는 사람도 많지 않다.

이들의 성공이 주목받는 것은 돈을 많이 벌었다거나, 풍요로운 삶을 살았기 때문이 아니다. 실패를 많이 했지만 그 실패를 통해서 배우고 원인을 분석해서 자신이 원하는 결과를 이루었기 때문이다.

누구나 실패를 할 수는 있다. 그 실패를 통해서 배운 것이 있느냐 없느냐가 중요하다. 시험에 합격하지 못했다고 주저앉아 있으면 그 상황을 벗어날 수 없다. '합격이 조금 늦어지는 것'이라 생각하자. 성공이란 '이루어진 상태'를 말하는 것이 아니라, '계획한 바를 이루는 것'이라고 생각한다. 큰 업적이든 소소한 성과든 '계획한 바'를 이뤘다면 '성공'이라는 한 마디를 당당하게 써야 한다고 생각한다.

긴 여정이든 짧은 과정이든 계획을 수립하고 그 계획한 바를 이루기 위해 노력하는 것이 중요하다. 기술사 시험은, 단언하건대 포기하지만 않으면 합격할 수 있다.

2 발표일 9시 정각, 불합격통지는 오지 않는다

기술사 시험 합격자는 금요일 오전에 발표된다. 한국산업인력공단 홈페이지에 합격자가 공지되며, 합격자에게는 휴대폰 문자메시지로 합격통지를 한다. 불합격자에게는 별도의 통지가 없다. 합격 소식을 기다리는 수험자는 금요일 오전 9시에 가슴 졸이며 문자메시지를 기다리곤 한다.

  어느 수험자가 발표 당일 오전에 문자메시지가 오기를 학수고대하고 있는데, 9시에 문자메시지가 도착했다고 한다. 긴장되는 마음으로 휴대폰을 확인해보니 회사 직원 중 한 명이 '출근길에 화장실에 들러야 할 상황이라 양해를 바란다'며 보낸 문자메시지였다고 한다. 그 실망감과 허탈감이 얼마나 컸을까? 그러나 잠시 후 한국산업인력공단에서 합격 축하 문자메시지를 받았다고 한다.

  금요일 오전 9시에는 한국산업인력공단에서 보내는 문자메시지를 기다리는 응시자들이 많으니, 그 시간을 피해서 문자메시지를 하는 배려가 필요하겠다.

06 합격점수

1 시험을 보면 점수는 나온다

기술사 시험은 용어문제와 논술문제로 구성되어 있고, 100점 만점에 60점 이상이면 합격이다. 60점이면 그리 높지 않은 것 같지만, 기술사 시험에 대해 조금이라도 아는 사람이라면 만만한 점수가 아니라는 사실을 알고 있을 것이다.

  필자가 처음 시험을 치르고 점수를 받아봤을 때에는 두 가지의 감정이 교차했다. 첫 번째는 넓은 범위에서 출제되는 문제들을 어떻게 섭렵하고 일정 퀄리티를 내야하는지에 대한 '막막함'이었고, 두 번째는 써내려간 답안에 대해 일정점수를 부여해 주는 것에 대한 '황송함'이었다. 첫 시험의 점수는 그리 높지 않았으나 어느 정도 공부한다면 해볼 만하겠다는 작은 희망을 발견했다. 종목마다 조금 다르긴 하지만 논술은 어느 정도 점수가 나와도 용어 점수가 낮아 떨어지는 경우가 많다. 많은 기술사들이 용어문제에서 높은 점수가 나왔을 때 합격했다는 경험을 이야기한다.

② 59점과 60점

등산을 해보면 대부분의 산에는 '깔딱고개'라는 것이 존재한다. 정상 직전에 깔딱고개를 만나게 되고, 이 깔딱고개를 넘어야만 정상에 이를 수 있다. 단기간에 빨리 합격한 사람들도 있긴 하지만, 기술사 합격 전 60점에 근접한 점수를 몇 번씩 경험한 후 합격한 경우가 많다. 경우에 따라 몇 년씩 50점 후반대 점수를 경험하다 합격하기도 하고, 50점 후반대의 점수에 머물러 결국 합격의 맛을 보지 못하는 경우도 많다.

59점과 60점의 차이는 무엇일까? 이에 대한 의견은 두 가지로 나뉜다. 첫 번째는 59점은 어차피 불합격 점수이므로 의미가 없다는 의견이다. 60점을 받지 못하면 어차피 불합격이므로 60점 미만의 점수는 59점이든 50점이든 큰 의미가 없다는 것이다. 심지어 채점 시에 어차피 불합격이니 50점 후반대의 점수를 많이 준다는 의견도 있다. 두 번째는 50점 후반대의 점수는 합격에 근접한 것이며, 40점대나 50점대와는 다르다는 의견이다. 두 가지 의견 다 나름의 이유가 있고, 그 논리가 재미있다.

경험한 바에 의하면 결국 실력이 쌓이면 높은 점수가 나오는 것이 당연한 결과라 볼 수 있고, 50점 후반대의 점수를 받는 사람은 문제유형이 잘 맞고 운만 따라준다면 합격할 수 있는 기본실력을 갖췄다고 봐야 한다. 어떤 분은 59.9점을 받아 너무 아쉽고 억울해서 채점오류는 없었는지 다시 한 번 확인해 달라고 한국산업인력공단에 민원을 제기했다고 한다. 하지만 공단에서 점수를 번복할 리가 없다. 공교롭게도 그 분은 그 다음 회차 시험에서 60.0점으로 합격했다. 언젠가 몇몇 기술사분과 그분이 전국 기술사 중 꼴지 점수 합격자라고 농담 섞인 대화를 나눈 적이 있다.

지속적으로 고득점에 머무른다면 본인의 답안쓰기 포맷, 목차구성 프레임을 점검해 볼 것을 추천한다. 혼자 몰입하여 공부만 하다 보면 본인 답안이 왜 합격점을 받지 못하는지 깨닫지 못하는 경우가 많다. 어느 정도 고득점이 나오는 사람이라면 최근 합격한 기술사 선배들에게 자문을 받아 답안 프레임을 조금 바꿔볼 것을 추천한다.

또한 어느 때는 고득점을 하다가 갑자기 40점대가 나오는 등 점수의 변동이 큰 사람들도 있다. 이는 답안 작성이 안정적이지 않은 것이다. 물론 해당 분야의 전문지식과 경험에 대해 채점자와 관점이 맞지 않은 경우도 있지만, 보편적 기술능력을 평가하는 것이므로 답안의 퀄리티가 어느 정도 자리를 잡으면 점수 또한 높게 나오는 것이 일반적이다.

누구나 짧은 기간 내에 합격하기를 원한다. 기술사에 합격하기까지 짧게 경험하든 길게 경험하든 '깔딱고개'를 경험하게 될 것이다. 중요한 것은 꾸준히 도전해야 한다는 것이다. 의외로 많은 합격자들이 심혈을 기울인 시험보다 별로 준비하지 못하고 응시한 시험에서 합격했다. 합격점수 언저리에 머무는 사람이라면 '안타를 여러 번 치다보면 홈런 한방이 나올 수 있다'는 말에 다시 힘을 내기 바란다.

07 필기시험 합격자 발표

필기시험 합격 발표는 대략 한 달 뒤 해당 발표일 9시에 한국산업인력공단의 문자메시지로 통지하며, 문자가 9시 전에도 올 수 있다.

1973년 국가기술자격법이 제정된 이후 1975년부터 2016년까지 기술사 필기시험에 접수한 인원은 약 70만 명이며, 이 중 약 52만 명(75%)이 시험에 응시하였다. 응시율은 평균 80%이다. 필기시험 합격자는 약 4만 6천 명으로 9%의 합격률을 보이고 있으며, 합격률은 평균 7%로 매년 5~9% 내외의 합격자를 배출하고 있다. 100명 중 7명만 기술사 필기시험에 합격한다고 보면 될 것이다.

◇ 연도별 기술사 필기시험 응시자 및 합격자 현황 ◇

구분		필기시험				
연도	성별	접수	응시	응시율(%)	합격	합격률(%)
전체	전체	693,943	520,505	75.0	46,885	9.0
75~11	전체	573,829	422,412	73.6	40,413	9.6
12	전체	29,111	24,076	82.7	1,363	5.7
	여	1,287	1,064	82.7	88	8.3
13	전체	23,806	20,268	85.1	1,389	6.9
	여	1,157	966	83.5	87	9.0
14	전체	24,541	19,046	77.6	1,051	5.5
	여	1,241	949	76.5	51	5.4
15	전체	20,795	17,034	81.9	1,186	7.0
	여	1,093	891	81.5	75	8.4
16	전체	21,861	17,669	80.8	1,483	8.4
	여	1,115	910	81.6	95	10.4

(출처 : 2017 국가기술자격 통계연보(고용노동부, 한국산업인력공단))

종목별 응시자와 합격자에 대한 자료는 부록에 첨부되어 있으니, 취득하고자 하는 종목의 응시자 수, 응시율과 합격률 등이 궁금하다면 참고해볼 만하다.

CHAPTER 05 면접도 시험이다

필기시험에 합격했다면 기술사 취득의 9부 능선을 넘은 셈이다. 하지만 아직 안심하긴 이르다. 면접시험이 남아있기 때문이다. 필기시험에 반해 면접시험에 대한 정보는 전무하다시피 하다. 면접시험을 치른 수험자의 수가 부족할 뿐만 아니라, 대부분 합격하는 시험이기 때문에 필기시험에 비해 중히 다루지 않기 때문이다. 하지만 한 번 낙방해보면 결코 낙낙한 시험은 아니라는 생각이 들 것이다.

지금부터는 면접시험에 임하는 방법과 노하우에 대해 알아보기로 하자.

01 면접시험 접수

1 두 번째 고개, 면접시험

기술사 시험은 1차 필기시험과 2차 면접시험, 총 2회의 시험으로 치러진다. 필기시험이 전문지식과 응용능력, 논리력, 표현력 등을 주로 검증한다면, 면접시험에서는 필기시험의 검증사항 이외에 실무경력 내용, 경력의 적정성, 기술사로서의 위신을 가지고 있는가에 대한 검증이 추가된다고 볼 수 있다. 필기시험을 통과하였기 때문에 지식이나 실력에 대한 평가보다는 기술사로서의 자세나 품위에 대한 평가가 주가 된다고 할 수 있다.

② 필기시험 합격의 짜릿함과 면접시험의 등록

필기시험에 합격했다는 사실에 날아갈 듯 기쁘겠지만 아직은 필기시험 합격예정자의 신분이다. 통상적으로 목요일에 필기시험 합격자를 발표하고, 그 다음주 월요일부터 응시자격 서류 등을 제출하여 합격자 신분을 확정하게 된다.

제출서류 및 면접시험을 위한 서류 등을 작성하기 위한 기간은 10일 동안이지만, 실제로 면접시험 원서접수기간은 4일이기 때문에 동 회차의 면접시험을 신청하기 위해서는 서둘러 제반서류를 제출하여 면접시험 응시자격을 확보해야 한다.

③ 합격 확정 및 면접 응시를 위한 서류

우선 필기시험 합격 확정을 위한 '경력증명서'를 첨부하여야 한다. 해당 분야의 경력관리 서비스를 제공하는 협회나 단체를 통해 경력관리를 해왔다면 이 부분은 수월하게 진행할 수 있다. 건설부문은 건설기술인협회를 통한 경력관리가 그 예다. 경력관리를 위한 서비스를 받고 있지 않다면 소정의 양식을 다운받아 경력에 대해 작성하고 경력확인을 받아야 하는 번거로움이 있다.

다음으로 '이력카드'를 작성하여야 한다. 이력카드에는 총 8개 항목을 작성할 수 있으며, 해당 이력의 참여기간을 적을 수 있다. 실제 면접시험 시 면접위원에게는 수험번호와 이력카드만 제공되기 때문에 거짓 없이 신중하게 작성해야 한다. 작성한 이력카드에 따라 질문이 달라질 수 있기 때문이다.

수험자의 경력이 많은 경우 7줄에 다양한 참여과업을 적고 마지막 줄에 '총 경력 00년'이라고 작성하기도 한다. 하지만 경력이 길거나 다양하지 않은 경우 최대한 다양한 경력을 가진 것처럼 작성해야 한다. 특히 비슷한 과업을 진행한 경우 'OOOO용역 외 0건'으로 작성하여 간접적으로 경력이 상당하게 보이도록 하는 것도 하나의 Tip이다. 또한 내세울 수 있는 과업이나 특이한 과업을 진행한 경우 상단에 작성하여 시선을 끄는 것도 방법이다. 이 경우 면접 시에 질문을 유도하여 고득점을 노리기 위한 것이므로 질문에 대한 대비도 철저히 병행해야 한다.

4 면접시험 등록

비행기의 이코노미석이라 해도 모두 같은 자리가 아니다. 비즈니스석과 가까운 자리나 비상구 앞자리 같이 그중에서도 괜찮은 자리가 있다. 면접시험 역시 모두 동일한 조건으로 치러야 하는 것이 맞지만 모든 조건을 똑같이 맞출 수는 없다. 이에 조금이라도 유리하게 시험을 치를 수 있는 Tip도 존재한다.

오전에는 면접관이 상대방에게 친절을 베풀 여유가 있지만, 오후에는 지친 상태이므로 수험자의 답변에 인내심을 가지지 못할 수도 있다. 앞선 수험자를 면접하면서 합격시킬 수험자의 가상 스펙이 결정되는 경우도 있다. 따라서 오전시험 면접자의 합격률이 더 높을 가능성이 있다. 면접시험에 우선순위를 받기 위해서는 **빠른 서류제출과 면접시험 신청**이 필요하다.

02 생각보다 쉽지 않다

1 애매한 합격률

면접시험의 합격률은 시험 종목별로 상이하다. Q-net 홈페이지에서 면접시험 합격률에 대한 자료를 제공하고 있다. 높은 경우 70~80%에 육박하는 종목도 있고 낮은 경우 20%에 근접한 경우도 있으나, 통상적으로 50~60%의 합격률을 보인다. 이는 반수 이상의 수험자가 두 번 이상 면접시험에 응시함을 의미한다. 필기시험의 합격률이 5% 내외임을 감안한다면 합격률이 상당히 높다고 생각할 수도 있지만, 필기시험에서 지식과 실력이 검증된 수험자 간의 경쟁이라는 것을 생각해 보면 결코 쉽게만 생각할 시험이 아니라는 것을 알 수 있다.

면접시험은 필기시험 합격 후 2년 동안 재시험을 치를 수 있으며, 2년이 경과하면 필기시험 합격이 취소된다. 이런 사실은 면접시험에 대한 심리적 압박감을 높이는 요인으로 작용한다. 특히 매회차 시험이 있는 분야의 경우 6번 면접시험을 치를 수 있으나, 매해 시험이 한 번 있는 분야의 경우 불합격에 대한 공포는 가중된다.

심리적 압박이나 준비 부족 등의 사유로 인해 면접시험에 합격하지 못한 경우, 심리적으로 더욱 힘들어질 수도 있다. 우선 주변 사람들은 필기시험 합격이 거의 기술사 취득과 동일하다고 인식하기 때문이고, 면접시험에 불합격하면 그에 대한 피드백이나 대처방법에 대한 자료를 구하기가 매우 어렵기 때문이다.

2 마음 다스리기

동회차 면접시험에 바로 등록했다면 이제 면접시험까지는 5~6주가량의 시간이 남는다. 이 기간에 충실히 준비해야 한 번에 합격할 수 있다. 하지만 필기시험 합격의 여운이 남아있기 때문에 마음을 다잡기가 쉽지 않다. 들뜬 마음을 다잡는 것이 면접시험 준비의 시작이다.

시험 준비기간에 수험자가 확신을 가지고 공부하는 경우는 드물다. 대부분의 수험자는 자신의 공부에 의심을 가지고 여러 방법을 모색하며 공부한다. 면접시험에서 위축되어 있거나 주눅이 든 모습은 좋은 점수로 연결되기 어렵다. 자신의 실력을 믿고 수험자의 모습이 아닌 예비 기술사로서의 품위를 보여야 한다. 이러한 심리적 전환이 빠를수록 합격이 앞당겨진다.

3 준비할 내용

면접시험은 필기시험과 다르게 전문적인 지식만을 묻는 것은 아니다. 어찌 보면 필기시험보다 준비할 범위가 늘어난다고 볼 수 있다. 하지만 예상되는 문제에 대한 답을 차근차근 준비하다 보면 면접시험에 효과적으로 대처할 수 있다.

다음과 같은 항목의 질문서를 만들고 답안을 작성해보는 것이 좋다.

① **근무경력** : 기간, 주요 직무, 주요 성과
② **주요 실무 경험** : 기억에 남는 실무, 사례, 성과, 문제점
③ **자격증** : 종류, 취득년도, 경과년수
④ **저서나 논문** : 제목, 주요 내용, 기여도
⑤ **전문지식** : 1차 시험 출제 문제 등
⑥ **향후 활동계획이나 포부 등**

④ 말하는 연습

실질적인 내용이 준비되었다 하더라도 면접시험 준비가 끝난 것은 아니다. 필기시험은 수기로 작성하여 평가한다면, 면접시험은 구술능력을 평가하기 때문이다. 실제로 많은 기술사들이 "차라리 쓰라면 쓸 수 있겠는데."라고 구술에 대한 어려움을 토로한다.

이를 극복하기 위해서는 주변 사람들과 모의 면접을 해보는 것이 좋다. 이때 자세, 시선, 발음, 표정 등에 대한 조언을 받는 것이 큰 도움이 된다. 선배 기술사의 도움을 통한 모의면접이 가장 좋겠지만, 배우자나 친구에게 설명하듯 연습하는 것도 나쁘지 않다. 이마저도 여의치 않다면 거울속의 자신과 눈을 맞추고 설명하는 것도 어느 정도 도움이 된다. 실제로 해보면 생각보다 쉽지 않다는 것을 느낄 수 있다.

평소 업무에서 보고나 발표를 할 기회가 많다면 면접시험은 크게 어렵지 않을 것이다. 하지만 시험장에서 지나치게 긴장하여 면접시험에서 여러 차례 떨어지는 경우도 많이 있다. 2차 면접시험에서 불합격하면, 1차 필기시험에서 불합격하는 것보다 훨씬 더 마음고생을 하게 된다. 면접도 시험이다. 충분히 연습해서 시험을 봐야 한다.

03 면접장소를 파악하자

① 면접장소는 어디인가

필기시험은 전국에서 치러지지만 면접시험은 서울에서만 치러진다. 2010년대 초반까지는 마포구 한국산업인력공단에서 면접시험이 진행되었으나 최근에는 동대문구 휘경동에서 치러지고 있다. 서울에 거주하는 수험자는 컨디션 조절을 위해 택시를 이용할 것을 권장하며, 지방에 거주하는 수험자는 시험이 오전인 경우 전날 서울로 이동하여 근처에서 숙박하고 시험에 임하는 것을 추천한다.

② 무엇을 준비해야 하나

신분증은 필수로 지참해야 한다. 시험장에 도착하면 대기실에서 신분증 확인 후 수험표를 받을 수 있다.

면접관에게 제공되는 자료는 수험번호와 8줄의 경력사항이 전부이다. 따라서 첫인상은 수험자를 평가하는 데 중요한 지표로 작용할 수밖에 없다. 타 자격증이 분야의 진입 자격에 대한 검증시험인 데 반해, 기술사 시험은 기존 기술 분야 종사자 중에서 우수한 사람을 가려내는 성격의 시험이다. 따라서 다양한 실무경험이 뒷받침되는 것을 선호할 수밖에 없다.

면접시험에서는 실질적인 실무경험을 떠나서 경험이 많아 보이도록 하는 것이 유리하다고 볼 수 있다. 복장은 수험자의 이미지를 만들 수 있는 좋은 아이템이며, 정갈하고 깔끔한 정장이 가장 선호된다. 남색이나 군청색의 정장이 안정감과 신뢰감을 줄 수 있다고 하니 고려하자. 또한 화려한 와이셔츠나 넥타이는 가벼워 보일 수 있다. 타이를 하지 않거나 운동화를 신고 수험한 경우 대부분 탈락을 경험했다고 전해진다. 혹시 나이가 어리다면 연륜 있어 보일 수 있는 복장을 착용하는 것이 좋다. 보통 상하의 의 품이 넉넉한 정장을 말한다. 선택이 어렵다면 장년 브랜드샵을 찾아가는 것도 좋은 방법이다.

면접순서가 다가올수록 심리적으로 불안정해진다. 면접 진행 중에 너무 긴장한 나머지 횡설수설하는 경우도 있다. 많은 수험자들이 청심환을 지참한다. 플라시보효과일 수도 있으나 긴장을 많이 한다면 사용을 고려해볼 필요도 있다.

그 외에 면접시험을 위한 자료를 준비하기도 한다. 수험표 수령 시 핸드폰을 포함한 전자기기를 수거하기 때문에 출력물이나 수기로 작성한 자료를 준비하는 것이 좋다.

3 면접장소에 도착하면

면접시험은 1~2주간, 대부분 평일에 진행된다. 시험은 하루를 기준으로 '오전/오후1/오후2'의 세 타임으로 나뉜다. 한 명당 30분가량 면접을 본다고 가정하면 한 타임당 5~6명 정도 면접을 본다고 할 수 있다. 동 회차 면접 시험자가 6명이 넘어간다면 2개 이상의 타임으로 구성된다.

수험자 대기실에 입장하면 타 기술사들과 같이 수험한다는 사실을 알게 된다. 대기실에서 호명하는 순으로 안내에 따라 신분증과 핸드폰을 제출하면 대조 후 번호가 적힌 수험표를 수령할 수 있다. 수험번호는 종목의 부스 번호와 순번으로 구성된다. 1번이 동시에 입장하고, 부스별로 앞 번호 면접이 끝나면 다음 번호가 차례로 들어가 면접에 임한다.

대기실에선 준비한 자료를 볼 수도 있지만, 막상 눈에 잘 들어오지 않는다. 차라리 명상을 하며 마음을 다잡거나 수다를 떨며 긴장을 완화하는 편이 도움이 될 수도 있다.

4 대기실에서

대기실은 총 3개의 방으로 이루어져 있다.

제1대기실은 자유로운 공간이다. 신분증과 핸드폰을 번호표로 교환하고 가슴에 번호표를 부착한 뒤 종목에 상관없이 자유롭게 대기하는 공간이다. 면접시험 시작 전 유의사항을 설명해 주기도 한다. 대충 설명이 끝나면 화장실 사용도 가능하고 밖으로 나가서 잠시 흡연도 가능하다. 출력물이나 책자를 들여다 볼 수도 있다. 다만, 수험자 간 담소가 있어 다소 산만한 분위기다.

제2대기실부터는 지정좌석에 앉는다. 보통 종목당 2명 정도 대기하는데 종목에 맞춰 번호순에 따라 일렬로 앉고, 앞 번호가 제3대기실로 이동하면 자리를 옮겨 대기한다. 이

곳에서는 간단한 신분증 검사가 이뤄진다. 공부에 관련된 자료는 제1대기실에 놓고 와야 하기 때문에 마인드 컨트롤(Mind Control)을 하면 도움이 된다. 다소 조용한 분위기지만 필요에 따라서 제한적으로 화장실을 이용할 수는 있다.

면접순서가 다가오면 제3대기실로 이동한다. 제3대기실에서는 바로 다음에 입장할, 종목당 1명의 수험자만 대기한다. 청심환을 구비한 경우, 효과가 나타나는 데 30분 정도 시간이 걸린다고 하니 제3대기실로 이동하라는 주문과 함께 바로 복용하는 것이 좋다. 앞 수험자가 멘탈이 무너져 빨리 시험을 마칠 수도 있기 때문에 옷매무새를 고치고 만반의 준비를 한 뒤 대기해야 한다.

5 면접 진행은

넓은 공간에서 여러 종목의 면접이 동시에 치러진다. 순번에 따라 입장을 하면 빠르게 해당 부스를 찾아가야 한다. 입장 시 타 분야의 면접시험이 치러지고 있기 때문에 조심히 이동해야 하지만, 부스로 이동하는 걸음걸이가 가장 먼저 보이는 이미지이므로 당당해야 한다.

면접은 3명의 면접관이 진행한다. 면접관은 대학교수와 경험 및 연륜이 풍부한 실무자로 구성된다. 면접부스에 도착하면, 3명의 면접관이 앉은 책상 앞으로 놓인 작은 의자가 있다. 그 의자가 수험자의 자리이다. 처음 면접시험에 응하는 경우 여기서부터 위압감을 느낄 수 있다.

면접시험에서는 수험생 1인당 30분 내외의 시간이 주어진다. 면접관별로 약 10분의 시간이 주어지는 셈인데, 4~5가지의 질문을 받고 답을 하는 형태로 진행된다. 면접관은 기본적으로 수험생에게 질의할 내용을 준비해 온다. 최근에는 형평성 문제로 수험자에게 같은 질문을 하는 것으로 알려져 있으나, 수험생이 기재한 경력카드 또는 답변한 내용에 따라 심도 있거나 차별화된 질문을 하기도 한다.

6 조심해야 할 것들

수험자는 긴장한 나머지 자신의 신분을 노출시킬 수 있는 발언을 하기도 하는데, 이를 유의해야 한다. 특히 첫 인사 시 이름을 말하거나 소속회사를 언급하는 등의 실수를 하는 경우가 많다. 응시횟수를 언급하며 합격을 종용한다거나 큰절을 하는 등의 행동을 하면 의도적인 평가개입 행동으로 간주될 수 있다. 이는 절대적으로 수험자에게 불리하게 작용하므로 삼가야 한다.

면접 중 실언을 하거나 아는 체를 하다 적발되는 경우 검증을 위해 심도 있는 질문이나 유도질문을 하는 경우가 있다. 차라리 모르면 모른다고 인정하고, 열심히 노력하겠노라 납작 엎드리는 것이 유리할지도 모른다. 제발 싸우지 말자. 상대는 초절정 전문가들이라는 사실을 잊으면 안 된다.

7 고득점을 위한 Tip

수험자는 3대 1의 불리한 상황에서 의견을 개진해야 하는 입장에 있다. 하지만 이에 굴하지 않고 당당함을 유지한다면 좋은 인상을 남길 수 있다.

가장 좋은 방법은 질문에 명쾌하게 답을 하는 것이겠지만, 면접관과의 주도권싸움에서 밀리지 않는 것도 상당히 중요하다. 우선 질문에 명쾌히 답을 하고, 예상되는 후속 질문에 대한 답이나 자신의 생각, 경험 등을 조리 있게 설명해가며 발언시간을 유지해나간다면 면접관들에게 강렬한 인상을 줄 수 있다.

특히 실무적 측면에서 경험을 강조하고, 실무자 입장에서 문제점과 개선방안에 대하여 언급한다면 크게 어긋난 방향이 아닌 다음에야 그 경험과 판단을 존중할 수밖에 없다. 이런 점들이 분위기를 압도하고 이끌어가는 데 좋은 작용을 한다.

질문에 대한 답변은 조리 있게 논리적으로 해야 한다. 명확한 답을 알고 있는 경우

"총 세 가지 측면에서 말씀드릴 수 있습니다. 우선 첫 번째로 ~"와 같이 답변하는 것이 좋으나, '세 가지'라고 했는데 '두 가지'밖에 답변하지 못한다면 분위기가 반전될 수 있으니 유의해야 한다. 답변에서 그 가짓수가 명확하지 않은 경우 "우선 ~, 두 번째로 ~, 마지막으로 ~, 덧붙여서 ~"와 같이 답변하는 것이 좋다.

또한, 답변의 시작에는 질문을 정리하여 "질문하신 OOO에 대해 답변 드리겠습니다."라고 서두를 열어 생각할 시간을 확보하고, 마지막에는 "이상입니다."로 명확한 마무리를 하는 것이 좋다.

면접이 마무리될 때쯤 하고 싶은 말이 있는지 물어보는 경우가 있다. 점수에 반영되지 않는다는 설이 있기도 하지만, 막상 물어봤을 때 하고 싶은 말이 없다고 하면 찝찝하기 이를 데 없다. 포부나 의지를 담은 멋진 마무리 멘트를 준비하는 것도 좋다.

8 면접관은 저승사자인가

면접부스에 서면 나이 지긋하고 전문가의 냄새를 강하게 풍기는 면접관이 눈에 들어올 것이다. 운이 좋다면 상사나 은사님을 뵐 수도 있고, 협업을 했던 분이 앉아 계실 수도 있다. 그렇다 해도 면접관과 수험자 간에는 불편하고 경직된 기류가 흐를 수밖에 없다. 하지만 필기시험 합격자가 면접시험에 합격해 동등한 기술사로서 활동할 가까운 미래를 생각한다면, 면접관 역시 수험자를 떨어트리거나 검증하기 위해 안달 낼 필요가 없다는 것을 이해할 수 있다.

면접관들은 수험자를 불합격시키려고 심문하는 것이 아니라, 수험자의 이야기를 들어주는 것이라고 생각하자. 미래에 업역을 이끌 좋은 후배를 양성하기 위해 참여하는 분들이라고 생각한다면 큰 거부감이 들지 않을 것이며, 실제로 면접시험을 치러보면 시험에 붙도록 도와주는 역할이라는 느낌이 든다.

수험자는 이미 1차 시험에서 합격점을 받은 사람이므로 긴장을 풀고 자연스럽게 대화하면 된다. 이를 꼭 염두에 두어 면접시험에 임하도록 하자.

04 면접시험 깨알 같은 Tip

1 면접장 대기

① 대기시간 중 산만한 행동이나 잡담 자제
② 담배냄새가 나지 않도록 주의
③ 준비한 자료를 보며 공부하거나 마인드 컨트롤 하며 대기
④ 머리모양, 넥타이, 바지 등 옷매무새 정리
⑤ 청심환을 구비한 경우 제3대기실 이동 시 복용

2 입장에서 착석까지

① 면접장 입장 시, 배정된 부스를 향해 목례 후 바른걸음으로 이동
② 의자 앞에서 면접관과 고른 시선으로 눈을 맞춘 뒤, 정확한 어투로 "안녕하십니까? 00번 수험자입니다."라고 인사
③ "앉으세요."라고 하기 전에 앉는 것보다는 잠시 기다리는 태도
④ 면접관이 앉으라고 할 때 "감사합니다."하고 목례 후 착석
⑤ 착석 시 허리를 기대지 말고 곧게 펴고, 팔은 120도 정도 구부려서 무릎 위에 올린 다소 편한 자세 유지(면접시간 동안 유지)

⑥ 면접 시작 전 물 한 잔 마시고 시작하라는 말은 "넌 물먹었다."라는 뜻이 아니니 마셔도 무방(단, 허겁지겁 마시면 긴장한 것으로 간주)

③ 표정과 태도

① 나태하고 풀어진 모습보다는 약간은 긴장된 모습 연출
② 답변 시 면접관의 시선을 똑바로 응시
③ 눈을 직접 보기 부담스러울 때는 콧방울 또는 인중, 미간을 주시
④ 자신 있는 답변 때 가끔 다른 면접관과 시선 교차
⑤ 너무 큰 제스처나 '막', '그래서', '이제' 같은 추임새 사용주의
⑥ 압박면접의 기미가 보이는 경우 겸손하되 소신 있는 주장 필요
⑦ "죄송합니다.", "잘못했습니다.", "시정하겠습니다." 금지(죄인이 아님)
⑧ 다소 압박면접을 하더라도 절대 싸우지 말 것

④ 답변 중

① 모든 답변은 현장 책임자 입장에서 답변
② 질문을 받으면 5초 정도 생각하는 시간을 가져 진중한 이미지 연출
③ **복명복창** : "질문하신 OO에 대하여 답변 드리겠습니다."
④ 준비한 답변은 티 나지 않게 추가질문을 유도하며 주도
⑤ 애매하게 아는 문제 : 짧은 답변이라도 앞뒤로 살을 살짝 붙여서 답변
⑥ 경험 없이 이론만 아는 질문 : "직접 경험은 못했지만 ~"라고 말하고 성의 있게 답변

⑦ 완전 모르는 문제 : 당황하지 않고 "제가 아직 부족합니다. 설명해주시면 명심하겠습니다."라고 대답하고, 절대 거짓말하지 말 것
⑧ 확인할 수 없는 거짓말은 요령껏 활용(학회지나 협회지, 기술서적 구독)
⑨ 질문이 잘 안 들린 경우 : "죄송합니다. 잘 못 들었습니다. 다시 한 번 말씀해주시겠습니까?"라고 공손하게 물을 것, 절대 "네?"라고 하지 않도록 주의
⑩ 면접관이 자기자랑을 늘어놓거나 답변에 대해 자세히 설명해주는 경우 진지한 청취와 맞장구로 대응
⑪ 대답 완료 후, "네, 이상입니다."라는 명확한 끝맺음 필요

5 퇴실 시 주의사항

① "다 됐습니다.", "나가도 좋습니다."라고 하면 일어나서 인사하고 퇴장
② 면접장 퇴실문 앞에서 내가 앉은 부스를 향해 다시 한 번 목례
③ 의자를 발로 차거나 다리가 풀려 휘청거리지 않도록 조심
④ 면접을 '잘 봤다' 또는 '못 봤다'는 제스처를 삼갈 것(승리의 어퍼컷 등)
⑤ 면접관 눈에 보이지 않는 순간까지 면접이 계속된다는 것을 잊지 말 것

05 면접시험 사례 및 실황중계(도시계획기술사)

1 입장 전

오전 8시 30분까지 입실이기에 8시에 도착해서 면접장소로 갔더니 저보다 먼저 도착하신 분들이 2~3분 정도 계셨습니다. 8시 30분이 되자 '담당요원'이라는 명패를 단 한국산

업인력공단 직원이 스크린(PPT)을 통해 몇 가지 주의사항에 대해 설명해주었습니다. "소속회사, 이름, 몇 번째 시험인지 등의 발언을 삼가라.", "인사를 3번 한다든지 큰 절을 한다든지 하지 마라." 등이었습니다.

8시 45분이 되자 수험자를 호명해 명패를 나누어 주더군요. 명패에는 '도시계획 4-3'이라고 큼직하게 적혀 있었습니다. 이는 도시계획기술사 면접시험 대상자, 4번째 부스, 3번째 수험자라는 것을 의미합니다. 수험자가 1-1부터 7-4까지 있었으니 7종목이며, 종목별 4명으로, 1교시(8시 30분~10시) 수험자는 총 28명이었습니다.

9시가 되자 각 종목 1번 수험자가 수험표와 주민등록증으로 본인 확인을 하고 면접장소로 들어갔습니다. 도시계획 첫 번째 수험자는 들어간 지 20분 만에 나오더군요. 겉으로 보기에 경력도 있어 보이고 여유가 있었습니다. 저는 세 번째 수험자였는데, 면접볼 때는 시간이 얼마 안 지난 것 같았지만, 나와 보니 40분이나 걸렸습니다.

4번 부스는 강당 입구에서 마주보는 자리여서 한참(20m가량)을 걸어갔습니다. 면접관을 마주보고 걸어가기가 좀 불편하더군요. 이하는 면접 시 대화내용입니다.

② 실황중계

▷ **최** : (아까 교육받은 대로) 안녕하십니까? 4-3번 수험자 최○○입니다.
▶ **면접관1**(교수님인 듯합니다) : 앉으세요.
▷ **최** : 네.

▶ **면접관1** : 경력사항을 보니까 여러 가지 많이 하셨네요?
▷ **최** : (고마운 질문이지요) 네, 엔지니어링 회사에 다니면서 여러 가지 업무를 접할 기회가 많았습니다. 운이 좋았다고 생각합니다.

▶ **면접관1** : 광역도시계획을 했다고 되어 있는데, 광역도시계획을 할 당시 가장 중요하게 다루었던 역할이나 기능, 그리고 문제점으로 지적된 사항을 말해보세요.
▷ **최** : (9년 전 신입사원 때 한 거라 기억이 가물가물하지만, 공부한 내용을 말하면 되겠군) 광역도시계획은 여러 시·군 간 통합적 토지이용계획과 광역도시계획시설의 효율적 설치 및 이용을 목적으로 수립합니다. 그러나 실제로는 김대중 정부 시절 개발제한구역 해제를 위한 도구로 전락했다는 비판이 많습니다. 또한 시·군 간 시설배치에 있어서 기피시설을 당해 지자체에 설치하지 않으려고 하는 등 시·군 간 갈등으로 인해 광역시설의 설치가 제대로 이루어지지 않은 경우가 많습니다.
▶ **면접관1** : 시·군 간 갈등 때문에 시설설치가 제대로 이루어지지 않는다고 했는데, 그 갈등은 누가 해결해야 하나요?
▷ **최** : 광역계획협의회 등이 필요하다고 생각합니다.
▶ **면접관1** : 광역도시계획 수립권자는 누구인가요?
▷ **최** : (정신 차려서 잘 생각해보고) 시·도지사입니다.
▶ **면접관1** : 그럼 시·도지사가 해야 하는 거 아닌가요?
▷ **최** : (아, 그렇구나) 그렇습니다. (일단 긍정)

▶ **면접관1** : 다음으로, 현대 사회를 후기산업사회라고 하는데, 후기산업사회의 도시계획 수립 방향에 대해 말해보세요.

▷ **최** : (후기산업사회가 뭐지? 에라, 모르겠다. 영국 산업사회부터 이야기하고 광역경제권 강화 쪽으로 유도해 보자) 영국에서 발발한 산업혁명 이후 현대 산업사회에 이르기까지 많은 변화가 있었습니다. 최근에는 첨단지식정보산업을 중심으로 한 광역경제권 형성이 주요하게 대두되고 있습니다. 인구 500만에서 1,500만 명을 기준으로 국가 내에서 뿐만 아니라 인접 국가와도 연계하여 광역경제권을 형성하며, 자립적인 경제권 형성과 도시경쟁력 강화가 필요하다고 하겠습니다. 이를 감안한 도시계획 수립이 필요합니다. (면접관이 답변에 조금 실망한 듯한 표정을 보임)

▶ **면접관1** : 창조도시라고 아시나요?

▷ **최** : 네, 알고 있습니다.

▶ **면접관1** : 창조도시라는 개념이 도입된 배경과 주요 내용, 형성방안에 대해 말해 보세요.

▷ **최** : (조리 있게 잘 말해보자. 잠시 생각 정리 좀 하고) 창조도시는 1990년대 후반 영국에서 처음 제시된 개념입니다. (2000년 초반이던가?) 개발도상국이 노동집약적 산업뿐만 아니라 첨단지식정보산업에까지 범위를 확대하자, 선진국은 역사·문화적 정체성을 바탕으로 한 창조적 지식산업에 집중하게 되었습니다. 창조산업은 영화, 음악, 미술, 소설 등 당해 지역의 역사·문화적 정체성을 바탕으로 하기 때문에 역사·문화적 기반이 약한 개도국에서는 접근하기 힘들기 때문입니다. 창조산업에 종사하는 인재들이 살기 좋은 도시로 만들고자 하는 것이 창조도시의 형성 방안입니다. 사례로는 영국 쉐필드, 스웨덴(아니던가?), 스페인(이건 맞다. 빌바오가 있으니까)이 있으며, 도서관(웬 도서관?), 미술관, 문화복지시설을 확충하고 다양한 인재들이 모일 수 있도록 하는 것이 개발방향입니다.

▶ **면접관1** : (고개 끄덕 끄덕) 아까 후기산업사회를 물어 봤는데, 방금 답변한 내용이 나오기를 기대했던 거예요.

▷ **최** : (아, 그렇구나)

▶ **면접관1** : (면접관2를 보며) 다음 질문 하시지요.

▶ **면접관2(기술사이신 듯합니다)** : 여러 가지 업무를 많이 해본 것 같네요. (살짝 미소를 날려 주시고는) 지역균형개발 및 지방중소기업육성법에서 개촉지구라고 들어 보셨나요?

▷ **최** : (자신 없지만 살짝 미소 지어 보이면서) 네, 알고 있습니다.

▶ **면접관2** : 개촉지구의 유형 3가지와 개촉지구의 장점만 말해보세요. 단점은 말하지 말고.

▷ **최** : (1가지가 생각 안 나는데 어떻게 하지? 일단 시작해보자) 1970년대 이후 수도권 집중을 방지하기 위해 지역분산정책을 추진해왔으나, 수도권 집중은 계속되어 왔습니다. 저발전, 낙후지역의 개발잠재력을 확충하기 위해 지균법상 개촉지구제도를 도입하였습니다. 개촉지구에는 도농통합형, 균형발전형, 그리고 한 가지가 더 있습니다. (머뭇)

▶ **면접관2** : 가장 많이 지정된 게 있죠?

▷ **최** : (생각 안 나는데) 도농통합형, 균형발전형, 그리고 (머뭇 머뭇)

▶ **면접관2** : 낙후지역형인데, 개촉지구로 하면 장점이 뭐가 있나요?

▷ **최** : (아, 맞다. 낙후지역형. 그나저나 문제점은 달달 외웠는데, 장점을 자꾸 물어보니 난처하네) 지역의 균형발전과 개발잠재력을 확충하기 위해 개촉지구로 지정하는데, 가장 큰 장점은 지역 발전에 대한 밑그림을 그려둔다는 점이고, 그로 인해 민간자본을 유치하고자 하는 것입니다. 또한 도로, 항만, 공항, 철도 등 기반시설을 설치해서 사회간접자본이 확충된다는 장점이 있습니다. (면접관의 약간 실망한 듯한 표정. 도와주고 싶다는 눈빛이 느껴지는데 바라는 대답이 아니었던 것 같습니다)

▶ **면접관2** : 그 외에도 세제혜택이라든지, 인허가 의제라든지 하는 장점이 있지요?

▷ **최** : (세제혜택이 많지 않아 외면당하는 걸로 알고 있는데? 일단 맞다고 하지 뭐) 네, 그렇습니다.

▶ **면접관2** : 개촉지구 실제로 해봤나요?

▷ **최** : 직접 한 건 아니고 옆 팀에서 할 때 잠깐 관여를 했습니다. (이건 거짓말입니다) 울릉군 개촉지구였습니다.

▶ **면접관2** : 제2종 지구단위계획 알고 있죠?

▷ **최** : 네.

▶ **면접관2** : 실제 업무상 문제점은 뭐가 있나요?

▷ **최** : (제2종 지단은 외주처리해서 잘 모르는데, 일단 서두를 길게 말해보자) 제2종 지구단위계획은 2003년 국토계획법 제정 시 비도시지역 그러니까 계획관리지역과 개발진흥지구를 계획적·체계적으로 개발·관리하기 위해 도입한 제도입니다. 그러나 실제 업무에서는 개발행위허가로 개발할 수 없는 지역을 개발하기 위한 수단으로 활용되고 있습니다. (면접관2 고개 끄덕 끄덕) 또한, 제2종 지구단위계획을 수립하더라도 공장설립, 건축인허가, 관광단지개발 등은 개별 법률에 의해 인허가를 거쳐야 하기 때문에 행정절차가 복잡한 상황입니다. 그리고 개별 법률상 인허가 과정에서 변경사항이 발생한다면 제2종 지구단위계획을 변경해야 하기 때문에 사업시행자 입장에서는 행정절차가 복잡해지는 문제가 있습니다.

▶ **면접관2** : 종전 토지구획정리사업 등이 현재 도시개발사업으로 바뀌었는데, 도시개발사업의 유형을 설명해 보세요.

▷ **최** : (음, 토지매수만 갖고 설명해도 되려나? 에라, 모르겠다) 도시개발사업 시행 방식은 크게 3가지가 있습니다. 택지개발사업에서 주로 이용되는 전면매수방식과 환

지방식, 그리고 혼합방식이 있습니다. 혼합방식은 구역분할방식과 구역미분할, 즉 용도차등방식으로 구분할 수 있으므로 세부적으로는 4가지라고 할 수 있습니다. 전면매수방식은 토지를 전면매수한 후 기반시설을 설치하고 무상귀속 또는 유상매각하는 방식이고, 환지방식은 기존 토지를 감보율 적용 후 체비지 등을 제외하고 환지하기 때문에 주민 재정착율을 높일 수 있는 장점이 있습니다. 혼합방식 중 구역분할방식은 매수방식과 환지방식을 구역을 기준으로 구분하는 것이고, 구역미분할방식은 지목이 '대'인 경우 환지를 하고 기타 지목은 매수를 하여 기존 주민의 재정착율을 유도하고, 추가적인 인구유입을 억제해서 기존 기반시설의 부담을 줄일 수 있는 장점이 있습니다.

▶ **면접관2** : 면접을 앞두고 여러 가지 생각을 했을텐데, 합격 후 기술사가 되면 어떤 역할이 필요하다고 생각합니까? 그리고 도시계획기술사가 타 분야 기술사와는 달라야 한다고 하는데 어떤 점에서 그래야 한다고 생각합니까?

▷ **최** : 죄송합니다만, 마지막 질문을 잘 못 들었습니다. 다시 한 번 말씀해 주십시오. (목소리가 갑자기 작아져서 정말 못 들었습니다)

▶ **면접관2** : (주위를 돌아보며) 여기 보면, 도시계획 말고도 많은 분야의 기술사가 있는데, 여러 분야의 기술사와 도시계획기술사가 어떤 면에서 달라야 한다고 생각합니까?

▷ **최** : (그래도 무슨 뜻인지 이해 못했음. 일단 역할 부분을 실컷 얘기해 버리자) 실제 업무를 수행하다보면 계획수립·입안권자, 승인권자, 관계기관, 지자체, 설계해오는 사람 등의 다양한 이해관계를 조율할 필요가 있습니다. 이들 주체 간의 이해관계를 조율할 수 있는 사람은 도시계획담당자여야 한다고 생각합니다. 도시계획기술사에게 가장 요구되는 것은 코디네이터로서의 역할이라고 생각합니다. 실제로 업무에서 다양한 이해관계를 조율하지만 그동안 제가 경력이 월등히 많은 것도 아니고 객관적

으로 증명할 수 있는 자격증이 없기 때문에 힘든 경우가 많았습니다. 이번에 1차 합격하고 나서 개인적으로 굉장히 … 음 … 기뻤습니다.

▶ **면접관2** : 물론 잘 아시겠지만 질문했던 건 기술사의 윤리에 관한 내용이었습니다. 도시계획기술사는 타 분야 기술사와 윤리적인 측면에서 달라야 한다고 생각합니다. (면접관3을 보고) 다음 질문하시지요.

▷ **최** : (음, 그렇구나. 첫 번째 질문에 집중한 나머지 두 번째 질문을 까먹었다)

▶ **면접관3** : 광역경제권계획을 알고 있지요? 광역경제권계획상 권역별 발전방향에 대해 설명해 보세요.

▷ **최** : (5+2 물어보는 거구나. 달달 외운 거잖아) 네, 이명박 정부는 전국을 5+2 경제권역으로 구분하고 권역별 발전방향을 제시하고 있습니다. 수도권, 충청권, 호남권, 대경권, 동남권, 강원권, 제주권입니다. 권역별로 수도권은 영국 런던을 벤치마킹하여 국제금융, 물류중심을 지향하고 있습니다. 충청권은 실리콘 밸리 (헉) 그리고 행정중심을 지향하고 있으며, 호남권은 네덜란드와 같은 낙농업과 항만물류허브를 미래상으로 합니다. 강원권은 일본 북부지역의 건강·관광 중심을 지향하고 제주권은 홍콩·싱가폴 등 국제자유도시를 미래상으로 하고 있습니다. (음, 간단명료하고 자신 있게 대답했다)

▶ **면접관3** : 동남권은?

▷ **최** : (헉, 빠뜨렸나?) 핵의학 관련 산업, 항만물류중심을 지향하고 있습니다.

▶ **면접관3** : 도시기본계획과업에도 참여했다고 했는데, 도시기본계획에서 수립하는 주요 지표를 설명해보고, 특히 인구가 감소하는 도시의 경우 도시기본계획을 어떻게 변경해야 하는지 설명해보세요.

▷ **최** : 도시기본계획에서 가장 중요한 지표는 인구입니다. 모형에 의한 방법이든 자연적 인구와 사회적 인구에 의한 방법이든 83만에서 85만으로 예측된다 하더라도 지자체장은 90만 내지 100만으로 설정해서 상정을 합니다. 도시계획위원회에서 지적당할 것을 감안해서 그렇게 하고 있습니다. 대부분의 시군에서 인구가 감소하고 있는데, 모형에 의한 방법에서는 증가할 방법이 없고, 도시기본계획 지침상 조성법을 권장하고 있기 때문에 사회적 인구의 증가에서 늘릴 수밖에 없습니다. 그러나 승인기관에서는 현재 구역지정이 되었거나 사업시행자가 지정되지 않은 산업단지나 택지개발예정지구의 지정은 인정해 주지 않고 있기 때문에 터무니없는 과다 설정은 어려운 실정입니다. 과도한 인구설정은 과도한 기반시설의 설치와 재정의 투입을 필요로 하게 되는데, 이들이 서로 연동되지 않는 것도 큰 문제라 할 수 있습니다. 다음으로는 주택 수, 가구당 인구 수, 문화생활 측면에서는 학교 수, 병원 수, 인구당 의사 수, 용수량 기준... ℓ/일 등이 있습니다. 많은 지자체에서 이렇게 수립한 도시기본계획과 별도로 '장기발전종합계획' 등을 수립하고 있는 점은 큰 문제라 할 수 있습니다.

▶ **면접관3** : 시간이 조금 남았는데 더 하실 말씀은 없나요?
▷ **최** : (기본계획 관련해서 말하라는 뜻인 줄 알고) 없습니다. 제가 드릴 말씀은 다 드렸습니다.

▶ **면접관1** : 네, 수고했습니다.
▷ **최** : (끝났나? 방금 말한 건 마지막으로 한 마디 해보란 거였네?) 네, 감사합니다. (걸어 나옴)

③ 면접시험 후기

① 1차 필기시험을 위해 준비했던 내용을 복습하여 준비하면 될 것 같고, 실무 경험이 많다는 것을 강조하면 좋을 것 같습니다.

② 질문이 긴 경우 첫 번째 질문에 집중하다 보니 두 번째 질문을 까먹는 경우가 많았습니다(머리를 맑게 하고 면접을 보시는 것이 좋을 것 같습니다).

③ 지인들과 예상문제를 조금 길게 만들어서 미리 연습하면 좋을 것 같습니다.

④ 마지막에 한 마디 해보라고 할 때 인상 깊은 한 마디를 하지 못한 게 무척 아쉽습니다. 마무리 멘트를 하나 준비해가시면 아주 좋을 것 같습니다(앞으로 뭘 더 공부하고 싶다, 어떤 활동을 하고 싶다 등).

⑤ 글로 쓰다 보니 대답을 잘한 것처럼 보이는데 실제로는 더듬더듬 대답했고, 입을 크게 벌리지 않아 웅얼웅얼 대답한 것 같습니다. 들어가기 전에 "산토끼, 산토끼"를 몇 번 하고 들어가시면 좋을 것 같습니다.

CHAPTER 06
합격 후에 챙길 일들

01 합격 및 자격증 취득

① 합격 통지 방법

합격 여부는 공식적으로 Q-net의 공고로 확인할 수 있다. 발표 당일 9시를 전후해서 Q-net 사이트에 게시된다. 본인의 수험번호가 있는지 찾아보자.

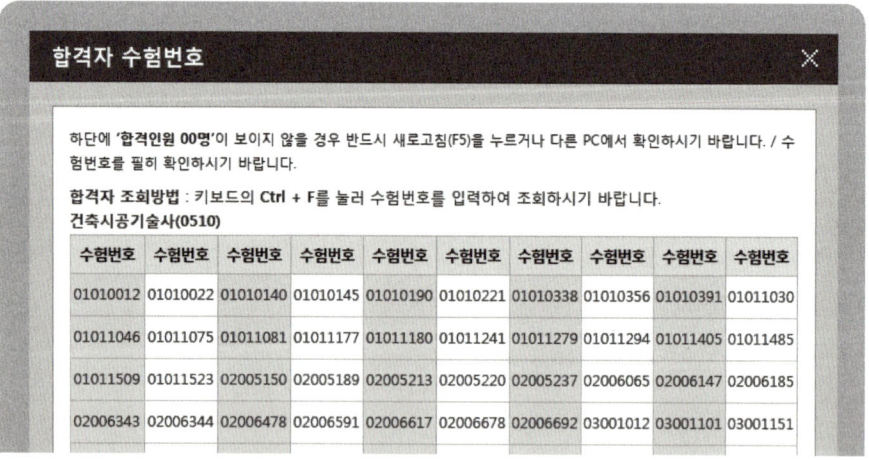

03001229	03002105	03002109	04000005	04000010	04000019	04000114	04000185	04000226	05050066
05050176	05050243	05050268	05050338	05050354	06000013	06000017	06000042	06000098	06000355
07001022	07001090	07001091	07001146	07001192	07001269	07001275	07001281	07001345	07001348
07001439	07002022	07002093	07002151	07002272	07002429	07002512	07002520	07002550	07002578
07002624	10110064	10110146	10110202	10110269	10110294	10110342	10110348	10110407	10110485
10110537	10110595	10120186	10120233	10120337	10130238	10130344	10130388	13000010	13000032
13000033	13000070	13000346	13000372	13000468	13000667	13000705	18000020		

『 합격자 : 108명 』

(출처 : Q-net 홈페이지)

    그리고 합격 문자메시지가 온다. 일괄 시스템으로 보내는 것인데 정확하게 9시에 도착하지 않아 다양한 에피소드를 낳는다. Q-net에 직접 합격을 확인하기는 가슴이 떨려, 핸드폰을 들고 오매불망 합격 문자를 기다리고 있는 사람들이 꽤 있다. 9시가 한참 넘어서도 문자를 받지 못해 지레짐작으로 실망하다 뒤늦게 합격을 확인하고 감격하는 경우가 가장 대표적인 사례다. 또는 아침 회의에 참석하느라 인터넷을 확인하지 못하고 문자메시지만 기다리다가 지인들의 축하 문자를 먼저 받는 경우도 꽤 있다고 한다. 수험번호만으로 인적사항은 알기 힘든 법인데 이 경우는 주변의 관심을 많이 받는 경우인 듯하다.

    예전에는 수험번호와 함께 성명도 발표되어, 합격자 발표날은 각 업계의 잔칫날 같은 분위기였다. 혹시나 동명이인이 아닌지 조심스럽게 회사동료에게 물어보고, 본인임이 확인되면 축하의 전화와 문자세례로 합격자는 그야말로 행복한 하루를 보낼 수 있었다. 지금의 성명 비공개 방식은 개인정보보호 목적인 것 같긴 한데, 별로 감동도 없고 과연 합격자들이 원하는 것인지는 의문이다.

② 점수 확인하기

Q-net에 본인의 아이디로 접속하면 합격 여부와 시험 점수를 확인할 수 있다. 4개 과목별 점수와 총점, 평균이 표시된다. 만약 당해 시험에서 불합격했다면 각 교시별 시험점수와 본인의 복기노트를 비교해 다음 시험을 준비하는 데 활용하도록 하자.

③ 합격 후 할 일

가장 먼저 할 일은 자격수첩 수령과 기술자 승급이다.

전산으로 모든 것을 진행하는 시대이다 보니 자격수첩이라는 것이 큰 의미는 없다. 그래도 별도의 합격증이나 합격행사가 없으니 뭔가 손에 잡히는 자격수첩이라도 받아야 비로소 합격했다는 실감을 할 수 있는 것 같다. 합격 후 언제라도 가까운 한국산업인력공단 사무실로 방문해서 발급을 요청하면 끝이다. 볼품없는 프린트물과 수첩 케이스가 남들 눈에는 초라해보일 수도 있지만, 고생 끝에 수첩을 수령하는 그 순간은 평생 잊을 수 없는 좋은 경험이 된다.

다음은 기술자 승급이다. 종목별로 경력관리를 받을 수 있는 협회 등에 본인의 합격사실을 통보하고, 필요한 경우 승급교육을 통해 레벨을 올려보도록 하자.

건설 분야의 경우 건설기술인협회는 승급교육을 받아야 하지만, 엔지니어링협회는 기술사 자격증을 제출하기만 해도 승급이 된다. 가장 중요한 부분은 본인이 소속된 조직과 프로젝트 관계자들에게 신고를 하는 것이다. 기술사 취득 시 대부분 그에 상응하는 수당을 추가로 지급하고 있으니 하루라도 빨리 알리고 대가를 지급받도록 하자. 회사에서는 매우 소중한 인적자원이 저절로 생겼으니, 당신을 제대로 활용하기 위하여 그리고 당신이 퇴사하지 않도록 신경 써줄 것이다. 소규모 조직인 경우 기술사 취득과 동시에 진급을 명문화하고 있는 경우도 많다고 하니 부러울 따름이다. 그리고 현재 진행

중인 프로젝트 관계자들에게도 알리도록 하자. 계약조건에 따라 대가지급조건이나 근무여건의 변동을 처리해야 하는 경우도 있으니, 잠자코 있다가 상대방을 당황하게 하지는 말자.

명함도 새로 만들자. 어린 시절 러브레터를 받았던 그 느낌과 같은 뿌듯함과 자랑스러움, 묘한 기분을 느낄 수 있다.

4 가장 중요한 일

기술사 합격은 인생에서 몇 번 없는 중요한 분기점 중 하나다. 본인과 가족들의 노력에 대한 보상이기도 하다. 우선은 기쁨을 누리고, 스스로를 축하하자. 기술사 취득 그 다음을 향해 나아가기 위한 중요한 동기부여가 될 수 있다.

지인 중에는 고생한 자신에게 고급 외제차를 선물한 사람도 있다. 혹은 공부에 도움을 줬던 사람들이나 같이 암흑 같은 수험의 길을 걸어온 동지들과 기쁨과 감사의 마음을 나누는 경우도 있다. 가장 일반적인 경우는 같이 고생한 가족들과 모처럼만에 한가롭게 여행 등을 하며 감사를 표하는 경우다. 기술사 공부는 혼자 하지만, 결코 혼자만의 힘으로 되는 것은 아니다. 주변의 도움, 특히 가족의 희생 없이는 불가능하다. 앞으로 호강시켜주겠다는 선언만 할 것이 아니라 즉각적이고 다소 과감한 이벤트로 합격의 행복을 이어갈 필요도 있다.

공부의 이유와 성취, 보상을 생각해 본다면 합격 이후 가장 중요한 일은 명확하다. 너무 기쁜 나머지 '가장 중요한 것'을 빠트리는 일은 없길 바란다.

02 끝이 아닌 새로운 시작

1) 기술사의 본분

어려운 과정을 통해 기술사를 취득한 당신은 이제 어엿한 전문가이며, 또한 우리 사회의 중요한 인적자원이다. 하지만 스스로를 존중하고 기술사의 품위에 걸맞은 행동을 해야 주위의 인정을 받는다는 것을 명심하자. 스스로를 존중하는 방법은 여러 가지가 있겠지만 가장 쉬운 것은 본인의 재능을 십분 활용하는 것이다. 딴짓 하지 않고 열심히 업무를 지속하는 것만으로도 사회의 발전에 많은 도움이 된다. 기술사 윤리를 준수하고 본인의 역량을 활용할 방법들을 찾아보자. 이제 당신의 모든 행동과 생각이 사회에 영향을 미치게 되는 만큼 더욱 더 본인을 신뢰하고 다양한 활동을 시도해보자.

2) 업무의 전문성 제고

그동안 당신은 조직의 구성원으로서 실수 없이 맡은 직무만 수행하면 크게 문제가 없었을 것이다. 하지만 기술사 취득 이후의 당신에게는 주변의 기대와 평가가 쉬지 않고 주어진다. 어떤 조직에서든 기술사에게는 상당한 발언권과 의사결정 권한이 주어진다. 이런 경우 당신의 업무적 판단은 어떤 산업계의 기준이 될 수도 있고, 당신의 제안은 대한민국의 기술수준을 끌어올리는 계기가 될 수도 있다.

기술사 취득은 더 이상 공부가 필요 없다는 뜻이 아니다. 보다 높은 수준을 달성하기 위해 계속 공부하고 자신을 발전시켜 보자. 기술사 공부 시의 10분의 1만 투자해도 충분히 대한민국 최고 전문가 자리를 유지할 수 있지만, 자기계발을 한순간만 놓쳐도 입만 산 거짓말쟁이가 되어 버린다. 기술사 선배들을 보면, 성공한 자와 그렇지 않은 자를 가르는 데 인성과 더불어 지속적으로 공부하는지가 큰 영향을 미친다.

③ 주변을 살피자

다년간의 수험기간 동안 당신은 많은 분들의 도움을 받아 왔다. 묵묵하게 응원하며 힘든 시간을 같이 인내해준 가족들, 힘들 때마다 격려해준 동료들, 심지어는 끝까지 분발하게 해준 밉살맞은 라이벌들까지 모두 당신의 은인이다. 기술사는 절대 혼자 된 것이 아니다.

그동안 소홀했던 가족들과 시간을 보내자. 기술사가 된 당신을 뿌듯해하며 행복해하는 가족들을 볼 수 있다. 반대의 경우도 있다. 자격 취득 이후 무엇을 해야 할지 몰라 다른 자격증 공부에 바로 몰두한다든지, 남는 시간을 주체하지 못해 유흥에 빠진다든지, 조직 내 지위를 챙기기 위해 아등바등하느라 가족들과 불화가 생기는 경우를 꽤 많이 봐왔다. 왜 그토록 열심히 공부했는지 돌아보고 인생의 방향을 다시 생각해보자.

당신의 동료들과 라이벌들에게도 감사를 표하자. 공부 방법을 공유하고 업무에 도움이 되는 지식을 아낌없이 알려주도록 하자. 혼자만 가지고 있는 노하우는 발전가능성이 없지만, 모두에게 열어주면 그 가치가 더해지고 더 나은 방법들로 발전한다. 인성이 훌륭하다고 칭찬받는 것은 덤이다.

④ 기술사 다음을 계획하자

기술사를 취득하고 나서 멍해져 있는 사람들이 있다. 가족들과 오히려 멀어지고 총기도 부족해지고 업무에서도 그동안의 경험만으로 때우려는 사람들인데, 자칫하면 당신도 그런 부류로 전락하기 십상이다.

기술사라는 것은 사실 종이 쪼가리에 불과하다. 기술사가 없지만 훨씬 나은 업무역량을 보여주는 이도 많다. 인생의 목표가 기술사 취득이라면 몰라도 하나의 언덕을 넘었으니 더 높은 곳으로 눈을 돌려 보는 것도 권장할 만하다.

개인적인 영광, 업무적 성취는 물론 사회적 기여 등 여러 가지 길이 있다. 기술사를 취득한 지금, 할 수 있는 일이 이전보다 훨씬 더 많음을 기억하고 도전해보도록 하자.

03 전문가 활동을 통한 사회기여

1 도움을 주는 것은 즐겁다

기술사를 취득한 이후 주변의 신뢰는 상당한 수준이다. 특히 업무와 관련된 전문성에 대해 의심을 가지는 이는 거의 없을뿐더러, 성실함이나 기술사에 걸맞은 인성도 어림짐작으로 인정받기 마련이다.

그동안 주변의 도움을 받기만 한 당신이라면, 이제는 사회에 당신의 역량으로 도움을 줘보자. 어렵고 거창한 것을 할 필요는 전혀 없다. 업무를 제대로 하면 동료들이 좋아하고, 기술을 발전시키는 제안을 하면 당신의 산업군에 속한 많은 이들에게 도움이 된다. 자연스럽게 참여하게 되는 각종 위원회 활동 등을 통해 어려움에 처한 이웃들의 상황을 개선할 수도 있으며, 불합리한 정부정책들을 개선하면 모든 국민들의 행복지수를 올릴 수 있다. 굳이 돈이나 시간이 많이 필요하지는 않다. 당신의 전문성을 통해 주변을 돕고, 사회에 기여해보자.

2 기술사 스터디 지원

기술사를 공부하는 동안 많은 선배 기술사나 동료들의 도움을 받았을 것이다. 이제는 당신이 도움을 줄 차례이다. 수험기간 동안 정신적 여유가 없어 공유하지 못했던 공부비법이나 요약노트 등을 아낌없이 나누자. 힘든 과정을 겪고 있는 기술사 지망생들이 시간을 절약하고, 그들의 용기를 북돋아 주는 데 큰 역할을 할 것이다. 여력이 된다면 기술사 강의 등을 진행하는 것도 재미있는 경험이 된다.

스터디 지원은 일회성 자선활동이 아니다. 앞으로 자주 생길 강의나 전문가 토론에서 활용할 수 있는 당신만의 교수 방법을 연습하는 데 큰 도움이 된다. 특히나 기술사 취득 직후 강의준비는 큰 어려움 없이도 가능한 부분이므로 서로 의지하는 기술사들과 같이 협업해서 준비를 해보자. 필자들은 그런 인연으로 만나 큰 성취를 이루었다.

③ 민원 상담

주변의 크고 작은 일들에 대해 발 벗고 나서자. 정형화된 업무에서는 결코 알 수 없는 다양한 케이스의 기술응용 실전테스트로 활용할 수 있다. 기술사의 전문성과 권위가 필요한 사람은 주변에 많다. 억울한 경우가 있어도 비용이 없거나 전문성이 부족해 해결하지 못하는 주변사람들의 상담을 해주자. 실제 해결이 되지 않더라도 당신에게는 상당한 실무 경험이 될 것이며, 누군가가 당신에게 감사하는 신선한 경험을 할 수 있을 것이다.

지인이 단독주택을 짓기 위해 준비하던 중에 성의 없는 설계회사를 만나 대지의 일부분을 상당히 손해보고 있는 것을 발견하고 설계를 고쳐준 경험이 있다. 이후에도 이미 진행된 인허가의 변경이 어렵다는 지인의 하소연에 관청에 같이 찾아가 상담을 도와주기도 했다. 담당 공무원은 건축주의 설명이 부족하고 전문성이 없어 몇 번의 방문에도 인허가 변경 요청을 무시하였다고 한다. 하지만 기술사 명함과 전문적인 설명에 진지한 경청 태도로 변한 담당 공무원이 즉시 민원을 수용해주었고, 지인은 몇 천만 원에 달하는 경제적 손실을 막을 수 있었다. 작은 규모의 설계는 경험이 없었던지라 개인적으로도 유익했고, 주변에 인성 좋은 해결사로 소문이 나서 영업에도 많은 도움이 되었다.

④ 민간단체 활동

어느 정도 자신감이 붙었다면, 전문가로서 사회에 도움이 되는 활동을 해보자. 기술사 종목별로 활동여건이 다르겠지만, 통상 관련 기술 분야의 협회나 포럼 등 민간주관단체가 있기 마련이다.

우선은 관련 분야의 기술사협회 등에 노크해보자. 어느 단체든 일손과 재원이 부족하기 마련이니 신참이 합류하는 것을 반대하는 경우는 없다. 특히나 기술사 단체 등은 같은 분야의 선후배들로 구성되어 있어 접근이 용이하다. 낮은 자세로 협회업무를 솔선수범하다 보면 인적네트워크에 편입되고 더 좋은 기회가 생긴다. 명심할 것은 먼저 연락하는 것이다. 운 좋게 그런 활동을 하는 선후배가 주변에 있다면 몰라도, 당신이 기술사에 합격했는지 아닌지도 제대로 파악을 못하는 경우가 많다. 당당하게 연락하고 열심히 활동하자. 회사 내에만 갇혀 있던 당신의 활동범위가 더욱 넓어지는 첫 번째 계기가 될 것이다.

⑤ 공공단체 활동

사회적 역할이 있는 기술 분야의 기술사인 경우 공공기관에서 자문 역할을 요청하기도 한다. 또한 지자체·중앙정부에서 운영하고 있는 각종 위원회에 참여할 기회도 생긴다.

자문이나 위원회에 참여한다는 것은 진짜 전문가로서 인정받는다는 의미이다. 단순히 일정 경력이 쌓이면 불러주는 모임이 아니고 직간접적인 평가를 통해 위촉받기에 더욱 그렇다. 또한 공공의 목적성을 제대로 이해하고 합리적인 자문과 의결을 진행할 때 지속적인 활동을 보장받기 때문에 사회를 이해하는 능력도 키울 수 있다.

공공기관 자문의 경우 본인도 모르게 풀(pool)에 포함되는 경우가 많다. 당신이 매우 유명하지 않더라도, 유능한 외부 전문가에 목마른 공공기관들은 열심히 추천을 받아 다양한 전문가에게 접촉하려고 애를 쓴다.

당신에게 공공기관이 자문을 요청하는 것은 전문가 인력 풀의 확보를 위한 테스트인 경우도 많다. 정형적이지 않은 새로운 견해가 필요해서, 당신의 활용도를 테스트하기 위해서라는 것이다. 충분히 공부해서 당신의 가치를 인정받도록 하자. 공공기관에 굽신대라는 말이 아니라 제대로 된 전문가로서 공공에 기여하자는 의미이다.

실제로 공공기관에서 운영하고 있는 전문가 풀은 전문가가 아닌 사람들로 채워져 있는 경우가 많다. 알 수 없는 누군가의 추천에 의해 등록되어 있는 사람은 물론, 부를 때마다 잘 와줘서 거수기(주견 없이 항상 찬성하는 사람을 낮잡아 이르는 말)로서 이름을 올리고 있는 사람 등 다양한 부류가 있다. 이런 사람들이 정책결정에 중요 조언자로 참여하는 경우 결과가 어떻겠는가? 제발 유능하고 합리적인 당신이 적극적으로 참여하길 바란다.

지자체 및 중앙정부의 각종 위원회는 법률로 운영되고 있어 그 지위가 보장되는 경우가 대부분이다. 위원회 참여 시 수당이 있으며, 일정한 임기가 있기 마련이다. 이러한 위원회는 정식 공고를 통해 모집하지만, 잘 알려지지 않는다. 때문에 아는 사람들끼리만 정보를 공유하거나 서로 추천함으로써 폐쇄적인 운영을 할 우려가 있다. 그러니 열심히 정보를 모으고 떳떳하게 자천을 해보자. 많은 지자체나 중앙정부가 전문가를 자칭하는 능력 없는 위원들에 지쳐 새로운 신인의 등장을 원하고 있다.

이러한 활동은 결단코 본인의 명예확보가 아닌 사회의 발전을 위한 기여라는 것을 명심해야 할 것이다. 단순히 명예, 본인의 영업 등에 활용하기 위해 참여하는 순간 공공기관 담당자들의 도구로 전락해버린다. 본인의 전문성을 활용해서 합리적이며 합목적적인 정책의사결정을 위한 조언을 해주고, 부조리한 정책의 개선에 이바지해야 한다.

'기술사'라는 자격은 우리 사회 전체가 만들어준 소중한 기회다. 그러한 혜택을 받은 여러분들이 자신의 전문성을 사회에 환원할 때 스스로와 기술사 전체가 존중받을 수 있음을 명심하고 또 실천하도록 하자.

PART 04

종목별 도전전략

CHAPTER 01 건축구조기술사

● 건축구조기술사 기본정보

① 건축구조기술사 소개

① **개요** : 건축의 계획 및 설계에서 시공, 관리에 이르는 전 과정에 관한 공학적 지식과 기술, 그리고 풍부한 실무경험을 갖춘 전문 인력의 양성을 위해 제정

② **연혁** : 건축기술사(건축구조)(1974년 신설) → 건축구조기술사(1991년 변경)

③ **진로** : 일반건설회사, 전문건설회사, 감리전문회사, 건축구조 관련 연구소 및 사업관리 전문기업 등

④ **전망** : 건설경기에 대한 정부의 정책적 지원과 해외건설에서의 전문 인력 수요의 증대 및 국내외 천재지변으로 인한 건축구조 분야의 중요성 증대로 인력수요 증가 예상

⑤ **시험정보**
- 관련학과 : 건축공학, 건축설계학 관련학과
- 시험과목 : 건축구조의 계획, 계산 및 감리 기타 건축물 구조에 관한 사항
- 시험시기 : 3회/1년

⑥ 응시/합격자 현황

연도	필기			실기		
	응시	합격	합격률(%)	응시	합격	합격률(%)
2016	609	24	3.9%	36	26	72.2%
2015	482	14	2.9%	29	15	51.7%
2014	516	17	3.3%	39	16	41.0%
2013	485	23	4.7%	37	20	54.1%
2012	503	18	3.6%	42	22	52.4%
2011	532	18	3.4%	46	18	39.1%
~2010	9,568	875	9.1%	1,352	881	65.2%
소 계	12,695	989	7.8%	1,581	998	63.1%

② 과목의 구성

① **건축구조 일반(건축시공을 고려한 구조설계, 모식도 필수)**
- 기초구조의 설계 및 상세 공법 분석
- 지반구조 분석, 시험방법 및 보강공법 등 실무 사례 분석
- 가설건축물의 경제성 및 구조안전성을 복합적으로 고려한 구조설계
- 골조방식에 따른 구조설계 실무 사례 분석(SRC, 철콘, 철골 등)
- 초고층 및 강진을 고려한 구조설계 상세요소 분석

② **건축구조 역학**
- 구조역학 일반(정의, 분류, 해석이론, 하중 등)
- 정정구조물의 해석(하중, 전단력, 휨모멘트)
- 평면트러스 해석(트러스, 라멘, 보, 지붕·교량트러스의 안정과 정정, 부정정 판정 등)
- 영향선과 이동하중(개념, 최대전단력·모멘트·부재력)

- 아치와 케이블(개념·특성 및 등분포하중·집중하중을 받는 구조의 해석)
- 기둥(편심축하중, 중심축하중 받는 단주·장주의 해석)
- 입체트러스(개념, 종류, 평형방정식 등)
- 구조물의 처짐(기하학적 방법, 에너지 방법)
- 부정정구조물(개념, 장단점, 근사해법, 변위일치법, 최소일법, 처짐각법, 모멘트 분배법, 영향선법, 부등단면의 부정정구조물 해석법 등)
- 매트릭스 구조해석(응력법, 변위법, 직접강도법 등)

③ 건축구조 철근콘크리트
- 철근콘크리트 구조 일반(특징, 철골구조와 비교)
- 철근콘크리트의 벽체와 옹벽구조
- 철근콘크리트 공사
- 철근콘크리트 균열과 보수 보강 공법
- 철근콘크리트 설계를 위한 철근과 콘크리트의 응력 분석

④ 건축구조 철골
- 철골구조 일반(강재성질, 구조설계 일반)
- 기본 접합방법
- 인장재 및 압축재
- 보
- 휨과 압축력을 받는 부재
- 접합부의 설계
- 강접골조의 설계
- 트러스 구조
- 철골조 고층건물의 특징 및 설계
- 소성설계

⑤ 재료역학
- 재료역학 일반(단위, 하중, 탄성 및 소성)
- 응력(수직응력, 접선응력)과 변형률(응력-변형률 선도, 훅의 법칙과 탄성계수)
- 인장, 압축, 전단
- 조합응열과 모어 원
- 평면도형의 성질
- 비틀림
- 보(전단과 굽힘, 속의 응력, 처짐, 부정정보, 특수단면보)
- 기둥(편심 압축 받는 짧은 기둥, 장주)

⑥ 건축구조 법규 등 기준(각 기준의 최신버전을 모두 익히고 바뀐 기준에 대해서는 이전 기준과의 비교 필수)
- 콘크리트구조 설계기준 및 예제집
- 강구조 설계기준 및 해설
- 건축구조 설계기준 및 해설
- 가설구조 설계기준 및 해설(비계, 흙막이 등)
- 건축기초구조 설계기준
- 건축물하중 기준 및 해설

⑦ 최신이슈(최근 시사이슈와 연관된 구조기술 사항)
- 초고층, 내진설계, 내풍설계, 재건축, 리모델링 등의 경제성을 분석한 설계

⑧ 학술자료 등
- 건축도시공간연구소
- 대한민국 전자관보
- 국회도서관

건축구조기술사 합격자 인터뷰

Q1. 간단한 본인 소개를 부탁드립니다.

현재 OO공사에 근무하고 있는 OOO(기술사님 요청에 따라 비공개)입니다. 2007년에 건축구조기술사를 취득했고, 경력은 취득 당시 기준 약 7년입니다.

Q2. 기술사 시험은 얼마 동안 준비하셨나요?

기술사 학원을 1달 정도 다닌 적이 있었으나 바쁜 회사업무와 병행하다 보니 제대로 된 학습이 이루어지지 않았고, 많은 도움이 되진 않았습니다.
약 3년간 6회의 시험을 치렀고, 5회까지는 40점대였으나 6회째 88점의 고득점을 이룰 수 있었습니다. 노트정리 요약과 다수의 문제풀이 외에도 아래 경력 1, 2의 실무경력이 많은 도움이 되었고, 면접에 한 번에 붙은 이유도 실무경력이 있었기 때문인 것 같습니다.

- 경력 1 : 중견규모의 구조사무소에서 3년 재직하면서 국내 최초 면진구조 설계, 구조안전진단 용역수행, 턴키입찰 등의 구조실무 경험을 쌓음
- 경력 2 : OO공사 본사 구조설계팀에서 4년간 근무하면서 회사의 구조설계지침 수립, 구조공통도 개정 등의 업무와 지역본부 사옥 구조설계를 포함한 각종 구조설계 구조감독, 기초설계 실무, 흙막이 공통도 수립의 경험을 쌓음

Q3. 기술사 자격증 취득을 준비해야겠다고 생각한 계기가 있으신가요?

구조사무소 재직 당시 사수였던 분이 미국기사와 미국기술사를 준비하라고 조언을 해주셔서 미국기사(오리건 주)를 먼저 취득하였고, 미국기술사를 준비하려고 하다가 업무의 주 근거지가 한국임을 감안하여 국내기술사를 먼저 취득하기로 결심했습니다. 기술사의 취득 여부를 떠나 기술사를 준비하는 과정에서 얻게 되는 이론적 지식들이 구조 분야 업무를 하는 데 있어 많은 도움이 되며, 특히 구조기술사의 경제적 설계 관점은 관리자 위치에서 경영과 사업을 계획하는 데 있어 더욱 필요한 것으로 판단됩니다. 결과적으로 기술사에 도전하기로 한 결심은 최상의 선택이었다고 생각합니다.

Q4. 시험공부는 주로 어디서, 어떤 시간에 하셨나요?

5회까지는 주중에는 퇴근 후 집에서, 주말에는 도서관에서 했는데 최종합격시점인 6회 시험을 준비하는 동안에는 평일 퇴근 후와 주말 모두 아파트 단지 내 도서관에서 했습니다. 단지 내 도서관에는 고등학생 수험생들이 있어서 집중하는 환경에 많은 도움이 되었으며, 구조일반과 같은 서술형 준비를 위해 직접 작성한 노트를 녹음해서 이동 중에 듣기도 했습니다.

Q5 건축구조기술사 시험을 준비하는 데 사용한 참고도서나 자료는 어떤 것들이 있나요?

- 건축구조 일반(기문당, 예문사 등)
- 건축구조 역학(청문각, 기문당 등)
- 건축구조 철근콘크리트(문운당, 동명사, 구미서관, 성안당 등)
- 건축구조 철골(예문사, 문운당, 대한건축학회, 기문당 등)
- 재료역학(청문각 티모센코 저자의 책)
- 건축구조 법규 등 기준
  - 콘크리트구조 설계기준 및 예제집
  - 강구조 설계기준 및 해설
  - 건축구조 설계기준 및 해설
  - 가설구조 설계기준 및 해설(비계, 흙막이 등)
  - 건축기초구조 설계기준
  - 건축물하중 기준 및 해설
- 학술자료 등
  - 건축도시공간연구소, LHI 연구보고서, 대한건축학회 논문집, 건설기술인협회지, 국회도서관
  - 대한민국 전자관보
- 수험서(과년도 기출문제 해설)

Q6 건축구조기술사 시험 관련 자료는 어디서 구할 수 있나요?

계산문제와 서술문제 모두 스터디 그룹에서 내용을 나눠서 작성하였습니다. 구조기술사는 정확성이 중요한데, 인터넷에 있는 내용은 정확성을 담보할 수 없으므로 상기에서 언급한 교재를 성실하게 익히는 것이 가장 좋습니다. 다만, 용어설명을 준비하고 최근 트렌드를 알기 위해서는 학술자료도 놓치지 않고 공부하는 것이 좋으며, 이는 새로운 구조기준 등에 대한 공부에도 많은 도움이 됩니다.

Q7 건축구조기술사 시험을 다른 종목 시험과 비교할 때 가장 큰 특징이나 차이점은 무엇인가요?

- 계산문제 : 답이 틀리면 과정이 맞아도 틀린다는 생각으로 준비하여 실수가 없도록 하였습니다. 어떤 계산방식으로 풀지를 문제에서 정해주므로 모든 방식으로 푸는 연습을 해야 합니다. 마지막에는 "이것이 답이다"를 채점자가 명확히 알 수 있도록 계산과정과 답을 구분하여 작성하여야 합니다. 단위가 상당히 중요합니다.
- 서술문제 : 개념에 따라 적절한 모식도가 중요하며, 일반적 단어로 설명하는 것 보다는 전문용어가 적절히 들어가야 합니다.
- 용어문제 : 용어문제는 10문제 모두 풀어야 점수를 잘 주므로 모두 풀어야 하며, 용어설명에도 필요 시 개념도를 넣으면 좋습니다. 이를 위해 최신 구조 관련 논문 및 잡지(건설기술인협회지, 대한건축학회 논문, AURI 및 LHI의 연구내용)를 통해 사회적으로 이슈가 되는 구조용어를 수시로 업데이트하여 공부하는 것이 좋습니다.

Q8 건축구조기술사 자격 보유자에 대한 처우는 어떤가요?

제가 근무하는 회사는 자격수당으로 144천 원/월이 지급되며(대기업건설사의 경우 30~50만 원/월), 진급 시 일정 점수의 가점이 있습니다. 또한 전문기술인력으로 분류되어 회사 내/외부의 심사위원 및 자문위원 등의 활동을 공식적으로 할 수 있습니다.

Q9 한국산업인력공단 홈페이지에서 소개하고 있는 건축구조기술사 자격의 현황과 전망 중 보완 설명하고 싶은 사항이 있으신가요?

특별히 보완할 사항은 없습니다.

Q10 개인적으로 기술사 취득 후 어떤 점이 달라졌나요?

- 전문분야 : 전문기술인력으로 분류되어 회사 내에서 구조 분야 심사위원으로 활동한 적이 있으며, 사내 기술제안에 대한 심사에서도 구조부문의 심사를 꾸준히 하고 있습니다.
- 삶의 목표 : 사내 심사에 대해 추가 심사비가 지급되는 것은 아니지만 개인적 만족도가 높아지며, 기술사 자격증을 취득해야 한다는 압박감에서 해방되어 다른 분야에서도 개인 성취도를 다양하게 추구할 수 있게 되었습니다.
- 평생연금 : 회사에 근무하는 동안에는 적은 금액이지만 기술사 수당이 나오고, 퇴직 후에는 이 분야에서 해당 자격증으로 관련 업무를 할 수 있습니다. 일종의 보험인 것 같습니다.

Q11 끝으로 건축구조기술사 시험을 준비하는 분들께 한 말씀 부탁드립니다.

저는 물론 오랫동안 준비했지만, 오래 준비하면 지치기만 하고 가족에게도 미안해져서 포기하고 싶은 마음이 많이 들 수 있습니다. 평상시 구조 관련 업무내용을 잘 정리하시고, 노트정리가 어느 정도 되었다 싶으면 그때부터는 평일 기준 하루 4시간 이상을 꾸준히 투자하시면 좋은 결과가 있을 것입니다. 계산문제는 스터디 등을 통해서 모르는 분야를 서로 도와가며 공부하는 것도 효율적인 방법이라 생각됩니다. 다음이나 네이버 카페 등에 구조기술사를 준비하는 모임도 있으니 참고하시기 바랍니다.

건축구조기술사 답안작성 예시

계산 문제 1)

철골구조

4m 간격으로 배치한 지붕트러스의 상현재 위에 중도리를 $C-125\times 50\times 4\times 4$(SS400)로 설계. $A=955mm^2$, $S_x=34.7\times 10^3 mm^3$, $S_y=9.32\times 10^3 mm^3$, $I_x=217\times 10^4 mm^4$, $I_y=30.9\times 10^4 mm^4$, $r_y=18mm$, $z_x=42.5\times 10^3 mm^3$, $z_y=16.3\times 10^3 mm^3$, $W_D=0.5kN/m^2$ (중도리 자중 포함), $\omega_L=0.8kN/m^2$ (지붕 평면에 대해)

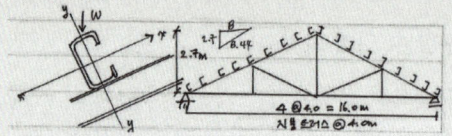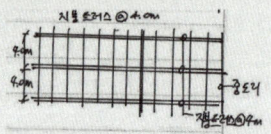

I. 계수하중 산정

1. $\omega_u{'} = 1.2\times\omega_D + 1.6\times\omega_L = 1.2\times 0.5 + 1.6\times 0.8 = 1.88 kN/m^2$

2. 각 중도리의 길이방향으로 지붕평면의 하중 분담폭 ; $1\times\dfrac{8.44}{8}=1.055m$

3. 중도리의 단위길이당 하중 ; $\omega_u=\omega_u{'}\times W=1.88\times 1.055=1.98 kN/m$

4. 중도리의 두 개의 주축 x축과 y축에 대한 응력 ; $\omega_{ux}=\omega_u\times 8/8.44=1.88 kN/m$
   $\omega_{uy}=\omega_u\times 2.7/8.44=0.63 kN/m$

II. 소요강도(M_u, V_u) 산정

1. $M_{ux}=\dfrac{1}{8}\times\omega_{ux}\times\ell^2=\dfrac{1}{8}\times 1.88\times 4^2=3.76 kN\cdot m$

2. $M_{uy}=\dfrac{1}{8}\times\omega_{uy}\times\ell^2=\dfrac{1}{8}\times 0.63\times 4^2=1.26 kN\cdot n$

3. $V_u=\dfrac{1}{2}\omega_{ux}\times\ell=\dfrac{1}{2}\times 1.88\times 4=3.76 kN$

III. 설계휨강도($\emptyset_b M_n$) 산정

1. 횡좌굴 강도 – 강축(기축)
   1) $A_b=L_b/r_y=4,000/18=222.22$
   2) $A_p=1.76\sqrt{E/F_y}=1.76\sqrt{206,000/235}=52.1$

3) $A_r = \dfrac{X_1}{F_L}\sqrt{1+\sqrt{1+X_2 F_L^2}} = \dfrac{17,540.6}{165}\sqrt{1+\sqrt{1+(1.21\times 10^{-4})\times 165^2}} = 186.3$

① $X_1 = \dfrac{\pi}{S_x}\sqrt{\dfrac{EGJR}{2}} = \dfrac{\pi}{34.7\times 10^3}\sqrt{\dfrac{206,000\times 79,500\times 4,800\times 955}{2}} = 17,540.6$

② $J = \dfrac{1}{3}\sum b_i t_i^3 = \dfrac{1}{3}\times(125\times 4^3 + 2\times 50\times 4^3) = 4,800\,mm^4$

③ $F_L = F_{yf} - F_r = 235 - 70 = 165\,N/mm^2$

④ $X_2 = \dfrac{4C_w}{I_y}\left(\dfrac{S_x}{GJ}\right)^2 = 4\times\dfrac{1}{I_y}\times\dfrac{I_y}{4}(d-t_f)^2\left(\dfrac{S_x}{GJ}\right)^2$

$= (125-4)^2\left(\dfrac{34.7\times 10^3}{79,500\times 4,800}\right)^2 = 1.21\times 10^{-4}$

4) $A_b(=222.22) > A_r(=186.3)$

$\therefore M_n = S_x F_{cr}$

5) $F_{cr} = C_b X_1 \dfrac{\sqrt{2}}{A_b}\sqrt{1+\dfrac{X_1^2 X_2}{2A_b^2}}$

$= 1.75\times 17,540.6 \times \dfrac{\sqrt{2}}{222.22}\sqrt{1+\sqrt{\dfrac{17,540.6^2\times 1.21\times 10^{-4}}{2\times 222.22^2}}} = 229.23\,N/mm^2$

6) $C_b = 1.75 + 1.05(M_1/M_2) + 0.3(M_1/M_2)^2 \leq 2.3$

$\therefore C_b = 1.75$

7) $M_{nx} = S_x F_{cr} = 34.7\times 10^3 \times 229.23\times 10^{-6} = 7.95\,kN\cdot m$

2. 횡좌굴 강도 – 약축(y축)

1) 횡좌굴의 영향이 없으므로

$M_{ny} = M_{py} = F_y Z_y = 235\times 16.3\times 10^3\times 10^{-6} = 3.83\,kN\cdot m \leq 1.5M_y$

2) $1.5M_y = 1.5 F_y S_y = 1.5\times 235\times 9.32\times 10^3\times 10^{-6} = 3.29\,kN\cdot m$

$\therefore M_{ny} = 3.29\,kN\cdot m$

3. 국부좌굴강도 – 플랜지 – 강축(x축)

1) $\lambda = b/t_f = \{50 - 2(4+4)\}/4 = 8.5$

2) $_f\lambda_p = 0.38\sqrt{E/F_y} = 0.38\sqrt{206,000/235} = 11.25$

3) $_f\lambda_r = 0.83\sqrt{E/F_y} = 0.83\sqrt{206,000/235} = 24.57$

4) $M_{nx} = M_{px} = F_y Z_x = 235\times 42.5\times 10^3\times 10^{-6} = 9.99\,kN\cdot m$

4. 국부좌굴강도 – 플랜지 – 약축(y축)

1) $M_{ny} = M_{py} = F_y Z_y = 235\times 16.3\times 10^3\times 10^{-6} = 3.83\,kN\cdot m > 1.5M_y$

$\therefore M_{ny} = 1.5M_y = 3.29\,kN\cdot m$

5. 국부좌굴강도 – 웨브 – 강축(x축)

1) $_w\lambda = h/t_w = \{125 - 2(4+4)\}/4 = 27.3$

2) $_w\lambda_p = 3.76\sqrt{E/F_y} = 3.76\sqrt{206,000/235} = 111.3$

3) $_w\lambda_r = 5.70\sqrt{E/F_y} = 5.70\sqrt{206,000/235} = 168.8$

1), 2), 3) → , $_w\lambda < {_w\lambda_p}$ ∴ 콤팩트단면

4) $M_{nx} = M_{px} = 9.99 kN \cdot m$

6. 국부좌굴강도 – 웨브 – 약축(y축)

1) $M_{ny} = M_{py} = 3.83 kN \cdot m > 1.5 M_y = 1.5 S_y F_y = 3.29 kN \cdot m$

∴ $M_{ny} = 3.29 kN \cdot m$

7. 1~6 종합

1) 강축 : $\phi_b M_{nx} = 0.9 \times 7.95 = 7.2 kN \cdot m$

2) 약축 : $\phi_b M_{ny} = 0.9 \times 3.29 = 2.96 kN \cdot m$

IV. 2축 휨에 관한 상관식 검토

$$\frac{M_{ux}}{\phi_b M_{nx}} + \frac{M_{uy}}{\phi_b M_{ny}} = \frac{3.76}{7.2} + \frac{1.26}{2.96} = 0.95 < 1.0$$

∴ OK

V. 설계전단강도($\phi_v V_n$) 산정($\phi_v = 0.9$)

1. $h/t_w = \{125 - 2(4+4)\}/4 = 27.3 < 2.45\sqrt{E/F_y}$

2. $2.45\sqrt{E/F_y} = 2.45 \times \sqrt{206,000/235} = 72.5$

3. $\phi_v V_n = \phi_v (0.6 F_y) A_w = \phi_v 0.6 F_y dt_w = 0.9 \times 0.6 \times 235 \times 125 \times 4 \times 10^{-3} = 63.45 kN$

4. $\phi_v V_n = 63.45 kN > V_u = 3.76 kN$

VI. 처짐검토(구조설계자가 제한값을 설정함)

1. 활하중에 대한 검토

$$\delta_{Lx} = \frac{5 W_{Lx} L^3}{384 E_s I_x} = \frac{5 \times (0.8 \times 10^3) \times 4 \times 4,000^3}{384 \times 206,000 \times 217 \times 10^4} = 5.91 mm$$

$$\delta_{Ly} = \frac{W_L L^3}{185 E_s I_y} = \frac{0.8 \times (8.44/8) \times (2.7/8.44) \times 4 \times 10^3 \times 4,000^3}{185 \times 206,000 \times 30.9 \times 10^4} = 5.87 mm$$

$$\delta_L = \sqrt{\delta_{Lx}^2 + \delta_{Ly}^2} = \sqrt{5.91^2 + 5.87^2} = 8.33 mm < L/250 = 4,000/250 = 16 mm$$

∴ OK

> 논술 문제 1)

철근콘크리트 – 전단보강된 보의 거동

I. 개요
1. 경제적 설계를 위해서 휨파괴 이전에 전단파괴에 의해 부재 강도를 제한적으로 사용하기보다는 부재 자체의 전체 휨저항능력을 모두 발휘할 수 있도록 설계해야 한다.
2. 부재에 과하중이 작용할 경우, 전단파괴와 같이 순간적이며 폭발적인 형태로 파괴되지 않아야 하며, 충분한 연성을 갖고 점진적으로 파괴되는 형태(휨파괴)여야 한다.
3. 전단보강 되지 않은 보의 강도는 사인장균열에 의해 휨인장강도 이하로 떨어지므로, 보의 휨인장 지지능력을 발휘하게 하기 위해서는 보의 복부를 보강하는 것이 바람직하다.

II. 전단 보강근의 종류
1. 수직스터럽. 즉, 부재 축에 수직한 스터럽
2. 부재 축에 수직하게 배근된 용접철망 : 얇은 복부를 갖는 보, PSC보, 무근콘크리트
3. 주 인장철근에 45° 이상의 각도로 배근된 스터럽
4. 주 인장철근에 30° 이상의 각도로 구부러진 굽힘철근
5. 스터럽과 굽힘철근의 조합
6. 나선철근

III. 전단보강근의 역할
1. 사인장 균열 발생 전
   전단보강근은 사인장 균열이 발생하기 전에는 콘크리트와 동일하게 거동되므로 보강효과가 현저히 나타나지 않으며, 사인장 균열을 억제하는 데도 효율적이 아니다.
2. 사인장 균열 발생 후
   1) 전단균열을 지나는 보강철근이 인장 저항 성능으로 전단 저항을 증진시킴
   2) 균열 진행을 억제하여 비균열 콘크리트 단면의 전단 저항 성능을 향상시킴
   3) 균열 폭을 억제하여 골재의 맞물림 전단 저항 성능 향상시킴
   4) 인장철근을 수직으로 지지하여 장부작용에 의한 전단 저항 성능을 향상시킴
   5) 외부 계수 전단력 V_u의 일부를 지지함
   6) 폐쇄형일 경우, 압축측 콘크리트에 어느 정도 횡구속을 부여함

IV. 전단 보강된 보의 사인장 균열 후 거동

1. $V = V_c + V_{ay} + V_d + V_s$
 ; 전단보강되지 않은 보에서의 힘의 분포에 스터럽이 지지하는 전단력 V_s가 추가된 형태
2. $V = nA_v f_v$ (n : 균열을 가로지르는 스터럽의 수 = P/S)
    1) P : 균열의 수평투영 길이
    2) S : 스터럽 간격
    3) A_v : 스터럽 단면적
    4) f_y : 스터럽 인장응력

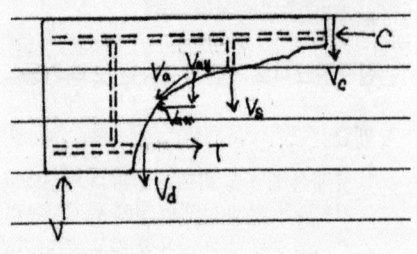

V. 전단보강된 보의 전단 내력 분포

1. 사인장 균열이 발생하기 전까지는 V_s는 전단력 지지에 아무런 기여도 하지 않는다.
2. 사인장 균열 발생 후, V_c, V_{ay}, V_d의 합력 ($V_c + V_{ay} + V_d$)은 거의 일정하게 유지되나, V_s는 외부 전단력 증가에 선형으로 대응하여 저항 성능을 발휘한다.
3. 스터럽 항복 후, 장부작용에 의한 전단력 V_d와 골재맞물림 작용에 의한 전단력 V_{ay}가 급격히 감소함에 따라 콘크리트가 부담해야 하는 전단력의 몫이 커져 전단파괴가 일어나는 양상을 보인다.

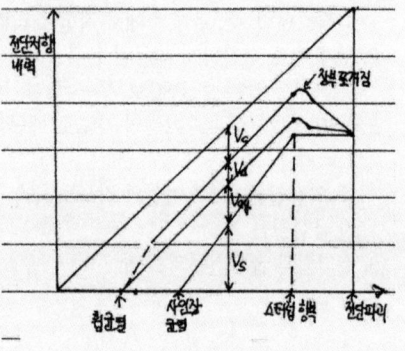

VI. 전단보강근(스터럽)의 전단강도 V_s

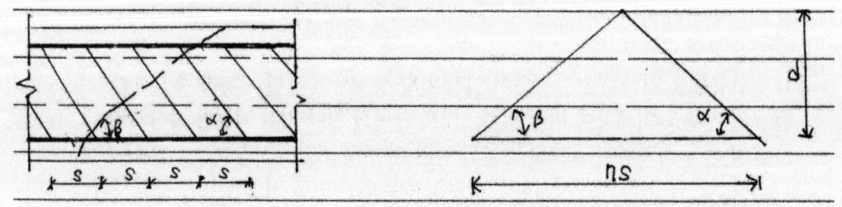

1. $V_u > \phi V_c$ 이면 전단보강근(ϕV_s) 필요
2. 전단보강근이 부담해야 하는 전단력 ; $\phi V_n = \phi V_c + \phi V_s \geq V_u$
   $\therefore V_s \geq \dfrac{V_u}{\phi} - V_c$ (V_d, V_{ay}가 V_c에 포함되어 있다)
3. 전단보강근의 전단강도 V_s
   1) α : 전단보강근의 경사각, β : 균열의 경사각, s : 전단보강근 배근 간격, n : 균열을 가로지르는 스터럽 수
   2) $ns = d(\cot\alpha + \cot\beta)$
      n개의 스터럽이 발휘하는 내력은 $nA_v f_y$이나, 스터럽이 α만큼 경사져 있고, 스터럽의 수직성분이 외부전단력과 평형을 이루므로,

      $$V_s = nA_v f_y \sin\alpha = A_v f_y \dfrac{d}{s} \sin\alpha (\cot\alpha + \cot\beta)$$

      여기서 d/s는 45° 균열에 걸친 수직 스터럽의 수
   3) $\beta = 45°$이면, $V_s = A_v f_y \dfrac{d}{s} \sin\alpha \left(\dfrac{\cos\alpha}{\sin\alpha} + 1\right) = A_v f_y \dfrac{d}{s} \sin\alpha \left(\dfrac{\cos\alpha + \sin\alpha}{\sin\alpha}\right)$

      $$\therefore V_s = A_v f_y \dfrac{d}{s}(\sin\alpha + \cos\alpha)$$

   4) 수직스터럽의 경우, $\alpha = 90°$

      $$V_s = A_v f_y \dfrac{d}{s}$$

   5) 어떠한 경우에도 V_s는 $2/3\sqrt{f_{ck}}b_w d$를 초과하지 않도록 규정하고 있다.
      ($V_s \leq 2/3\sqrt{f_{ck}}b_w d$)

CHAPTER 02 건축기계설비기술사

건축기계설비기술사 기본정보

1 건축기계설비기술사 소개

① **개요** : 위생설비, 냉난방설비, 환기설비, 공기조화설비, 방재설비 및 기타설비의 계획 및 설계에서 시공, 관리에 이르는 전 과정에 관한 공학적 지식과 기술, 그리고 풍부한 실무경험을 갖춘 전문 인력의 양성을 위해 제정

② **연혁** : 건축기술사(건축기계설비)(1983년 신설) → 건축기계설비기술사(1991년 변경)

③ **진로** : 일반건설회사와 전문건설회사, 감리전문회사에 취업할 수 있으며, 그밖에 주택건설회사, 건축설계회사, 엔지니어링회사, 기술사사무소, 안전진단전문기관, 건설품질검사 전문기관, 측량회사, 유지관리회사, 건설교육기관 등에 취업 가능

④ **전망** : 건설 및 부동산 경기가 회복되고 있으며, 건축물 규모의 대형화에 따른 자격취득자의 인력수요 증가 예상

⑤ 시험정보
- 관련학과 : 기계공학, 건축공학, 건축설비공학 등
- 시험과목 : 건축기계설비 관련 기초공학이론 및 시공, 설계, 계획, 유지관리, 감리 등 전반적인 건축기계설비에 관한 사항
- 시험시기 : 3회/1년

⑥ 응시/합격자 현황

연도	필기			실기		
	응시	합격	합격률(%)	응시	합격	합격률(%)
2016	324	17	5.2%	34	20	58.8%
2015	379	31	8.2%	65	31	47.7%
2014	440	32	7.3%	69	34	49.3%
2013	433	27	6.2%	60	24	40.0%
2012	546	38	7.0%	92	40	43.5%
2011	560	41	7.3%	94	44	46.8%
~2010	12,173	1,087	8.9%	1,804	1,071	59.4%
소 계	14,855	1,273	8.6%	2,218	1,264	57.0%

② 과목의 구성

① **기초 공학이론** : 열역학, 열전달, 유체역학 등 기본적 공학이론
② **기초 건축설비이론 및 원리**
- 건축물에 설치된 기계설비 시설물의 개괄적 현황 및 원리 등 이해
- 오수처리, 가스설비, 소화설비, 냉동설비 등 관련 시설 이해
③ **위생설비(급수/급탕, 배수/통기)** : 각 부분별 종류, 원리, 용량, 설계, 시공, 유지관리 등 관련 사항

④ 냉방 및 난방설비 : 각 부분별 종류, 원리, 용량, 제어, 설계, 시공, 유지관리 등 관련 사항

⑤ 공기조화설비 : 각 부분별 종류, 원리, 용량, 제어, 설계, 시공, 유지관리 등 관련 사항

⑥ 기계설비
- 펌프, 송풍기, 보일러, 냉동기 등의 기계류 및 배관, 밸브, 덕트 등 연계 설비에 대한 종류, 원리, 용량, 제어, 설계, 시공, 유지관리 등 관련 사항

⑦ 특성에 따른 설비
- 일반목적 : 주택, 아파트, 오피스 등
- 특정목적 : 수영장, 극장, 병원, 백화점, 호텔, 박물관, 전시장 등
- 형태특징 : 초고층, 대공간 등
- 특수목적 : 냉장창고, 전산실, 항온항습실, 크린룸, 생산시설 등

⑧ 관련법규/고시
- 녹색건축물 조성 지원법
- 건축물의 에너지절약 설계기준(국토교통부 고시)
- 기존 건축물의 에너지성능 개선기준(국토교통부 고시)
- 건축물의 냉방설비에 대한 설치 및 설계기준(산업통상자원부 고시)
- 건축물 에너지효율등급 인증 및 제로에너지건축물 인증 기준(산업통상자원부 고시)
- 건축물 에너지효율등급 인증 및 제로에너지건축물 인증에 관한 규칙(국토교통부령)
- 건축기계설비공사 표준시방서(국토교통부 공고) 등

⑨ 시사자료
- 대한설비공학회(http://www.sarek.or.kr)
- 한국설비기술협회(http://www.karse.or.kr)

- 대한기계설비건설협회(http://www.kmcca.or.kr/)
- 건축도시연구정보센터(http://www.auric.or.kr/) 등

⑩ 최근이슈
- 병원 내 감염방지를 위한 건축설비적 고려사항
- 미세먼지 관련 건축설비적 고려사항
- 지진에 따른 건축설비적 고려사항
- 에너지 절약 관련 고려사항(절약설비, 건물관리, 폐열, 미사용열 등) 등

건축기계설비기술사 합격자 인터뷰

Q1. 간단한 본인 소개를 부탁드립니다.

현재 OO공사에 근무하고 있는 OOO 과장입니다. 2013년에 건축기계설비기술사를 취득했고, 경력은 약 10년입니다.

Q2. 기술사 시험은 얼마 동안 준비하셨나요?

관심을 갖기 시작하고 최종합격통지를 받기까지 약 3년 6개월의 시간이 소요되었습니다. 각 시점을 표로 요약하자면 아래와 같습니다.

구분		기간 및 내용
관심기	2010.02	기술사란 자격증이 있으며, 기술사 분들이 회사 일도 책임감 있게 잘하시는 것을 보고, "나도 언젠가는 도전해야지."하고 막연히 생각
	2010.04	건축설비기사 합격
	2010.12	소방설비기사(기계분야) 합격
결정기	2011.04	우연히 회사 선배님의 짧은 기술사 수기와 자료 입수
실행기	2011.08	기술사 공부 결정 후 A학원 등록
	2012.01	A학원 중단 및 독학 시작(학원 강의교재/필기)
	2012.02	첫 번째 시험(96회)
	2012.05	두 번째 시험(97회)
	2012.08	세 번째 시험(98회)

실행기	2012.11	독학 중 B학원 등록
	2013.01	B학원 종강
	2013.02	네 번째 시험(99회)
완성기	2013.04	필기시험 합격통보
	2013.05	첫 번째 면접시험(99회) 불합격
	2013.08	두 번째 면접시험(100회) 합격

Q3 기술사 자격증 취득을 준비해야겠다고 생각한 계기가 있으신가요?

사실 처음에는 기술사 및 시험에 대하여 잘 몰랐습니다. 단지 대학시절 유체역학 교수님께서 면접관으로 들어가셨던 분야의 최연소 기술사 합격자를 소개해 주셔서, 그 합격자 분의 특강을 1시간 들은 경험이 있습니다. 강의를 듣고 나서도 그 당시에는 "그런가 보다" 했고, 기술사가 뭐하는 사람인지, 어떻게 되는지도 잘 몰랐고 관심도 없었습니다.

또한 기계공학 전공이다 보니, 취직 후 생소한 건축 분야의 업무 기본지식을 쌓는다는 의미에서 건축설비 분야를 공부하여 기사 자격증을 취득하였습니다. 건축설비기사를 취득하고 나니, 주변에서 소방기사도 있어야 한다기에 연이어 소방기사(기계)를 취득하였고, 다음으로 소방기사(전기), 안전기사 등 업무 관련 분야의 기사를 하나씩 마스터해야겠다고 생각하고 있었습니다.

이런 상황에 건축을 전공한 회사 동기의 "기사 10개 있어도 기술사 1개만 못하다"는 충고를 듣고 "기술사를 하긴 해야 되나 보다"라고 생각하던 중, 회사업무 과정에서 기술사를 취득하신 분들의 업무 추진력이나 스타일을 보면서, 그분들을 회사생활의 롤모델로 삼고 싶어졌습니다.

사실 처음엔 기술사인지도 몰랐다가, 나중에 프로필을 보고 기술사이신 분들이 많다는 것을 알게 되었고, 그런 분들을 몇 번씩 뵙다 보니 "해야 하나?"에서 "해야겠다!"로 바뀌게 되었습니다. 또한 사내의 많은 선배 기술사 분들이 아낌없는 충고를 해주셨습니다. "하루라도 젊었을 때 도전해라", "기회가 되면(준비에 관계없이) 무조건 시험을 봐라"라는 말씀과 "왜 해야 되는지"에 대하여 적극적으로 설명해 주셨습니다. 이 때문에 "공부를 시작하겠다."는 결정을 내리기가 쉬웠고, 바로 행동으로 옮길 수 있었습니다.

Q4 시험공부는 주로 어디서, 어떤 시간에 하셨나요?

공부환경은 공부의 질을 결정하는 중요한 요소입니다. 여름에는 시원하고, 겨울에는 따뜻하고, 항시 적절한 조명과 적절한 환기 그리고 조용한 환경을 제공해 주는 곳이면 어디든 좋을 것 같습니다. 저 같은 경우는 집 근처 공공도서관을 이용했습니다. 집에서 하면 항상 문제점이 '스스로에게 속는다'는 것입니다. 오늘은 도서관에 가지 말고 집에서 짧고 굵게 공부를 해야겠다고 마음먹지만, 공부를 하려고 하면 컴퓨터를 켜고 싶고, TV를 보고 싶고, 배가 고프고, 졸리고……. "내가 주중에 회사에서 얼마나 시달렸는데 주말에는 좀 쉬어야지" 하면서 스스로의 최면에 걸려들어 사전 계획된 공부 분량을 소화하기가 쉽지 않습니다.

그래서 저는 주말에 도서관에 가는 것을 "원칙"으로 정했습니다. 비가와도 갔고, 일이 있어 오전만 하고 오는 경우가 있더라도 무조건 도서관을 갔습니다.

개인적으로 사설독서실보다는 공공도서관을 추천해드립니다. 사설독서실은 너무 어둡고, 돈이 들고, 유혹도 많습니다. 반면 공공도서관은 조금 시끄럽고 산만하고 일찍 자리를 맡으러 가야 하는 부담은 있으나, 그만큼 일찍 공부를 할 수 있으며 초등학생부터 어르신들까지 공부하는 모습을 보면 '내가 자고 있을 때도 이렇게 많은 사람들이 공부를 열심히 하고 있구나'하는 자극이 되기 때문입니다.

기본기가 어느 정도 갖춰지면 도서관 가기가 피곤해도 막상 도서관에 가면 공부를 하게 됩니다. 그렇기 때문에 자신에게 속지 말고 무조건 집을 나와 도서관으로 가는 것을 추천합니다.

시간은 평일(오전, 저녁) 그리고 주말(오전, 오후, 저녁)로 구분해 활용했습니다. 평일 오전은 다른 사람보다 조금 일찍 출근해 전날 저녁 또는 주말에 공부한 사항을 복습했습니다. 자료의 제목을 보고 전체를 한 번 스캔한 후, 머릿속으로 어떤 내용이 있었는지를 그려보고, 확인 후 다음으로 넘어가는 방식으로 공부를 했습니다.

평일 저녁에는 약속과 회식 등을 자제해 시간을 확보했고, 공부의 관성이 없어지지 않도록 했습니다. 주말에 아무리 열심히 공부를 해도 주중에 공부를 하지 않으면, 수요일쯤 되면 주말에 공부했던 내용이 가물가물해집니다. 그러면 또 다시 공부를 해도 항상 그 자리를 맴돌 수밖에 없습니다. 이에 주중 공부의 메인 타임인 저녁에는 복습 위주로 공부를 했고, 학원을 다니면서 시간이 남으면 진도를 나갔습니다.

주말 및 휴일은 아주 중요합니다. 충분한 시간을 갖고 안정적으로 공부를 할 수 있기 때문입니다. 주중에 복습과 암기에 초점을 뒀다면, 주말은 새로운 것을 익히고, 정리하는 데 대부분의 시간을 할애했습니다. 따라서 공부를 하겠다는 굳은 결심을 하셨다면, 주말 및 휴일엔 반드시 공부를 하셔야 합니다. 또한 주말을 온전하게 활용하기 위해서는, 전날 무리하지 말고 일찍 잠자리에 들어야 합니다.

주말 오전은 머리가 가장 맑은 시간이기 때문에 진도 위주의 공부를 했습니다. 학원에서 배운 내용이나 내가 수집한 자료를 정리해 외우고 정답을 만들었습니다. 반면 오후는 나른해지는 시간대이므로 답안지 작성 연습(자체 모의 테스트)을 통해 집중도를 높였으며, 저녁에는 오전, 오후에 모자랐던 부분을 채우고, 그날 배운 것을 한 번 정리하는 시간을 가졌습니다.

> 건축기계설비기술사 시험을 준비하는 데 사용한 참고도서나 자료는 어떤 것들이 있나요?
> **Q5**

- 주교재
  - 최일경 건축설비기술학원 필기 및 건축기계설비기술사 정교재(5권)
  - 종로기술사학원 건축기계설비기술사 정교재(2권)
- 참고서적 및 자료
  - HVAC중견기술자를위한최신냉동·공기조화기술(대한설비공학회 교육위원회, 2011)
  - 건축기계설비(권영필, 2011)
  - 건축설비기사 이론/문제(조성안)
  - 설비저널(대한설비공학회)
  - 설비공학논문집(대한설비공학회)
  - 설비·공조냉동위생(한국설비기술협회)
  - 그린빌딩(한국그린빌딩협회)
  - 기술사 기출문제(Q-net)
  - 기술사합격핵심비법서(최춘배, 2008)
- 참고사이트

웹사이트	명 칭
www.auric.or.kr	건축도시연구정보센터
www.sarek.or.kr	대한설비공학회
www.phiko.kr	한국패시브건설협회
www.karse.or.kr	한국설비기술협회
www.kmcca.or.kr/announce/announce5.asp	대한설비건설협회
www.kdhc.co.kr	한국지역난방공사
blog.daum.net/josajeon/11272367	화력지원 최재선
tech114.kr/188365374	무위자연 진병윤
www.cnews.co.kr/uhtml/index.jsp	건설경제

Q6 건축기계설비기술사 시험 관련 자료는 어디서 구할 수 있나요?

학원자료, 문제집, 인터넷 검색 등을 통해 의지만 있다면 충분히 구할 수 있습니다.

Q7 건축기계설비기술사 시험을 다른 종목 시험과 비교할 때 가장 큰 특징이나 차이점은 무엇인가요?

첫번째로 기술사 분류상 건축 분야의 시험이지만 유체역학, 열역학, 열전달 등 기초역학에 대한 지식을 갖추어야 합니다. 이에 응시생 중 상당수가 기계공학 관련 학과를 전공한 것으로 알고 있습니다.

둘째로 건축기계설비기술사 시험의 경우 계획, 설계, 시공 등의 큰 틀 외에도 유지관리 관련(예를 들어, "OO이 발생했을 경우 원인 및 대책"을 설명) 내용도 있어 시험의 출제범위가 매우 방대하다고 할 수 있습니다.

마지막으로는 건축/토목시공 또는 건축사 대비 전문성이 높아 상대적으로 응시인원이 적고 그 때문에 학원, 교재, 커뮤니티 등이 조금 부족한 실정입니다.

Q8 건축기계설비기술사 자격 보유자에 대한 처우는 어떤가요?

제가 근무하는 회사는 자격 수당으로 14만 원/월이 지급되며(대기업의 경우 50만 원/월), 진급 시 일정점수의 추가 가점이 있습니다. 또한 전문기술인력으로 분류되어 회사 내/외부의 심사위원 및 자문위원 등의 활동을 공식적으로 할 수 있습니다.

Q9 한국산업인력공단 홈페이지에서 소개하고 있는 건축기계설비기술사 자격의 현황과 전망 중 보완 설명하고 싶은 사항이 있으신가요?

문구의 내용을 보완하여, 아래와 같이 바꾸면 좋을 것 같습니다.
- 종합건설사와 전문건설사, 감리전문회사에 취업할 수 있으며, 그밖에 설계사, 엔지니어링회사, 기술사사무소, 안전진단전문기관, 건설품질검사 전문기관, 유지관리회사, 건설교육기관 등으로 진출할 수 있다.
- 정부의 건설 및 부동산 경기 활성화 정책에 따른 건축물 규모의 대형화 및 특수화, 기후변화 및 에너지 절감에 대한 시대적 요구, 안전하고 쾌적한 환경에 대한 사회적 요구 등이 커짐에 따라 기계설비 효율화와 신·재생에너지의 활용이 증가하고 있어 건축설비기술사 자격 취득자에 대한 인력 수요는 증가할 것이다.

> **Q10** 개인적으로 기술사 취득 후 어떤 점이 달라졌나요?

• 자기만족 및 자기개발

기술사 자격증이 없어도 회사생활을 하는 데 지장은 없습니다. 자격증이 없다고 당장 회사에서 잘리는 것도 아니고, 자격증이 있다고 하루아침에 신분이 변하지도 않습니다.

하지만 기술사 준비과정을 통해 얻게 되는 성취감은 본인 외에는 아무나 느낄 수 없는, 그리고 그 무엇과도 비교할 수 없는 쾌감과 만족감입니다. 또한 이를 통해 좀 더 새로운 것을 하고 싶고, 더 큰 성취를 얻고 싶고, 다음 단계로 도약하고 싶은 강렬한 욕구가 생길 것입니다.

어떤 분들은 기술사 자격이 단순하게 "과시용"이며, 취득한 사람은 "회사에서 일은 안 하고 딴 짓하는 사람"이라고 말씀하시는 분도 있습니다. 물론 완전히 틀린 말은 아닐 수도 있습니다. 온 힘을 다해 얻은 결과이기 때문에 과시하고 싶을 수도 있고, 일정 수준의 공부를 한 사람에게만 허락되기 때문에 잘 모르는 분들은 공부의 과정을 "딴 짓"한다고 생각할 수도 있습니다.

이런 말을 하는 사람들은 대부분 기술사가 없는 사람들인데, 저는 '그분들이 기술사에 도전해 보셨으면 좋겠다'는 생각을 자주했습니다. 그러면 얼마나 힘든지, 또 얼마나 많은 노력이 필요한지, 그리고 정말 "딴 짓"인지를 알게 될 것이고, 다른 사람보다 더 큰 희열을 느낄 것이기 때문입니다.

• 전문가적 인식

기술사를 취득하고 주변에서 해 주셨던 말씀 중 기억에 가장 많이 남는 것은 '전문가'라는 단어입니다. 비록 업계 경력도 많이 부족하고 경험도 없지만 기술사 취득을 계기로 주변 분들이 저를 전문가로 인식해 주신다는 것에 너무나 기뻤습니다.

이와 같이 기술사를 취득한다는 것은 당신이 그 분야의 이론과 실무를 겸비한 전문가로 상사 및 동료가 인정하는 사람이 된다는 것입니다. 기술적 업무를 할 때 평소에는 나에게 묻지 않았던 것들을 "기술사가 보기에는 어때?"라며 주변에서 도움을 청한다는 것은 당신을 업무 동료를 넘어 기술적 전문가로 인식하고 있다는 것이며, 그 빈도가 점점 높아질 것입니다.

물론 근무기간과 업계의 평판을 통해 전문가적 자질을 드러낼 수도 있겠지만, 기술사 취득은 그 기간을 단축시키고 한 개인을 명확하게 객관화시켜 줄 수 있는 기준임이 분명합니다.

- 기술력 확보

"가짜 박사는 있어도, 가짜 기술사는 없다"는 말이 있습니다. 이 말은 박사학위 취득자를 낮게 보기 위함이 아니라 기술사 선발의 보편성과 신뢰성을 강조하는 말입니다.

모든 학문 분야에서 박사를 배출하지만, 기술사는 관련법에 의해 그 분야(과목)가 지정되어 있습니다. 또한 필기시험과 구술시험을 기반으로 하여, 수험자의 이론적 지식과 전문성 그리고 전반적 수행능력 등을 다각도에서 평가하게 됩니다.

따라서 기술사 자격은 이론을 바탕으로 한 실무능력이 있는 최고기술자를 의미합니다. 기술사는 분야별 전문성을 기반으로 문제파악 및 해결책을 제시할 수 있습니다. 즉, 기술사의 말은 시공/설계 또는 심의의 판단근거가 될 수 있다는 이야기입니다. 이 때문에 많은 기관에서 심의위원을 위촉할 때 보통 그 기본자격을 '박사' 또는 '기술사'로 한정하고 있습니다.

기술사를 준비하는 과정은 그간 습관적으로 해오던 단순 업무를 뛰어넘어 그 업무에 대한 기술 및 기준을 이해하고, 업계 전반에 대한 고찰을 통해 더 넓은 시야를 갖도록 도움을 줍니다.

일본은 우리와 같이 기술사(技術士), 영국은 CEng(Chartered Engineer), 미국은 PE(Professional Engineer) 등 세계 여러 나라가 기술사 제도를 통해 전문기술 인력을 확보하고 있다고 보시면 됩니다.

• 경쟁력 확보

기술사는 그 분야의 전문성과 기술력을 갖고 있는 사람입니다. 그렇기 때문에 자격이 있는 것만으로도 개인에게는 큰 경쟁력이 됩니다. 일반건설사의 경우 설계 및 현장관리의 법적 기준을 충족하기 위해 기술사를 우대하고 있으며, 인사평가 시 가점도 부여합니다.

또한 기술기준이 필요한 업무에는 자신의 목소리를 낼 수가 있으며 필요 시 그런 업무 배치를 정당하게 요구할 수도 있습니다. 최상위 고급인력을 외부인으로 사용하면 금액이 얼마이며, 적재적소에 배치하지 못해 회사 발전의 기회를 저해한다면 그만큼 안타까운 손실이 어디 있겠습니까?

설계 분야의 경우 주로 대표기술사 명의로 도서가 작성되는데, 사실 그 중간 단계에는 많은 보조 인력의 도움이 필요합니다. 이렇듯 도움을 주던 사람 중 한 사람이 기술사 자격을 얻는다면 도움을 주는 사람에서 설계 협의과정의 참여자가 될 수 있을 것이고, 더 나아가 본인의 창조적 생각을 설계에 반영할 수 있을 것입니다. 자재 분야의 경우도 마찬가지입니다. 자재의 연구/설계 분야뿐만 아니라 기술영업을 담당하는 사람이 기술사 자격이 있다고 하면, 그 제품에 대한 신뢰도 및 호감도는 급상승할 것이며 매출 증대에 큰 영향을 미칠 것입니다.

• 금전적 이익

기업에서는 '기술 수당' 또는 '자격 수당'이라고 해서 기술업무에 대한 추가적 임금을 지급하고 있습니다. 기술사는 이 자격 수당의 끝판왕으로 (통상 박사는 직위나 직급으로 우대를 하지만 수당으로 우대를 하는 경우) '박사'와 동급의 금액을 받게 됩니다.

일반기업의 경우 매월 30~50만 원의 자격 수당이 지급됩니다. 예를 들어, 40세에 기술사를 취득하고 10년을 근무한다고 가정했을 때 '10년×12개월×30만 원/월'해서 총 3,600만 원의 월급을 더 받게 되는 셈입니다.

어떻게 보면 이 금액은 연봉을 한 번 더 받는 것과 같거나, 대형세단을 한 대 제공받는 금액입니다. 여기에, 회사에 따라 다르겠지만 상위 직급으로 올라갈수록 외부 자문위원이나 심의위원으로 위촉되는 기회가 많아지고 그로 인해 발생하는 자문료까지 포함하면 그 금액은 더욱 커질 것입니다.

> **Q11** 끝으로 건축기계설비기술사 시험을 준비하는 분들께 한 말씀 부탁드립니다.

우선 '훌륭한 결정'을 하셨다고 말씀드리고 싶습니다. 기술사 공부에 관심이 있으시거나, 이제 막 공부를 시작하셨거나, 준비의 과정에 있는 모든 분들께 좋은 결과가 있으시기를 기대하겠습니다.

기술사도 하나의 자격증입니다. 합격을 하기 위해선 문제를 풀어야 하고, 문제를 풀기 위해서는 공부를 해야 하는 시험입니다. 지금까지 많은 시험을 봐오셨고, 자격증도 취득하셨을 겁니다. 그것처럼 기술사 공부도 기본이론을 바탕으로 영역을 넓혀 가는 공부를 한 단계씩 하시면 됩니다. 각 분야별 이론을 이해하고, 내용을 숙지하고, 답안지 작성 연습을 한다면 조금씩 좋은 점수를 얻을 수 있습니다.

많은 분들의 말씀처럼 기술사 공부는 '끝까지 하겠다'란 마음만 있으면 합격할 수 있는 시험입니다. 첫 마음 변치 마시고, 끝까지 도전하시어 합격의 영광을 누리시기 바랍니다. 지면이 한정적이라 세부적인 준비사항을 언급하지는 못했는데, 혹, 좀 더 궁금한 사항이 있으시면, '입문 건축기계설비기술사(차상우, 도서출판 좋은땅, 2014)'를 참고하시기 바랍니다. 감사합니다.

건축기계설비기술사 답안작성 예시

용어문제 1)

사무소 건물의 기준층 평면 계획 시 설비적 측면의 주요 고려사항에 대하여 설명하시오 (111회차 1교시 2번 문제).

I. 개요

사무소(오피스, Office) 건물은 가장 일반적이며, 대표적인 건축물의 형태로 효율적인 건설과 사용을 위해서는 평면 계획 시 설비적 측면의 고려가 필요하다.

II. 사무소 건물의 건축특성

1. 임대를 목적으로 건축된 경우가 많다.
2. 외벽이 커튼월(Curtain wall) 형태로 계획된 경우가 많다.
3. 사용(임대)공간 확보를 위해 운영시설을 집약하여 배치한다.
4. 기준층의 경우 공사비 및 공사기간을 고려해 최소의 요건으로만 계획한다.

III. 사무소 건물의 사용특성

1. 층의 사용 용도가 불특정하며 다양하다.
2. 층의 사용 목적에 따른 변동성이 많다.
3. 사용(상주, 내방) 인원이 불명확하다.

IV. 사무소 건물의 기준층 평면 계획 시 주요고려 사항

1. 실내변동에 따른 대응성
   1) 부서의 이동, 신설 등에 의해 내부공간의 변동이 많으므로 설치된 설비에 간섭, 파손, 유지관리 장애 등이 발생하지 않도록 배치 및 계획한다.
   2) 건축 계획 시 설치된 코어의 위치에 따라 효율적인 기기배치가 되도록 한다.
2. 층고를 고려한 설비계획
   1) 비용과 공사기간을 고려한 층고 설정에 따라 설비의 간섭여부 사전 검토
   2) 천장형 설비 계획 시 간섭 및 마감성, 시공성 등 검토
   3) 층고를 고려한 효율적이며 적합한 공조방식 등 검토 등
3. 내외장재 및 방위 등을 고려한 냉난방 계획
   1) 커튼월(Curtain wall) 형태의 강화유리 외벽마감 시 일사 부하의 효율적 대응을 위한 냉방기기 설치 및 취출구 배치
   2) 내/외주부 또는 방위별 조닝(Zoning)으로 열원 부하 대응방법 강구 등

4. 사용인원 및 편의성을 고려한 위생설비 계획
   1) 설계기준 및 사용목적 검토 후 추가적인 위생기구 등 설치 검토
   2) 탕비실, 청소실 등에 유지관리를 위한 위생설비 설치
   3) 저소음, 절수형의 연속적 사용이 가능한 위생기구 계획 등

V. 설비적 고려사항의 실천방안
  1. 프로젝트 관리자와 협의하여 설비적 고려사항에 따른 시설계획의 금액, 기간 등의 측면에서 허용가능 여부를 확인하며, 불가 시 대체방안 강구
  2. 관련 업종 간 유기적인 협의를 통해 시공성, 마감성, 기능성 등 지속적 교류
  3. BIM(Building Information Model) 등을 이용해 고려된 사항의 구체화 및 사전검토

용어문제 2)

다음의 용어에 대하여 설명하시오(111회차 1교시 5번 문제).
① TOE   ② TC   ③ BIPV   ④ 온실가스   ⑤ 송풍기 번호(NO, #)

I. TOE

석유환산톤(Ton of Oil Equivalent)의 약자로
  1. 석유 1Ton을 연소할 때 발생하는 에너지(1,000만 kcal)를 1TOE라고 정의한다.
  2. 각종 에너지의 단위를 비교하기 위하여 쓰는 가상의 단위이다.
  3. 일반적으로 석유 1Ton = 1TOE, 휘발유 1Ton = 0.8TOE, 경유 1Ton = 0.905TOE이다.

II. TC

탄소톤(Ton of Carbon)의 약자로
  1. 온실가스 중 비중이 가장 큰 이산화탄소(CO_2)의 탄소(Carbon)를 기준으로 환산한 톤(Ton)을 의미한다.
  2. 탄소의 원자량 12, 산소의 원자량 16의 경우 이산화탄소의 원자량은 44(12 + 16 × 2)이므로, 1Ton의 이산화탄소($1TCO_2$)는 $(1 \times \frac{12}{44} ≒ 0.28)$ 0.28TC가 된다.
  3. 현재 국제적으로 사용되는 온실가스 측정단위로, 에너지별 이산화탄소배출계수와 발생 열량을 곱하면 간단하게 TC를 산출 가능하다.

III. BIPV

BIPV는 Building Integrated Photovoltaic의 약자로 건물 일체형 광발전 또는 건물 외장형 광발전을 의미하며 통상 'BIPV 시스템'으로 불리운다.

1. 통상적으로 건축부자재의 기능과 전력생산을 동시에 할 수 있는 시스템을 말한다.
2. 설치 형태에 따라 건물 부착형과 건물 일체형으로 구분된다.
3. 건물 일체형의 경우 건축물 형상과 조화를 이뤄야 하고 발전량을 극대화할 수 있도록 설치지역의 방위각, 경사각을 고려해야 한다.
4. 기본적인 방수, 기밀, 채광, 단열 등의 성능과 내풍압, 방습, 열팽창 등의 이차적인 성능이 요구된다.
5. 일반적으로 창호, 커튼월, 지붕재, 벽체, 캐노피 등에 많이 적용되고 있다.
6. 국내 BIPV의 적용확대를 위해서는 품질향상, 표준 정립, 관련규정 정립, 보조금지급 등의 노력이 필요하다.

IV. 온실가스

지구온난화의 원인이 되는 대기 중 가스형태의 물질을 통칭하는 단어로 약자로는 GHGs(Greenhouse Gases)로 표기한다.

1. 6대 온실가스는 이산화탄소(CO_2), 메탄(CH_4), 아산화질소(N_2O), 수소불화탄소(HFCs), 과불화탄소(PFCs), 육불화황(SF_6)이 있다.
2. 세계기상기구(WMO)와 국제연합환경계획(UNEP)은 이산화탄소가 온난화의 주요 원인이라고 1985년 공식적으로 선언하였으며, 기후 변화에 관한 정부 간 패널(IPCC ; Intergovernmental Panel on Climate Change)에 따르면 이산화탄소가 온난화에 영향을 주는 배출가스의 70% 이상을 차지하는 것으로 보고되었다.
3. 1992년 지구온난화 방지를 위해 온실기체의 인위적 방출을 규제하기 위한 '유엔기후변화협약(UNFCCC ; United Nations Framework Convention on Climate Change)'이 채택되었으며, 1997년에 국가 간 이행 협약인 '교토의정서(Kyoto Protocol)'가 생성되어, 선진국들은 2008년부터 2012년까지 온실기체 방출량을 지난 1990년 대비 평균 5.2% 줄이기로 했다.
4. 우리나라는 교토의정서에 의한 의무적인 감축국가는 아니지만, 녹색성장의 선두국가로서 2009년에 2020년의 배출 전망치 기준 대비 30% 감축한다는 중기 감축목표를 발표했고, 감축목표 이행을 위하여 「저탄소 녹색성장기본법」이 제정되었으며, 온실가스 배출권 거래제가 2015년부터 시행 중에 있다.

V. 송풍기 번호(NO, #)

1. 사용압력에 따른 송풍기 구분
   1) 사용압력 $0.1kg/cm^2$ 이하 : 팬(Fan)
   2) 사용압력 $0.1 \sim 1kg/cm^2$: 블로워(Blower)
2. 형태에 따른 송풍기 구분
   1) 원심형 : 터보형, 익형, 방사형, 다익형, 관류형
   2) 축류형 : 프로펠러형, 튜브형, 베인형
   3) 사류형
   4) 횡류형
3. 송풍기 번호
   1) 표준규격의 경우 임펠러의 직경을 형태에 따른 해당 수로 나누어 NO. 또는 # 등으로 표기하며, 통상 'OO호'라고 부른다
   2) 원심형 송풍기 번호 = $\dfrac{임펠러\ 직경(mm)}{150}$
   3) 축류형 송풍기 번호 = = $\dfrac{임펠러\ 직경(mm)}{100}$

논술문제 1)

펌프에서 발생하는 공동현상(Cavitation)의 개념과 발생여부 판단 및 방지대책에 대하여 설명하시오(111회차 3교시 2번 문제).

I. 개요

액체와 고체벽 사이에 상대운동이 존재할 경우, 액체 내의 압력강하는 상대속도의 동압에 비례하며, 액체의 상대속도가 커서 최저 압력점의 압력이 그 액체의 온도에 대한 포화증기압 이하로 떨어지면 액체의 기화가 일어나 이것이 성장하여 공동이 발생한다. 또한 액체 속에 용해되어 있던 가스가 용출되어 공동이 발생하기도 하는데, 이와 같이 유체의 이동 속에 공동이 발생, 소멸하여 시설 및 계통에 영향을 주는 현상을 공동현상이라 한다.

II. 발생원인

1. 펌프의 흡입양정이 높거나 임펠러 입구의 원주 속도가 고속인 경우
2. 수온이 높아져 포화증기압 이하로 된 경우
3. 액체가 휘발성이라 증기압이 높은 경우

4. 배관의 구배불량으로 공기가 정체되는 경우
5. 유속이 빨라서 정압이 떨어지는 경우
6. 흡입배관 및 부속류에서 누설이 있는 경우

III. 발생영향

1. 펌프나 수차 등의 성능을 저하시킨다.
2. 심할 경우 배관 또는 임펠러의 훼손을 유발하여 운전불능 및 누수가 발생한다.
3. 계통 및 기기에 소음과 진동을 유발한다.

IV. 방지대책

1. 펌프흡입 축에 불필요한 공기의 유입을 방지한다.
2. 유체의 온도가 상승하는 것을 방지한다.
3. 휘발성 액체는 흡입압력이 양압(+압)이 되도록 흡입수위를 높인다.
4. 펌프 및 배관 내 흡입되는 유체의 유속을 낮춘다.
5. 편심 레듀서(Eccentric reducer)를 적용한다.
6. 펌프의 설치 위치를 가능한 낮게 한다.
7. 펌프의 회전수를 낮게 하여 유체가 완충되어 흡입 및 토출될 수 있도록 한다.
8. 단흡입에서 양흡입으로 변경한다.
9. 흡입관의 지름을 크게 한다.
10. 흡입측에 너무 조밀한 스트레이너를 부착하지 않도록 한다.

V. 결론

1. 흡입측 배관의 유속은 1㎧ 이하로 유지한다.
2. 가능한 흡입측 배관의 압력이 정압(+압)으로 유지되도록 펌프를 설치한다.
3. 계통 내 유체를 포화증기압 이상으로 유지한다.

CHAPTER 03 건축시공기술사

● 건축시공기술사 기본정보

① 건축시공기술사 소개

① **개요** : 건축의 계획 및 설계에서 시공, 관리에 이르는 전 과정에 관한 공학적 지식과 기술, 그리고 풍부한 실무경험을 갖춘 전문 인력의 양성을 위해 제정
② **연혁** : 건축기술사(건축시공)(1974년 신설) → 건축시공기술사(1991년 변경)
③ **진로** : 일반건설회사, 전문건설회사, 감리전문회사, 건축구조 관련 연구소 및 사업관리 전문기업 등
④ **전망** : 건설경기에 대한 정부의 정책적 지원, 다양한 건축수요를 반영하는 주택공급과 해외건설에서의 전문인력 수요의 증대로 인력수요 증가 예상
⑤ **시험정보**
- 관련학과 : 건축공학, 건축시공학 관련학과
- 시험과목 : 건축시공, 공정관리 및 적산에 관한 사항
- 시험시기 : 3회/1년

⑥ 응시/합격자 현황

연도	필기			실기		
	응시	합격	합격률(%)	응시	합격	합격률(%)
2016	2,154	224	10.4%	329	199	60.5%
2015	1,933	110	5.7%	224	136	60.7%
2014	2,254	149	6.6%	299	150	50.2%
2013	2,624	197	7.5%	376	203	54.0%
2012	3,191	194	6.1%	384	200	52.1%
2011	3,965	253	6.4%	539	272	50.5%
~2010	80,958	7,593	9.4%	10,712	7,460	69.6%
소 계	97,079	8,720	9.0%	12,863	8,620	67.0%

② 과목의 구성

① **용어설명** : 계약, 가설, 기초, 철콘, 철골, PC, 마감, 초고층공사, 총론, 공정관리 등

② **계약/가설** : 입찰제도, 가설공사의 종류 및 개발방향 등

③ **기초/토목공사** : 파일공사의 종류 및 품질관리, 흙막이 공법의 품질관리 등

④ **철근콘크리트공사** : 콘크리트 품질관리, 콘크리트의 종류, 측압 등

⑤ **PC/C.W** : PC공법 특성 및 커튼월공사 시공방법 및 하자 관련

⑥ **철골공사/초고층공사** : 철골공사 품질관리, 초고층공사 공정관리방안 등

⑦ **마감 및 기타공사** : 조적, 타일, 미장, 클린룸, 리모델링 등

⑧ **총론** : 시공계획서, 건축표준화방안, 안전사고, 건설클레임 등

⑨ **공정관리** : CM, 공사원가관리, 진도관리, 공정마찰 등

⑩ **최신이슈** : 공동주택하자판정, 지속가능공사 등

건축시공기술사 합격자 인터뷰

Q1. 간단한 본인 소개를 부탁드립니다.

현재 OO공사에 근무하고 있는 OOO(기술사님 요청에 따라 비공개)입니다. 2012년에 건축시공기술사를 취득했고, 경력은 약 6년입니다.

Q2. 기술사 시험은 얼마 동안 준비하셨나요?

98회차(2012년 11월) 건축시공기술사에 최종 합격하였습니다. 합격까지는 1년 정도 소요되었고 본격적으로 시험에 대비한 공부기간은 8개월 정도입니다.

Q3. 기술사 자격증 취득을 준비해야겠다고 생각한 계기가 있으신가요?

당시 현장공사감독 업무를 수행하면서 공사 책임자로서 품질확보 및 시공관리를 위해 시공에 대한 전문성을 높여야 한다고 생각하여 시험 준비를 하게 되었습니다.

Q4 건축시공기술사 시험을 준비하는 데 사용한 참고도서나 자료는 어떤 것들이 있나요?

시험 준비 시간을 절약하기 위해 업무상 필요한 공사시방서 및 표준상세도를 기준으로 이론정리를 하였고, 그 외에 기술참고도서로 『건축시공이야기(건설기술네트워크, 김광만 외)』 및 『건축구조 및 토질기초의 A to Z(기문당, 양지수)』, 『공사감독핸드북(한국토지주택공사)』 등을 참고했습니다.

Q5 시험공부는 주로 어디서, 어떤 시간에 하셨나요?

시험유형 파악 및 기본이론 정리를 위해 3개월 정도 주말을 이용해 학원을 다녔습니다. 시험의 기본 틀을 익힌 이후에는 주중에는 퇴근 후 도서관과 가정에서 이론과 실무내용을 정리하고, 주말(토요일 또는 일요일)에는 실제 시험을 치르듯이 준비를 했습니다. 직장인으로서 시험 준비를 하면서 가장 힘든 점이 시험 준비에 할애할 시간이 부족하다는 점입니다. 시공기술사는 현장책임자로서의 실무능력을 중점적으로 평가한다고 판단하여 가급적 현장에서 일어나는 실무내용을 유형별로 정리하고자 노력하는 등 현업을 통해 시험공부를 함께 준비하여 부족한 공부 시간을 대체할 수 있었습니다. 이는 답안 작성 시에도 큰 도움이 된 듯합니다.

Q6 건축시공기술사 시험 관련 자료는 어디서 구할 수 있나요?

학원 및 인터넷 카페, 합격한 직장 선후배의 자료를 활용하였습니다. 이는 출제유형에 따라 기본 이론 정리 시 활용하였고, 답안의 차별성을 위해 기술참고도서를 활용하여 저만의 모범 답안을 만드는 과정을 거쳤습니다.

Q7 건축시공기술사 시험을 다른 종목 시험과 비교할 때 가장 큰 특징이나 차이점은 무엇인가요?

다른 시험에 비해 실무 중심으로 답안 작성 시 좋은 점수를 받을 수 있다고 생각합니다. 시중에 판매되는 시공기술사 참고도서를 그대로 인용하면 답안의 차별성이 떨어지고 변별력이 없어 기대이하의 점수를 받는 반면, 현장에서의 경험을 근거로 답안을 작성하면 좋은 결과로 이어진다고 생각합니다.

Q8 건축시공기술사 자격 보유자에 대한 처우는 어떤가요?

기술사 취득 시 일정금액의 자격 수당을 지원하고 있으며 진급 시 가점을 부여하고 있습니다.

Q9 한국산업인력공단 홈페이지에서 소개하고 있는 건축시공기술사 자격의 현황과 전망 중 보완 설명하고 싶은 사항이 있으신가요?

한국산업인력공단에서는 경기회복에 따라 아파트 공급량을 대폭 확대할 계획이라고 명시하였으나 공공에서의 대규모 택지개발 중단으로 인해 신규 아파트 공급량 증가보다는 구도심을 중심으로 한 재개발 및 재건축이 증가할 것으로 예상됩니다. 또한 포화상태인 국내시장보다는 해외사업 진출을 위해 고급 기술 인력인 건축시공기술사의 인력수요가 증가할 것으로 판단됩니다.

Q10 개인적으로 기술사 취득 후 어떤 점이 달라졌나요?

업무 환경적으로는 기술사 취득 전에 비해 본인의 의지에 따라 업무의 범위를 넓힐 수 있는 기회가 많아졌습니다. 예를 들면, 해외파견근무 및 신설부서 조직 구성 시 기술사 자격소지자 가점 부여 등 본인의 의지에 따라 충분히 업무 분야를 넓힐 수 있는 많은 기회가 주어집니다. 실무에서는 시공기술사를 준비하면서 습득한 다양한 기술자료 및 정보로 기술적인 면에서는 나름의 자신감을 가지고 상대방에게 설명하고 이해시킬 수 있다는 점이 취득 전과 달라진 점이라고 생각합니다.

> **Q11** 끝으로 건축시공기술사 시험을 준비하는 분들께 한 말씀 부탁드립니다.

건축시공기술사를 준비하면서 제가 힘들었던 부분은 광범위한 출제범위로 시험 준비를 위해 많은 시간을 할애해야 한다는 것이었습니다. 시험을 위해 많은 시간을 할애할 수 없다면 업무와 연관 지어 시험 준비를 하는 것도 방법이라고 생각합니다. 일상적으로 작성하는 기술자료 검토서의 보고서 틀이 기술사 답안작성과 유사하여 시험에 도움이 되고, 현장에서 시방서 및 표준상세도 검토 시 주요항목은 시험답안으로 활용이 가능할 것입니다. 나아가 이러한 실무적인 내용들이 답안에 차별성을 주어 기대이상의 점수로 이어진다고 생각합니다.

처음 기술사를 준비하시는 수험생 분들께서는 시험을 준비한다는 생각보다는 내가 현장관리자로서 필요한 지식을 얻는다는 생각과 나아가 시공기술을 상대방에게 효과적으로 전달할 수 있도록 기술지식을 쌓아간다는 마음가짐으로 준비했으면 합니다. 이런 준비방법이 2차 면접 시에도 실무위주의 답변으로 좋은 점수를 받는 데 도움이 된다고 생각합니다.끝으로 기술사를 취득하면 본인의 역량을 키울 수 있는 좋은 계기가 된다고 생각합니다. 기술사 교육 및 세미나 참여로 새로운 정보를 취득하고 활동영역을 넓힐 수 있는 기회 역시 많아짐에 따라, 본인의 업무영역 확대, 한 단계 발전할 수 있는 계기가 될 것입니다.

건축시공기술사 답안작성 예시

용어 문제 1)

평판재하시험에 대해 설명하시오.

I. 정의
  1. 기초저면에서 직접 재하하여 허용지내력을 측정하는 방법으로 기초의 지지내력을 측정하는 방법이다.
  2. 온통기초나 독립기초에서 주로 실시하며 지반의 지내력을 정확히 측정할 수 있다.

II. 도해

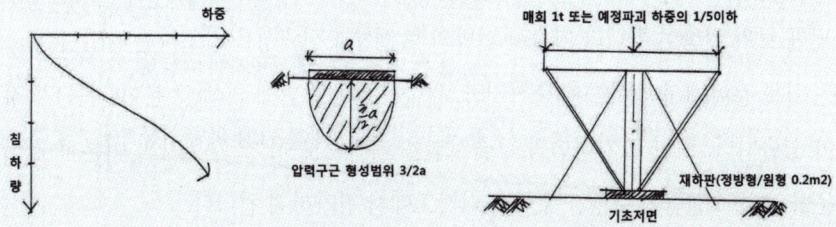

III. 시험방법
  1. 기초저면까지 굴착한다.
  2. 정방형 또는 원형의 재하판 $0.2m^2$를 설치한다.
  3. 1t 또는 예정파괴하중의 1/5 이하의 재하를 시행한다.
  4. 2시간에 0.1㎜의 침하 시 침하가 정지한 것으로 간주한다.
  5. 장기 허용 지내력은 단기 허용 지내력의 1/2로 본다.

IV. 시험 시 유의사항
  1. 매회 하중은 침하가 멎을 때까지 방치하여 침하량을 측정한다.
  2. 단기 하중의 허용 지내력은 다음 중 작은 값을 선택한다.
     ① 총 침하량이 20㎜에 도달했을 때
     ② 침하량이 20㎜ 이하라도 침하곡선이 항복상태를 보일 때

PART 04 종목별 도전전략   285

용어 문제 2)

Earth Anchor 공법에 대해 설명하시오.

I. 정의
1. 흙막이 벽 배면을 원통형으로 굴착하고 Anchor를 매설 후 주변 지반을 지지하는 공법이다.
2. 흙막이 벽의 Tie back anchor 외에도 옹벽의 수평저항용, 흙 붕괴 방지용, 교량에서의 반력용으로도 쓰인다.

II. 분류
1. 지지방식별 분류
   ① 마찰형 지지방식 : 일반적으로 널리 사용되는 방식으로 주변마찰저항에 의해 인장력에 저항하는 방식
   ② 지압형 지지방식 : Anchor체 일부 또는 전체를 크게 착공하여 수동토압저항에 의해 인장력에 저항하는 방식
   ③ 복합형 지지방식 : 수동토압저항 및 주변마찰저항의 합에 의해 인장력에 저항하는 방식
2. 용도에 의한 분류
   ① 가설용 Anchor : 흙막이 배면의 토압에 대응하기 위하여 설치하는 가설 Anchor체로서 되메우기 전 철거한다.
   ② 영구용 Anchor : 구조체의 보강용으로 사용하며 구조물의 부상방지 및 옹벽의 수평저항용으로 사용한다.

III. 시공 F/C
흙막이 설치 → 인장재 가공 & 조립 → 굴착 → 인장재 삽입 → 1차 그라우팅 → 양생 → 인장시험 → 인장정착 → 2차 그라우팅

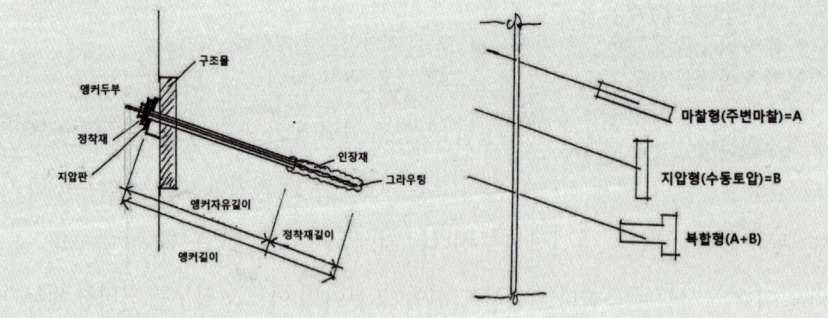

논술 문제 1)

도막방수공법에 대하여 재료의 특성, 시공방법 및 시공 시 유의사항에 대하여 기술하시오.

I. 일반사항

1. 누수가 건축물에 미치는 영향

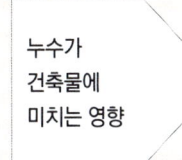
- 건축물 시공성 저하
- 마감재 손상
- 내구성 및 강도 저하
- 건축물 유지관리비 증대

2. 도막방수는 고무아스팔트 에멀젼 방수와 우레탄 방수를 바탕에 결합시켜 방수하는 공법으로 세대 내 욕실 및 옥상지붕 방수에 사용한다.

II. 재료적 특징(도막방수의 특징, 누수의 발생 메커니즘)

1. 고무 아스팔트 에멀젼 방수
   1) 방수의 신뢰성이 낮다.
   2) 내수성, 내약품성이 우수하다.
   3) 세대 내 욕실, 세탁실 드레인 주변, 벽체와 바닥 경계
2. 우레탄 도막방수
   1) 보수/시공이 용이하다.
   2) 균열에 의한 방수파단이 발생한다.
   3) 평지붕, 경사지붕, 트렌치 등

III. 시공과정

1. 시공순서 flow chart

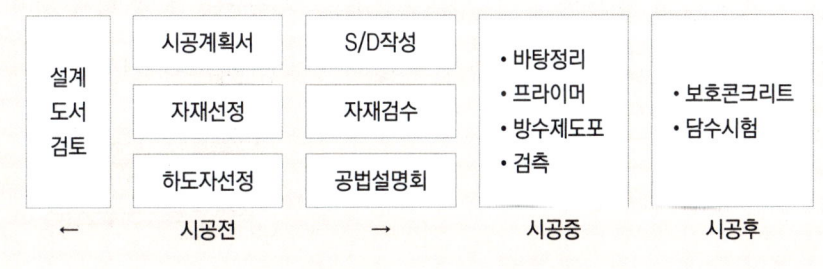

2. 시공 전
   1) 설계도서 검토를 통한 방수부위 등 검토
   2) 시공계획서상 방수층, 보호층 등 품질관리계획 작성
   3) 부위별 시공 상세 도면 작성
      - 치켜올림, 이음타설부, 파라펫주위, 드레인 주위
   4) 우수하도자 선정을 통한 품질관리
      - 해당 방수시공 능력이 3년 이상인 전문업체 선정
   5) 발주자, 시공자, 기능공 대상 공법 설명회 개최
3. 시공 중
   1) 바탕정리 철저
      - 바탕은 균열 및 불순물 완전 제거
      - 바탕 콘크리트 함수율이 6%이하 건조
   2) 프라이머 도포
      - 완전 건조후 솔,롤러 등으로 프라이머 도포
   3) 보강포 붙이기
      - 보강포 붙이기는 치켜올림부, 드레인 주변으로 시작하여 주름이 없도록 방수재나 접착제로 밀착하여 붙인다.
   4) 방수제 도포
      - 프라이머 도포후 1~3시간 경과 후 pin hole이 생기지 않게 시공
      - 1차 바름과 2차 바름은 종·횡으로 시공
      - 겹쳐서 방수시공시 직교하여 시공하며 100mm내외 겹침시공
   5) 검사 및 담수시험
4. 시공 후
   1) 보호층 시공
   2) 마감 및 유지관리

IV. 시공 시 유의사항
1. 시공 전
   1) 치켜올림부, 이음타설부, 드레인주변 상세검토
   2) 자재선정 및 검수, 저장 철저
   3) 우수하도자 선정 및 샘플시공

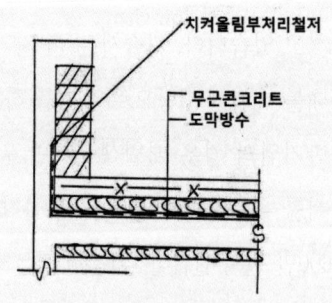

2. 시공 중
   1) 바탕 건조상태 검측을 통한 품질관리 철저
   2) 바탕면 균열, 철근 절단 노출부위 등 철저
   3) 도막방수 시공
      - 기온이 5℃이하시 시공금지
      - 겹쳐바르기, 이어바르기시 폭 100mm 내외
      - 도막방수후 들뜸, 핀홀 발생시 완벽 보수후 2차 도막 방수 실시
   4) 양생시 기온하강, 동해 피해 방지
   5) 품질관리시험 및 담수시험
      - 2개소 이상 샘플 채취(방수층 두께 등)
      - 담수시 72시간 이상유무 확인
3. 시공 후
   1) 방수층 보양 조치 철저
   2) 손상유무 검측 및 관리 철저

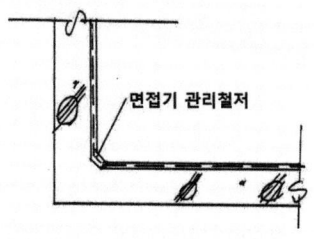

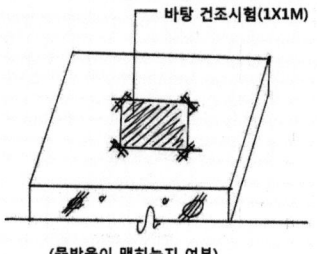

V. 누수

1. 내용 : 옥상부 노출 우레탄 방수 시공시 물 구배를 위한 몰탈 타설후 도막방수 시공 부적절에 따른 방수 하자 발생
   당초 : 콘크리트 타설 후 쇠흙손 마감
   시공 : 구배 미확보에 따른 시멘트 몰탈 구배시공
2. 교훈 : 설계도서 검토시 방수층, 방수자재등을 사전 검토 후 골조 시공시 후속공정인 방수공사에 대비하여 구배 등 적정 확보 필요

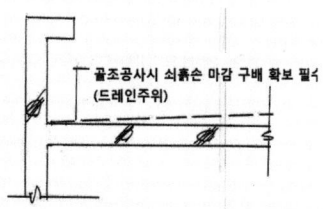

Special Tip

건축시공기술사 합격수기

처음 건축시공기술사에 대한 정보를 얻기 위해 서점에서 관련 참고도서를 찾아보니 공부할 양이 너무 방대하여 머뭇거려졌습니다.

직장의 업무강도도 있고 첫째가 태어난 지 얼마 되지 않아 공부할 시간이 부족하여 걱정이 앞섰습니다. 하지만 언젠가는 해야 하고 아이가 어릴 때 시작하는 것이 유리할 수 있다는 생각에 인터넷 카페에 합격후기를 찾아보고 시험에 합격한 선배들의 조언을 들으면서 시험 관련 자료를 모으기 시작했습니다.

시험에 대한 자세한 정보를 얻기 위해 학원을 다니기로 하고 매주 토요일마다 가방을 메고 학원으로 향했습니다. 마치 학교를 다시 다니는 듯한 기분에 나름 신선한 느낌도 있고, 오고가는 차속에서 시험에 대한 여러 가지 분석도 할 수 있어 시험에 대한 기본 틀을 잡는 시기에는 좋은 방법이라고 생각합니다.

본격적으로 시험 준비를 한 후 어느 정도 저만의 모범답안과 시험대처능력을 키웠다고 생각하여 치른 첫 시험에서 소수점 차이로 다음 시험을 또 준비해야 했습니다. 그 때 모범답안이 어떤 것인지 무엇이 부족한지를 깊이 고민하게 되었습니다. 기대보다 낮은 점수의 원인은 변별력 없는 답안 작성이었습니다. 일반적인 답안은 변별력이 떨어질 수밖에 없다고 생각하여 다른 방법을 찾기로 했습니다.

업무를 하면서 검토하는 시방서를 활용하고 현장에서 검토하는 실무내용을 답안으로 작성하면 변별력도 생기고 시간도 잘 활용할 수 있겠다는 생각에 나름대로 실무위주의 내용으로 답안을 작성하는 연습을 했습니다.

최종 합격한 시험에서는 단순 특정 공법에 대해 설명하라는 문제가 출제되었습니다. 실무에서 타 공법과 비교하여 그 공법을 사용하는 것이 타당하다는 기술검토서를 작성하듯이 일반적인 공법설명 외 추가로 타 공법과 비교하는 내용을 기술한 것이 좋은 점수로 이어진 듯합니다.

기술사를 준비하면서 힘든 과정도 있었지만, 시험을 치르고 걸어 나올 때의 열심히 살아가고 있다는 뿌듯한 느낌과 합격자 발표의 설렘은 아마도 시험을 준비한 사람만이 느낄 수 있는 소중한 추억일 것입니다.

지금 열심히 준비하시는 모든 수험생에게도 좋은 소식이 있을 것이라 믿고 저의 합격후기가 조금이나마 도움이 되었으면 좋겠습니다.

감사합니다.

CHAPTER 04 도로및공항기술사

도로및공항기술사 기본정보

① **개요** : 도로및공항 분야의 계획, 연구, 설계, 분석, 시험, 운영, 시공, 평가 또는 이에 관한 지도, 감리 등의 업무를 수행하는 데 필요한 전문적인 지식과 풍부한 실무기술을 겸비한 인력의 양성을 위해 제정

② **연혁** : 토목기술사(도로및항만)(1974년 신설) → 도로및공항기술사(1991년 변경)

③ **진로** : 시공회사, 설계회사, 관공서, 학계, 연구소 등

④ **전망** : 도로교통수요의 증가에 따른 도로의 확장 및 신설공사가 계속될 전망이며 항공은 첨단산업 발달, 시간가치의 증대, 안전수송요구 증대로 여객과 화물 모두 분담률이 계속 증가될 전망이어서 자격 취득자에 대한 인력수요는 증가할 것으로 예상

⑤ **시험정보**
- 관련학과 : 토목공학, 건축공힉, 교통학, 항공교통하 관련학과
- 시험과목 : 도로 및 교통, 도로구조물, 도로부대시설, 공항계획 및 공항부대시설, 기타 도로와 공항에 관한 사항

⑥ 응시/합격자 현황

연도	필기			실기		
	응시	합격	합격률(%)	응시	합격	합격률(%)
2016	215	28	13%	33	29	87.9%
2015	212	12	5.7%	19	13	68.4%
2014	200	13	6.5%	20	14	70.0%
2013	335	26	7.8%	32	24	75.0%
2012	456	29	6.4%	40	31	77.5%
2011	604	32	5.3%	41	29	70.7%
~2010	12,856	935	7.3%	1,228	949	77.3%
소 계	14,878	1,075	7.2%	1,413	1,089	77.1%

도로및공항기술사 합격자 인터뷰

Q1. 간단한 본인 소개를 부탁드립니다.

현재 ㈜OO공항부에 근무하고 있는 OOO입니다. 2013년 5월 제99회 도로및공항기술사에 최종 합격했으며 토목분야 도로 및 공항 경력은 약 16년입니다.

Q2. 기술사 시험은 얼마 동안 준비하셨나요?

도로설계를 시작하면서 도로및공항기술사 자격에 관심을 가지게 되었습니다. 반드시 취득해야 한다는 생각은 계속하고 있었지만, 업무가 많다는 이유로 실행하지 못하고 시간만 흘러갔습니다. 그 후 2008년부터 실제 설계업무를 시험 준비 차원에서 조금씩 정리했으며, 2010년부터 본격적으로 시험 준비를 해서 공부기간으로 하면 3~4년 정도입니다.

Q3. 기술사 자격증 취득을 준비해야겠다고 생각한 계기가 있으신가요?

대학시절에 학교선배들이 토목기사 1급을 준비하면서 이 자격이 없으면 취업이 힘들다는 얘기를 많이 했었습니다. 당시만 해도 기술사 자격에 대해서는 듣기만 했을 뿐, 눈앞의 토목기사 1급을 취득하는 것이 가장 중요한 목표였고, 다행히 대학교 4학년 때 취득하였습니다. 그 후 도로설계 업무를 하면서 부서 내 PM들의 대외업무협의, 부서 내 위상, 개인적으로는 회사 내 평가 등을 직·간접적으로 보면서 '기술사 자격이 없으면 업무적으로 많이 힘들겠구나'라고 생각했으며, 반드시 취득해야겠다고 생각했습니다.

Q4 시험공부는 주로 어디서, 어떤 시간에 하셨나요?

합격 전 3년간은 합동사무실에 파견을 나간 상황이라 평일엔 야근 후 집 근처 독서실에서 2시간 정도 책을 보았고, 주말엔 개인 업무 외에 저녁시간을 활용하여 독서실에서 공부하였습니다. 그 와중에 아이 둘이 동시에 태어나는 기쁨도 있었지만, 육아를 병행하면서 물리적인 공부시간은 줄어들었습니다. 개인적으로는 1, 2차 합격할 당시 턴키합동사무실에 소속된 상황이라 공부시간을 할애하기가 매우 힘들었습니다.

Q5 도로및공항기술사 시험을 준비하는 데 사용한 참고도서나 자료는 어떤 것들이 있나요?

기본도서는 일반적인 기본내용이 기술된 교재이면 무난하고, 국토교통부의 『도로의 구조·시설 기준에 관한 규칙』과 홈페이지에 공개되는 설계 관련 기준 및 지침, 한국도로공사의 『도로설계요령』과 설계방침자료, 그리고 지방국토관리청과 지방자치단체에서 발행하는 설계방침자료를 참고하였습니다. 학회 활동은 대한토목학회, 한국도로학회, 한국도로협회(구, 한국도로교통협회) 등에서 하였으며, 학회지는 도로 및 공항 관련 토목학회지를 많이 보았습니다.

Q6 도로및공항기술사 시험 관련 자료는 어디서 구할 수 있나요?

참고도서나 국토교통부 등 관련 홈페이지에서 공개 자료를 얻을 수 있습니다.

Q7 도로및공항기술사 시험을 다른 종목 시험과 비교할 때 가장 큰 특징이나 차이점은 무엇인가요?

도로 및 공항 분야의 최고 전문가를 선발하는 시험이니만큼 기본지식, 기준 및 관련 법령, 경험은 반드시 갖추어야 하며, 어떤 프로젝트의 책임기술자로서의 소양과 의사결정, 마음가짐이 필요하다고 봅니다.

Q8 도로및공항기술사 자격 보유자에 대한 처우는 어떤가요?

회사마다 차이가 있겠지만 표면적으로는 기술사 수당과 승진심사 시 가점이 있을 수 있고, 개인적인 활동을 통해서 유무형의 혜택을 확보할 수도 있습니다.

Q9 한국산업인력공단 홈페이지에서 소개하고 있는 도로및공항기술사 자격의 현황과 전망 중 보완 설명하고 싶은 사항이 있으신가요?

한국산업인력공단 홈페이지에서는 도로및공항기술사 수요가 많을 것이라고 했는데, 현실적으로는 엔지니어링 업계의 불황이 지속되고 있으며, 경기에 대한 체감온도는 하락된 상황이라 할 수 있습니다. 그러나 SOC사업은 당장 효과나 결과가 나타나는 것이 아니라 수요증가에 따른 시간효과가 있고, 향후 먼 미래에 남북 간 긍정적 상황이 도래하고 분위기가 무르익으면 도로및공항기술사의 수요가 더욱더 많을 것으로 생각됩니다.

Q10 개인적으로 기술사 취득 후 어떤 점이 달라졌나요?

가시적 차이점은 기술사 수당과 승진심사 시 가점의 혜택뿐만 아니라 회사와 부서 내에서의 개인적 위상이 공고해졌다는 것입니다. 공부할 때 체계적으로 정리한 내용들이 현 업무와 연계되어 기술적 발전에 기폭제 역할을 하고 있으며, 기술사라는 자긍심을 느끼며 그에 따르는 윤리적 의무와 책임에 대해 더욱 노력하게 되었습니다. 예전에는 시간에 쫓겨 가족들과 함께하는 여유가 없었지만 지금은 작은 여유가 생겼습니다.

Q11 끝으로 도로및공항기술사 시험을 준비하는 분들께 한 말씀 부탁드립니다.

쉽지 않고 준비하기도 어려운 시험임은 확실합니다. 그러나 이 자격을 취득해야겠다는 굳은 의지가 없다면 합격은 보장하기 힘들지 않을까요? 외부적인 것보다는 세상에서 가장 소중한 자신을 위해 자격 취득을 준비하는 것이 가장 중요하다고 생각합니다.

도로및공항기술사 답안작성 예시

용어 문제 1)

활주로 길이 산정에 대하여 설명하시오.

I. 개요
 1. 활주로 길이 결정은 공항 설계에 있어 가장 핵심과정 중의 하나이며, 공항의 규모와 항공기 운영방식 등에 영향을 미침
 2. 또한 활주로의 길이는 현재뿐만 아니라 장래 예상 항공기가 이·착륙할 수 있도록 계획하여야 함

II. 활주로 길이 결정에 영향을 미치는 요소(고려사항)
 1. 항공기의 최대 이륙 중량 : 가장 크게 영향을 미침
 2. 온도
  1) 대기온도가 높으면 더 긴 활주로 필요
  2) 표준 대기온도(15℃)에서 1℃ 상승할 때마다 1%의 활주로 길이 증가
 3. 활주로의 경사
  1) 활주로의 길이가 상향일수록 더 긴 활주로 요구
  2) 활주로의 유효경사 1% 증가 시마다 10% 길이 증가
 4. 공항의 표고
  1) 공항의 표고가 높을수록 더 긴 활주로 길이가 필요
  2) 표고 300m당 7% 길이 증가
 5. 활주로의 표면상태
  활주로의 표면에 수막현상(Hydroplaning)이나 눈 등으로 마찰력이 떨어지면 활주로 길이 증가

III. 활주로 길이의 산정방법

1. 활주로 기본 길이를 보정하여 구하는 방법
    1) 활주로 기본 길이는 표준대기상태(1기압, 15℃ 기온, 평균해수면)에서 경사 0%인 경우에 항공기 이착륙 시 필요 길이
    2) 산출식

    $$활주로\ 기본\ 길이 = \frac{지역특성이\ 반영된\ 활주로\ 길이}{Fe + Ft + Fg}$$

    여기서, Fe(표고보정계수) = $0.07E + 1$(E : 공항 표고 ≒ 300m)
    Ft(온도보정계수) = $0.01(T - TSH) + 1$(T : 공항표준온도(℃), TSH : 표준대기온도)
    Fg(경사보정계수) = $0.1G + 1$(G : 활주로의 유효경사(%))

2. 이·착륙 도표를 이용하는 방법
    1) 주요 항공기에는 운항규정 중에 이·착륙 성능도표가 주어지는 경우가 많으므로 이를 이용하여 구한다(제트기 및 대형항공기 이용).
    2) 산정방법
        ① 설계 항공기의 선택
        ② 공항지역의 대기온도 결정
        ③ 공항지역의 표고 결정
        ④ 대상 항공기에서 가장 긴 Nonstop거리 결정
        ⑤ 대상 항공기의 이·착륙 중량 결정
        ⑥ 상기 입력요소를 고려하여 항공기 제작사가 제공한 그래프나 표를 이용하여 활주로 길이 결정
        ⑦ 공항 활주로의 유효경사에 대한 보정

IV. 결론

1. 활주로의 길이는 항공기의 특성과 이착륙 특성에 따라 좌우되므로 취항할 항공기 기종 선택에 유의하여야 하며, 장래 취항할 항공기에 대해서도 고려하여 소요길이를 산정해야 함
2. 또한, 활주로의 길이는 항공기의 안전운항에 대하여 크게 영향을 미치므로 경제적이고, 적정한 길이의 활주로를 건설할 수 있도록 해야 함

논술 문제 1)

고속도로의 정지시거 확보방안에 대하여 기술하시오.

I. 개요
1. 고속도로 안전주행의 기본요소인 설계속도별 정지시거가 기하구조인 평면과 종단선형 설계에서는 확보되나, 도로횡단 구성요소인 중앙분리대, 절토법면(옹벽), 교량부 방호울타리 등의 장애요소와 곡선부 터널 내에서의 측방여유 부족에 의하여 축소되는 문제점이 있음
2. 이를 보완하는 방안을 강구하여 고속도로의 주행안전성을 확보하고자 함

II. '도로의 구조·시설기준에 관한 규칙'에서의 정지시거
1. 정의
   1) 운전자가 같은 차로상에 있는 고장차 등의 장애물 또는 위험요소를 인지하고 제동을 걸어서 안전하게 정지하거나 혹은 장애물을 피해서 주행하기 위하여 필요한 길이를 설계속도에 따라 산정
   2) 운전자 위치를 차로 중심선상으로 하고, 운전자의 눈높이를 도로표면으로부터 100cm로 하고, 장애물 또는 물체의 높이 15cm를 볼 수 있는 거리를 같은 차로 중심선상으로 측정한 거리
2. 규정값(도로의 구조·시설기준에 관한 규칙 제24조)
   "도로에는 그 도로의 설계속도에 따라 다음표의 길이 이상의 정지시거를 확보하여야 한다."

설계속도(km/hr)	f	정 지 시 거(m)	
		계산값	규정값
120	0.28	285.8	280
110	0.28	246.4	250
100	0.29	205.3	200

III. 정지시거 적용상 문제점

1. 정지시거를 산정하기 위한 적용속도를 비가 내려 노면에 습기가 있는 때에도 설계속도와 주행속도를 동일한 것으로 보고 계산
2. 우리나라 승용차는 핸들이 좌측에 있어 실제 운전자의 위치가 차로 중심선보다 좌측으로 편기되어 주행하므로 중앙분리대에 의한 시거부족이 가중됨
   ※ 차종별 차로중심에서 운전자의 눈위치 좌측 편기량
   CREDOS : 35cm, ESPERO : 31cm, EFSONATA : 35cm
3. 설계기준상 속도에 따른 표준정지시거만 설정하고 종단경사(특히 하향경사)에 따른 보정값을 적용하지 않음

IV. 국내·외 정지시거 비교

구 분		국 내		미 국(AASHTO)		일 본		독 일	
설계속도(km/hr)		120	100	120	100	120	100	120	100
종방향 미끄럼 마찰계수		0.28	0.29	0.28	0.29	0.28	0.30	-	-
정지시거 (m)	계산값	285.8	205.2	202.9~285.6	157~205.5	212	153.7	-	-
	규정값	280	200	-	-	210	160	250	170

V. 정지시거 관련규정 개정경위

1. 도로구조령 제20조(개정 1979.11.17. 대통령령 제9664호)
   • 시거는 당해도로의 구분과 지형의 상황에 따라 다음표의 "시거"난에 정하는 값 이상으로 한다.

설계속도 (km/HDR)	시 거 (m)
120	210
100	160

2. 도로의 구조·시설에 관한 규정 제19조(개정 1990.5.4. 대통령령 제13001호)
   1) 도로의 구조·시설에 관한 규칙 제23조(개정 1999.8.9. 건설교통부령 제206호)
   2) 도로의 구조·시설에 관한 규칙 제24조(개정 2009.2.19. 국토해양부령 제101호)

도로에는 당해도로의 설계속도에 따라 다음 표의 정지시거가 확보되도록 하여야 한다.

설계속도(km/hr)	정지시거(m)
120	280
100	200

VI. 정지시거 확보방안

1. 선형설계
   1) "도로의 구조·시설기준에 관한 규칙"에서 정하는 바에 따라 중앙분리대 측의 정지시거가 확보되는 곡선반경은 설계속도 V = 100km/hr일 경우 1,500m 이상, 설계속도 V = 120km/hr일 경우 R = 2,970m 이상을 적용하여야 함
   2) 하지만 산악지와 지장물이 많은 우리나라 지형 여건을 감안할 때 위의 곡선반경 적용에 한계가 있으므로, 도로교통법규에서 정한 이상기후 시 속도에 상응한 정지시거가 확보되도록 하향종단 경사를 감안하여 설계속도 V = 100km/hr인 경우 750 ~ 900m 이상, 설계속도 V = 120km/hr인 경우 1,400 ~ 1,700m 이상의 곡선반경을 적용하여 선형설계
   3) 기타 중앙분리대 폭원을 증대시키는 방안과 종·평면 선형을 분리하는 방안이 있겠으나 지형여건, 공사비 등을 감안하여 설계 시 충분한 검토 필요
2. 노면의 종방향 미끄럼 마찰계수
   - 지형 여건상 부득이하게 곡선반경이 위의 권장값에 미달할 경우, 종방향 미끄럼 마찰계수(f)를 높게 하여 소요정지시거를 감소시킬 수 있는 포장공법이나 표면처리방법 등에 대한 연구·개발

VII. 결론

1. 고속도로 본선 선형설계 시 중앙분리대 등 시거장애 시설물을 감안하여 도로교통법규에서 정한 이상기후 시 속도에 상응한 소요 정지시거가 확보되도록 평면곡선반경 적용
2. 산지가 많은 우리나라 지형여건상, 부득이하게 계산값에 미달되는 곡선반경을 적용할 경우 그에 대한 보완방안으로 노면의 종방향 미끄럼 마찰계수 증진방안 강구

CHAPTER 05 토목구조기술사

토목구조기술사 기본정보

① **개요** : 구조물에 필요한 강도와 기능을 가장 경제적으로 마련하기 위하여 조사, 계획, 연구, 설계, 분석 및 평가 등의 업무를 수행하는 데 필요한 전문지식과 풍부한 실무기술을 겸비한 인력의 양성을 위해 제정

② **연혁** : 토목기술사(구조)(1974년 신설) → 토목구조기술사(1991년 변경)

③ **진로** : 시공회사, 설계회사, 관공서, 학계, 연구소 등의 설계, 해석, 시공·감리부서나 토목 구조에 관한 연구부서 등

④ **전망** : 토목구조물의 부실시공으로 인한 재시공 및 안전문제의 사회적 대두로 토목구조의 중요성이 증가하고 있고, 도로, 댐, 고속전철 등 대규모 토목건설과 해외시장 개척을 위하여 인력수요는 증가할 것으로 예상

⑤ **시험정보**
- 관련학과 : 토목공학, 건축공학 관련학과

- 시험과목
  - 과목 : 재료역학, 구조역학, RC, PSC, 강구조, 교량공학, 동역학, 기타
  - 분야 : 교량, 터널, 수리구조물(항만, 댐, 취배수구조물 등), 옹벽, 가시설 및 부대공, 법령 개정사항 등
- 시험시기 : 3회/1년

⑥ 응시/합격자 현황

연도	필기			실기		
	응시	합격	합격률(%)	응시	합격	합격률(%)
2016	302	31	10.3%	40	26	65.0%
2015	312	18	5.8%	24	19	79.2%
2014	389	15	3.9%	29	19	65.5%
2013	450	28	6.2%	45	28	62.2%
2012	647	29	4.5%	47	27	57.4%
2011	711	23	3.2%	45	26	57.8%
~2010	12,600	1,061	8.4%	1,776	1,151	64.8%
소 계	15,411	1,205	7.8%	2,006	1,296	64.6%

토목구조기술사 합격자 인터뷰

Q1. 간단한 본인 소개를 부탁드립니다.

현재 OO엔지니어링 구조부에 근무하고 있는 OOO입니다(기술사님의 요청으로 비공개). 2014년에 토목구조기술사를 취득했고, 경력은 약 17년입니다.

Q2. 기술사 시험은 얼마 동안 준비하셨나요?

기본적인 자료는 꾸준히 모아왔고, 회사업무를 수행하면서 더 이상 미룰 수 없다고 생각되어, 본격적으로 시작한지 만 2년 만에 1차에 합격했습니다.

Q3. 기술사 자격증 취득을 준비해야겠다고 생각한 계기가 있으신가요?

대학원에 진학하여 구조분야를 전공으로 삼은 후부터 엔지니어로서 기술사 자격이 있어야한다고 생각해 왔었습니다. 회사에서 업무를 볼 때 기술사 자격이 없음으로 인한 약간의 불편함(?) 때문에 본격적으로 시작해야겠다는 생각이 들었으며, 상위 직급으로 갈수록 대외적인 활동 등에서 필수적이라고 생각했습니다.

Q4. 시험공부는 주로 어디서, 어떤 시간에 하셨나요?

시험공부는 업무와 병행하여, 야근이 없는 날에는 도서관이나 독서실에서 공부를 했고, 주말에도 시간이 허락하는 범위에서 도서관과 독서실을 이용했습니다. 회사에서 공부하려니 업무도 어중간해지고, 공부도 되지 않았습니다. 나이가 어린 아이 둘이 있는 집에서 공부하는 것도 거의 불가능한 일이었기 때문에, 아내에게 최대한 양해를 구하고 도서관과 독서실로 향했습니다. 기술사 시험의 특성상 장기간의 스트레스와 합격에 대한 불확실성으로 인하여, 아내와 저 둘 다 우울증이 올 뻔 했습니다. 하하.

Q5. 토목구조기술사 시험을 준비하는 데 사용한 참고도서나 자료는 어떤 것들이 있나요?

제 기준에서 말씀드리면, 토목구조기술사에게 있어서 가장 기본이 되는 서적은 단언컨대 설계기준입니다. 모든 사람들이 알고 있지만 간과하는 부분이 아닐까 생각되는 것이, 기술사 자격 자체가 법적으로 규정되어 있고, 모든 설계와 시공이 설계기준을 근간으로 한다는 것입니다. 세부적으로는 재료역학, 구조역학, 교량공학, 철근 콘크리트 공학, 프리스트레스 콘크리트 공학, 강구조공학, 동역학 등에 대한 기본 서적들을 공부해야 하지만, 누대에 걸쳐 완성된 설계기준은 기본서적과 다름이 없음을 알게 되었습니다. 논술에 있어서는 김시철님의 '토목구조 Q&A'를 기본으로, 기본서 내용을 추가하여 논술노트를 따로 정리했습니다. 웹사이트에서는 기출문제 풀이 내용을 서치하고 제가 작성한 답안과 비교하여 자료화하였습니다. 합격할 즈음에는, 최근에 이슈화·기사화된 부분이나 학회 동향, 설계기준의 개정내용 등을 습득하는 데 노력을 기울였습니다.

Q6 토목구조기술사 시험 관련 자료는 어디서 구할 수 있나요?

개인적으로 학원에 다니지는 않았습니다. 토목구조기술사의 특성상 많지 않은 인원이 응시하고 합격자도 적기 때문에, 특별히 도움이 되지 않을 것이라는 판단이었습니다. 또한 경제적으로도 여유가 없는 편이었습니다. 다만, 초반에 개략적인 방향을 잡거나, 중반에 막히는 부분을 해결할 수 있다는 장점이 있다고 들었습니다. 기출문제는 인터넷이나 선배님들의 기존자료, Q-net에서 다운로드 받을 수 있으므로 구하는 데 어려움이 없습니다. 합격한 선배님들의 개인적인 자료는 각 개인의 특성에 따라 자신과 맞을 수도, 맞지 않을 수도 있으니 수험자 각자의 몫이라 할 수 있습니다. 또한 인터넷 카페에서도 좋은 정보를 얻을 수 있습니다. 저는 두 개 정도의 카페에 가입하여 많은 도움을 얻었습니다. 인터넷 카페는 수험정보뿐만 아니라, 동 시기에 시험을 치르는 수험자들의 문제분석이나, 학습태도, 각오, 심지어 좌절감에 대한 상호이해와 격려, 위로까지 얻을 수 있기 때문에 좋은 선택이라고 생각합니다.

Q7 토목구조기술사 시험을 다른 종목 시험과 비교할 때 가장 큰 특징이나 차이점은 무엇인가요?

이는 다른 기술사 시험을 응시하지 않아서 알 수도 없고, 비교하는 것 자체가 무리라고 생각합니다. 다만, 토목구조기술사 시험만을 두고 얘기한다면, 학교에서 배웠던 역학 부분을 거의 망라한다고 봐야 합니다. 즉, 설계기준을 제외하고도 재료역학, 구조역학, RC, PSC, 강구조, 동역학, 교량공학 등 기본서로 최소한 6~7권의 책을 봐야 한다는 것이 특징이라고 하면 특징일 수 있습니다.

Q8 토목구조기술사 자격 보유자에 대한 처우는 어떤가요?

기술사 수당 30만 원/월, 진급 시 가점 등의 이점이 있으며, 기술 경력상 특급기술자에 해당합니다. 감리부분에 있어서도 토목구조기술사는 항상 포함되는 분야로 책임이 큰 만큼, 쓰이는 곳은 많습니다.
통상 발주처의 설계변경이 있을 시 기술사의 날인을 요구하는 경우가 많습니다. 그만큼 회사에서도 처우에 관심을 가지고 관리를 해줍니다.

Q9 한국산업인력공단 홈페이지에서 소개하고 있는 토목구조기술사 자격의 현황과 전망 중 보완 설명하고 싶은 사항이 있으신가요?

토목구조기술사는 토목분야에 전반적으로 쓰이며, 관련 업종의 종사 인원이 많음에도 불구하고, 1년에 배출되는 인원은 상대적으로 적은 편에 속합니다. 정책의 방향성이나 앞으로의 전망을 차치하고 현재의 상황으로만 판단해도 희소성이 있는 자격이라고 생각됩니다.

Q10 개인적으로 기술사 취득 후 어떤 점이 달라졌나요?

일단, 기술사 공부를 할 시간에 가족과 함께 할 수 있다는 점이 가장 큰 부분입니다. 일정 경력이 채워져야 기술사 시험에 응시할 수 있기 때문에, 그동안 일하면서 배우고 경험했던 부분을 정리할 수 있는 계기가 될 수 있습니다. 또한, 자신이 궁금하거나 더 공부해보고 싶은 분야에 대해서 충분한 시간을 가지고 여유롭게 공부할 수 있습니다. 대외적인 활동을 할 때에도, 기술사 자격이 신뢰를 더해 줄 수 있습니다.

Q11 끝으로 토목구조기술사 시험을 준비하는 분들께 한 말씀 부탁드립니다.

기술사 시험이라는 것이 모든 종목을 막론하고 쉽지 않습니다. 하지만 힘든 만큼 보람된 일이기도 합니다. 기술자격의 최상위일 뿐만 아니라, 더 높은 수준에 대한 발판이기도 합니다. 수험생활을 하면서 가장 힘든 일이, 아마도 가족의 희생일 겁니다. 저의 경우에도 어린 아이들, 젖먹이를 아이 엄마에게 맡기고 공부하는 것이 쉽지 않았습니다. 가족이 행복해지기 위한 길이라고 충분히 설득하고 이해를 구해야 합니다. (가장 좋은 건, 결혼하기 전에 취득하는 것입니다. 하지만 현실적으로는 힘들더군요.) 누구나 힘든 수험생활입니다. 힘들기 때문에 합격 후의 기쁨도 큽니다. 저는 시험을 처음 볼 때에도 4교시까지 최선을 다 했습니다. 시험을 꾸준히 보는 것이 합격할 수 있는 확률을 높이는 방법이라고 생각합니다. 조급히 생각하지 말고 꾸준히 해 나가시면 합격의 기쁨을 느낄 수 있을 것입니다.

● 토목구조기술사 답안작성 예시

용어문제 1)

내화해석 및 안전검토방법을 설명하시오.

I. 개요
 1. 최근 주요구조물의 화재로 인한 인명, 재산피해는 물론, 화재를 입은 구조물이 안전상의 이유로 철거를 수행할 경우 이로 인해 주변도로의 교통체증 유발 등 경제적, 사회적으로 적지 않은 영향을 미치고 있다.
 2. 특히, 화재피해를 입은 구조물의 주요부재인 콘크리트와 철근은 온도가 올라가면 강도가 급저하되는 특성이 있어, 기존의 안전하던 구조물도 강도저하로 인해 붕괴가 올 수도 있다.
 3. 따라서, 화재피해를 받은 구조물의 조속한 철거 또는 복구가 필요하며, 이때 해당구조물의 정확한 안전평가방법은 매우 중요하다고 할 수 있다.

II. 주요 부재별 물성치 변화의 특성
 1. 콘크리트의 경우
  1) 콘크리트는 압축에 저항하는 대표적인 구조물로서, 고온가열되는 콘크리트에서 압축강도의 변화는 매우 중요하다.
  2) 콘크리트 강도와 온도와의 관계

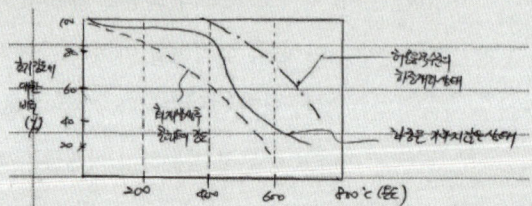

 • 하중을 가한 상태에서 400℃ 온도에서 강도는 급격히 저하된다.
 • 온도 600℃ 정도에서 강도는 약 40% 정도 손실이 발생한다.

2. 철근의 경우
  1) 철근의 경우 온도변화에 따른 철근의 항복강도 및 인장강도의 변화는 매우 중요하다.
  2) 철근의 강도와 온도와의 관계

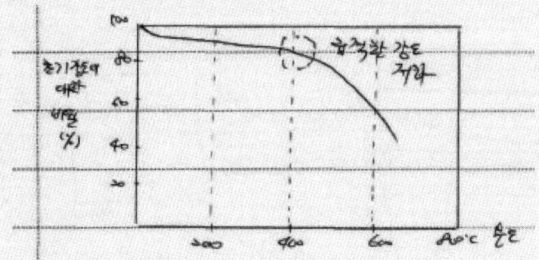

  - 철근 역시 콘크리트와 유사하게 온도 400℃에서 급격히 강도가 저하되는 것을 알 수가 있다.
3. 부재별 물성치 변화의 특성
  1) 콘크리트 부재의 경우 화재 발생 후 잔류강도는 거의 없다.
  2) 철근 부재의 경우 화재 발생 후 온도가 저하되면 강도가 회복되는 성질이 있다.

III. 내화해석의 필요성

1. 구조물이 화재를 당하게 되면 그 온도가 800℃까지 올라가므로 반드시 내화해석이 필요하다.
2. 또한, 강도가 급격히 저하되는 온도 기준이 400℃이므로, 철근의 피복 두께 이상으로 400℃ 온도가 침투하는지 여부를 확인해야 한다. 이는 피복 부분이 폭열현상의 영향을 받기 때문이다.

IV. 안전평가방법

1. 화재피해를 받은 구조물의 안전평가를 위해서는 발생한 화재에 의한 온도분포곡선이 필요하며, 이는 열방출량을 통해 구할 수 있다. 따라서 발열량해석으로 최대온도를 산정해야 한다.
2. 온도해석을 통한 평면분포와 피복 두께별(깊이별) 온도해석이 필요하다.
3. 깊이별 온도해석을 통해 콘크리트와 철근의 강도저하를 평가해야 한다.
4. 사용하중 하에서의 응력검토와 강도저하된 상태에서의 안전성검토도 필요하다.

논술문제 1)

T형보 PSC의 설계에 대하여 설명하시오.

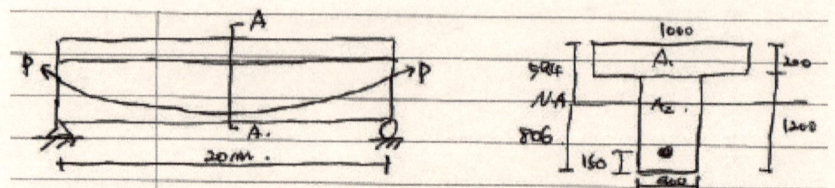

2차고정하중 = 6kN/m, 활하중 = 5kN/m, $P_i = 1,360kN$, 장기손실 15%
$r_c = 25kN/m^3$, $A_p = 1,000mm^2$, $E_p = 20 \times 10^5 MPa$, $E_c = 2.6 \times 10^4 MPa$,
$f_{py} = 1,500MPa$, $f_{pu} = 1,700MPa$, $f_{ck} = 40MPa$, $f_{ci} = 30MPa$, $f_{ps} = 0.9f_{pu}$,
$f_r = 0.63\sqrt{f_{ck}} \Rightarrow 3.984$

I. 단면계수 산정

<Con'c 종단면 도심>
$A_c = A_1 + A_2 = 1,000 \times 200 + 1,200 \times 400 = 6.8 \times 10^5 mm^2$

$y_c = \dfrac{A_1 \cdot 1,300 + A_2 \cdot 600}{\sum A} = \dfrac{1,000 \times 200 \times 1,300 + 400 \times 1,200 \times 600}{6.5 \times 10^5}$

$= 805.882 ≒ 806mm$

$I_c = \dfrac{400 \times 1,200^3}{12} + (400 \times 1,200) \cdot (806 - 600)^2 + (1,000 \times 200) \cdot (594 - 100)^2$

$= 7.797 \times 10^{10} + 4.947 \times 10^{10} = 1.274 \times 10^{11} mm^4$

$y_1 = 594$, $y_2 = 806$, $e_p = 656$

II. 초기상태의 Con'c 상하부 응력(P_i 작용)

1. 프리스트레스힘

$f_t = \dfrac{P_i}{A_c} - \dfrac{P_i \cdot e}{I_c} \cdot y_1 = \dfrac{1,360 \times 10^3}{6.8 \times 10^5} - \dfrac{1,360 \times 10^3 \cdot 656}{1.274 \times 10^{11}} \cdot 594 = -2.160MPa$ (인장)

$f_b = \dfrac{P_i}{A_c} + \dfrac{P_i \cdot e}{I_c} \cdot y_2 = \dfrac{1,360 \times 10^3}{6.8 \times 10^5} + \dfrac{1,360 \times 10^3 \cdot 656}{1.274 \times 10^{11}} \cdot 806 = 7.644MPa$ (압축)

2. 하중고려

　　보의 자중 wd_1에 대하여,
$$wd_1 = \frac{2,500N/m^3}{r_c \times A_c} \times \frac{6.8 \times 10^5}{10^6} = 17,000N/m$$
　　이때, $Md_1 = \frac{wd_1 \cdot \ell^2}{8} = \frac{17,000 \times 20^2}{8} = 8.5 \times 10^5 N \cdot m = 8.5 \times 10^8 N \cdot mm$

3. 하중에 의한 상하연응력
$$f_{td1} = +\frac{Md_1}{I_c} \cdot y_1 = \frac{8.5 \times 10^8 \cdot 594}{1.274 \times 10^{11}} = +3.963 MPa$$
$$f_{bd1} = -\frac{Md_1}{I_c} \cdot y_2 = -5.378 MPa$$

4. 초기상태 최종응력
　　따라서, PS도입 시 상하부 최종응력은
　　$f_t = -2.160 + 3.963 = 1.803 MPa$ (압축)
　　$f_b = 7.644 - 5.378 = 2.266 MPa$ (압축)

5. f_{ci} 비교
　　모두 $0.6 f_{ci} = 0.6 \times 30 = 18 MPa$ 이하이므로 안전

III. 최종상태 고려(P_e 작용)

1. 프리스트레스 유효율
　　$R = 1 - 0.15 = 0.85$ 이므로,
　　$P_e = 0.85 \cdot P_i = 0.85 \cdot 1,360 = 1,156 kN$ 이고,

2. fe에 의한 응력
　　이에 대한 상하연 응력
　　$f_t = -2.160 \times 0.85 = -1.836 MPa$
　　$f_b = 7.644 \times 0.85 = 6.497 MPa$

3. 자중효과 추가
　　자중을 고려하면,
　　$f_t = -1.836 + 3.963 = 2.127 MPa$
　　$f_b = 6.497 - 5.378 = 1.119 MPa$

4. 추가하중고려

2차고정 + 활하중

$w_2 = 11 kN/m = 11,000 N/m$

이때 $M_2 = \dfrac{w^2 \cdot \ell^2}{8} = \dfrac{11,000 \times 20^2}{8} = 5.5 \times 10^5 N \cdot m = 5.5 \times 10^8 N \cdot mm$

이에 대한 상하연응력

$f_{tM2} = +\dfrac{M_2}{I} \cdot y_1 = \dfrac{5.5 \times 10^8}{1\,274 \times 10^{11}} \times 594 = 2.564 MPa$

$f_{bM2} = -\dfrac{M_2}{I_c} \cdot y_2 = \dfrac{5.5 \times 10}{1.274 \times 10^{11}} \times 806 = -3.480 MPa$

5. 상하연 최종응력

$f_t = 2.127 + 2.564 = 4.691 MPa$ (압축) $< 0.6 f_{ck} \Rightarrow$ 안전

$f_b = 1.119 - 3.480 = -2.361 MPa$ (인장) $< 0.63\sqrt{f_{ck}}, 0.5\sqrt{f_{ci}} \Rightarrow$ 안전

IV. 균열모멘트 M_{cr} 산정

1. 단면 하단부에 균열을 일으키는 균열모멘트 M_{cr}은

$-f_{cr} = \dfrac{P_e}{A_c} + \dfrac{P_e \cdot l}{I_c} y_2 - \dfrac{M_{cr}}{I_c} y_2$

$\therefore \dfrac{M_{cr}}{I_c} y_2 = \dfrac{P_e}{A_c} + \dfrac{P_e \cdot l}{I_c} y_2 + f_r$

$M_{cr} = \dfrac{I_c}{y_2}(6.497 + 0.63\sqrt{40}\,)$

$\quad = \dfrac{1.274 \times 10^{11}}{806}(6.497 + 3.985) = 1.657 \times 10^9 N \cdot mm$

$\quad = 1.657 \times 10^3 kN \cdot m$

2. 균열모멘트 M_{cr}에 대하여, 균열에 대한 안전율은 일반적으로 활하중과 관련

즉, $Md_1 + Md_2 + F_{cr} \cdot M_l = M_{cr}$ 로 정의됨

$1.657 \times 10^3 = 8.5 \times 10^2 + \dfrac{6 \times 20^2}{8} + F_{cr} \cdot \dfrac{5 \times 20^2}{8}$

$\therefore F_{cr} = 2.028$

V. 공칭휨강도 산정

우선 압축플랜지와 a의 관계를 보면 ($f_{ps} = 0.9f_{pu} = 1,530MPa$)

$a = \dfrac{A_P \cdot f_{ps}}{0.85 f_{ck} \cdot b} = \dfrac{1,000 \times 1,530}{0.85 \times 40 \times 1,000} = 45mm$ 이고,

$a \leq t_f = 200mm$ 이하이므로

이때, $M_n = A_p \cdot f_{ps} \cdot (d_p - \dfrac{a}{2}) = 1,000 \times 1,530 \times (1,250 - \dfrac{45}{2})$
$= 1.878 \times 10^9 N \cdot mm = 1.878 \times 10^3 kN \cdot m$
$\phi M_n = 0.85 \times 1.878 \times 10^3 = 1.596 kN \cdot m$

T형보일 때,
$M_n = A_{pw} \cdot f_{ps} \cdot (d_p - \dfrac{a}{2}) + A_{pf} \cdot f_{ps} \cdot (d_p - \dfrac{t_p}{2})$
$\quad = 0.85 \cdot f_{ck} \cdot a \cdot b_w \cdot (d_p - \dfrac{a}{2}) + 0.85 \cdot f_{ck} \cdot t_f \cdot b_f \cdot (d_p - \dfrac{t_f}{2})$

CHAPTER 06 토목시공기술사

토목시공기술사 기본정보

① **개요** : 종합적인 국토개발과 국토건설 산업의 조사, 계획, 연구, 설계, 분석 및 평가 등의 업무를 수행하는 데 필요한 전문적인 지식과 풍부한 실무기술을 겸비한 인력의 양성을 위해 제정
② **연혁** : 토목기술사(시공)(1974년 신설) → 토목시공기술사(1991년 변경)
③ **진로** : 종합건설업체나 전문건설업체로 취업, 이밖에 토목 관련 연구소, 유관기관 등으로 진출
④ **전망** : 건설경기에 대한 정부의 정책적 지원, 부동산 경기 회복과 아파트 공급량의 확대 및 해외건설에서의 전문 인력 수요의 증대로 인력수요 증가 예상
⑤ **시험정보**
  - 관련학과 : 토목공학 관련학과
  - 시험과목 : 시공계획, 시공관리, 시공설비 및 기계 기타 시공에 관한 사항
  - 시험시기 : 3회/1년

⑥ 응시/합격자 현황

연도	필기			실기		
	응시	합격	합격률(%)	응시	합격	합격률(%)
2016	2,766	214	7.7%	313	221	70.6%
2015	2,577	196	7.6%	274	178	65.0%
2014	3,367	147	4.4%	285	172	60.4%
2013	4,141	294	7.1%	510	306	60.0%
2012	5,207	301	5.8%	623	365	58.6%
2011	5,995	461	7.7%	735	415	56.5%
~2010	83,407	6,862	8.2%	10,011	6,774	67.7%
소 계	107,460	8,475	7.9%	12,751	8,431	66.1%

토목시공기술사  합격자 인터뷰

Q1. 간단한 본인 소개를 부탁드립니다.

현재 ㈜OO 도시단지부에 근무하고 있는 OOO입니다. 2013년에 토목시공기술사를 취득했고, 경력은 약 11년입니다.

Q2. 기술사 시험은 얼마 동안 준비하셨나요?

부서 선임이 보던 OO학원 동영상 강의를 우연히 보게 되었고, 처음으로 토목시공기술사에 관심을 갖게 되었습니다. 그 후 OO학원 교재를 구입하고, '토토공'이라는 인터넷 카페 활동 등을 하면서 여러 기술사분들의 조언을 얻고 스터디도 하면서 기술사를 취득할 수 있었습니다. 본격적으로 공부한 기간은 면접까지 포함하면 약 2년 정도입니다.

Q3. 기술사 자격증 취득을 준비해야겠다고 생각한 계기가 있으신가요?

대학졸업 후 사회생활을 시작하면서 막연히 기술사에 대한 동경을 해 왔습니다. 하지만 본격적으로 시험 준비를 시작한 계기는 '실무를 하면서 한 분야의 전문가가 되려면 그 분야의 최고자격은 지니고 있어야 하지 않을까'라고 생각했기 때문입니다.

Q4 시험공부는 주로 어디서, 어떤 시간에 하셨나요?

평일에는 야근이 많은 관계로 퇴근 후 집에서 주로 하였고, 주말에는 집 근처 도서관에서 공부하였습니다. 시간을 최대한 활용하기 위해서 출퇴근 시간에 지하철에서 mp3를 청취하거나, 동영상강의를 시청하였습니다.

Q5 토목시공기술사 시험을 준비하는 데 사용한 참고도서나 자료는 어떤 것들이 있나요?

관련 교재 외에 실시설계보고서나 턴키보고서를 참고하였습니다. 인터넷 토목연구정보센터(ceric)에 접속해서 공법동영상이나, 최근 이슈가 되고 있는 건설자료들을 보았습니다.

Q6 토목시공기술사 시험 관련 자료는 어디서 구할 수 있나요?

인터넷 검색을 통해 관련 자료를 구할 수 있었으며, 기합격자들에게 각종 시험정보와 자료들을 구할 수 있었습니다.

Q7 토목시공기술사 시험을 다른 종목 시험과 비교할 때 가장 큰 특징이나 차이점은 무엇인가요?

토목분야에 대한 전반적인 지식이 필요합니다. 구조나 토질, 상하수도 분야처럼 전문 분야에 대한 깊은 지식보다는 다소 얇지만 광범위하게 공부하는 것이 필요하다고 생각합니다. 또한 시공현장에 대한 경험을 어필하는 것이 중요하며, 현장소장을 뽑는 시험이므로 현장에 대한 이해가 무엇보다 중요합니다.

Q8 토목시공기술사 자격 보유자에 대한 처우는 어떤가요?

토현재 회사에서 매달 20만 원씩 자격 수당을 받고 있습니다. 최근에는 토목시공기술사가 많이 증가하면서 예전만 못한 것 같습니다. 또한 최근 법 개정으로 인하여 경력에 걸맞은 기술사 자격을 보유하지 못하면, PQ점수 및 개인경력관리에 큰 도움이 되지 않는듯하여 경력에 맞는 기술사를 보유하는 것이 중요하다고 생각합니다.

Q9 한국산업인력공단 홈페이지에서 소개하고 있는 토목시공기술사 자격의 현황과 전망 중 보완 설명하고 싶은 사항이 있으신가요?

한국산업인력공단 홈페이지에서는 토목시공기술사 수요가 많을 것이라고 했는데, 건설경기의 장기불황과 토목시공기술사의 증가로 인해 앞으로 수요가 많을 것으로 생각하지는 않습니다.

Q10 개인적으로 기술사 취득 후 어떤 점이 달라졌나요?

업무적으로나 개인생활에 있어서 크게 달라진 점은 없습니다. 굳이 달라진 점을 들자면, 회사에서 받는 자격 수당이 조금 올랐다는 점과 명함에 기술사 문구가 생겼다는 것입니다.

Q11 끝으로 토목시공기술사 시험을 준비하는 분들께 한 말씀 부탁드립니다.

토목시공기술사는 포기만 하지 않으면 되는 시험입니다. 공부하시는 분들 대부분이 직장생활과 가정생활을 병행하며 준비하기 때문에 너무 스트레스 받으면서 준비하지는 않으셨으면 좋겠습니다. 다만, 너무 길게 공부하면 본인도 힘들고 가족들도 힘들기 때문에 공부하는 시간만큼은 집중해서 빨리 끝내시는 것이 좋습니다.

토목시공기술사 답안작성 예시

용어문제 1)

콘크리트 염해에 대해 설명하시오.

I. 콘크리트 염해의 정의

콘크리트 구조물이 Cl^- 이온에 의한 침입으로 부식되어 내구성이 저하되는 현상으로 특히 해상공사에 주의해야 한다.

II. 콘크리트 염해를 중심으로 한 복합열화 이론 고찰

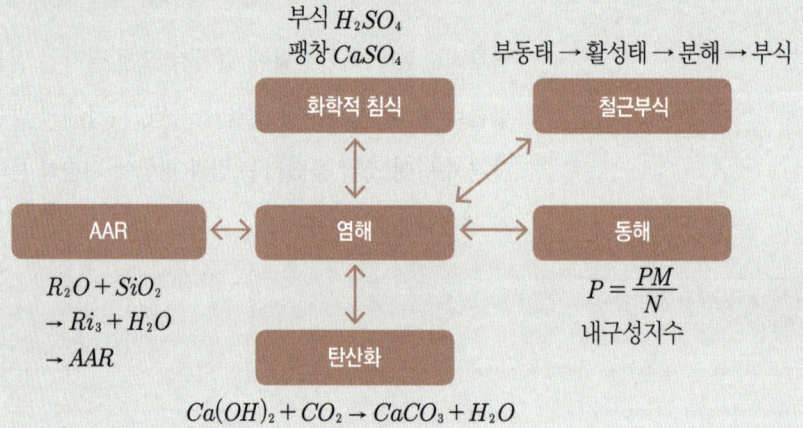

III. 콘크리트 염해 발생의 Fick's 확산 방정식 이론

Fick's second law ⇒ $\dfrac{\partial C}{\partial t} = D - \dfrac{\partial^2 C}{\partial x^2}$

IV. 콘크리트 염해 발생에 따른 문제점 및 대책 방안

1. 문제점
   1) 구조적 : 부식발생, 균열
   2) 비구조적 : LCC 비용 증가
2. 방지대책
   1) 재료, 배합 : Fly ash 사용
   2) 시공 : 밀실시공, 다짐관리

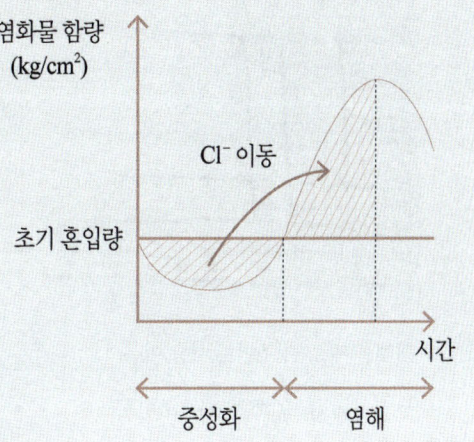

● 논술 예상문제 1)

옹벽 배면의 침투수가 옹벽의 안정에 미치는 영향을 기술하고, 침투수 처리를 위한 시공 시 유의사항을 설명하시오.

I. 개요
1. 옹벽 배면에는 토압과 수압의 증가에 따라 안정조건 및 불안정 시 대책을 고려하여 시공해야 하며,
2. 옹벽 배면의 침투수가 옹벽의 안정에 미치는 영향은 유선과 등수두선 분포에 따른 유선망으로 구분할 수 있으며,
3. 침투수 처리를 위한 시공 시 유의사항으로는 배수구, 배수공, 배수층, 배수관 설치로 수압을 감소시킨다.

II. 옹벽의 안정조건 및 토압에 따른 영향 분포특성 고찰

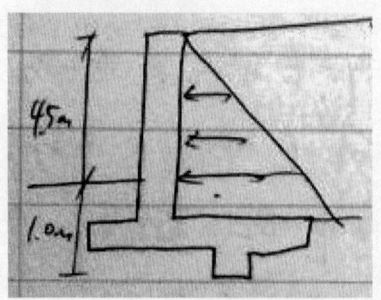

1. 내적안정 : 균열, 열화, 철근부식
2. 외적안정 : 전도, 활동, 지지력, 원호활동, 침하

※ 뒷채움 재료 시 조립토 사용 이유
$K_a = \dfrac{1 - \sin\phi}{1 + \sin\phi} \Rightarrow \phi \uparrow \sim$. 조립토.

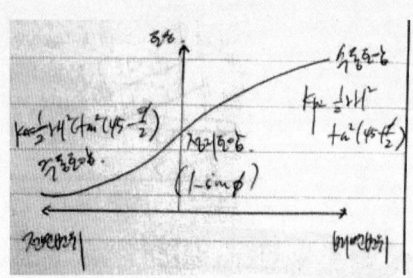

III. 옹벽 배면의 침투수가 옹벽의 안정에 미치는 영향

<연직배수재>　　　　　　　　　　<경사배수재>

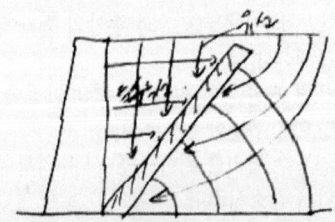

장점 : 시공성이 좋다.　　　　　장점 : 침투압이 작용하지 않음
단점 : 침투압이 크게 작용한다.　단점 : 시공성이 나쁘다.

IV. 옹벽 배면에 침투수 처리를 위한 시공 시 유의사항

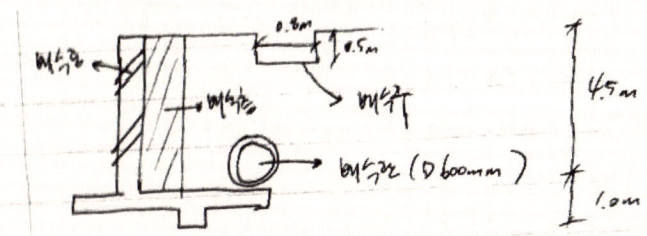

- 조립토 : 배수구 + 배수공
- 조립토 + 세립토 : 배수구 + 배수공 + 배수층
- 세립토 : 배수구 + 배수공 + 배수층 + 배수관

V. 옹벽 배면의 토압 및 수압에 따른 불안정 시 대책

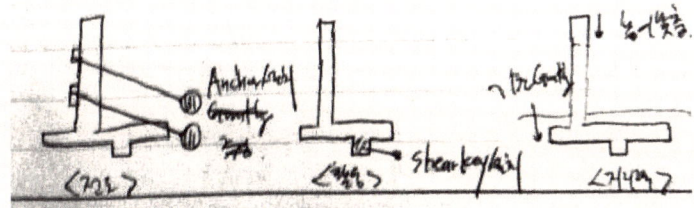

VI. 옹벽 침투수 증가 및 붕괴에 따른 M/S 및 유지관리 방안

Management System

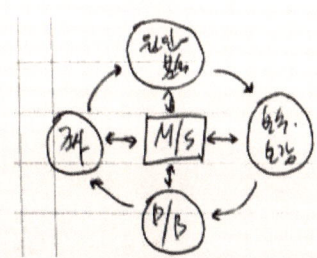

유지관리 방안(LCC 비용)

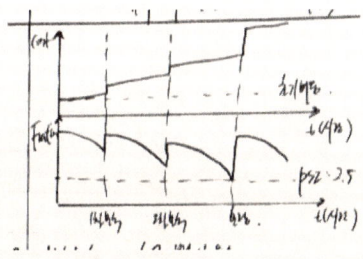

발생위치 및 시기 : (　　　)
발생규모 : 15m 구간
진행성여부 : 비진행성

- 1차보수 : 17백만 원
- 2차보수 : 35백만 원
- 보강 : 87백만 원

Ⅶ. 옹벽 배면의 침투수 증가에 따른 환경관리 방안

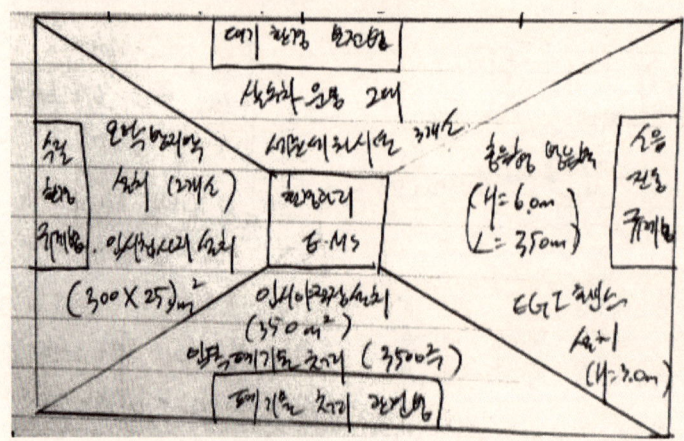

Ⅷ. 결론
옹벽 배면 침투수 및 토압에 따른 옹벽의 안정조건 및 불안정 시 대책을 고려하여 시공해야 한다.

Special Tip

토목시공기술사 면접복기(100회)

● **중앙 면접관**

면접관 : (경력사항을 훑어보며) 산업단지 조성공사에 기반시설, 신도시 조성공사…. 거의 택지 쪽으로만 경력이 있네? 그럼 자신이 가장 자신 있는 분야와 자신 없는 분야는 어떤 게 있나?

나 : 예, 연약지반 처리 쪽과 보강토 옹벽 시공을 주로 하여 자신 있으며, 시공경험이 없는 교량 쪽과 댐 하천 쪽은 별다른 경험을 해보지 않아서 소양이 많이 부족하다 생각됩니다.

면접관 : 음, 그럼 교량 쪽으로 공부한 것을 한 번 말해보게.

나 : 예, 교량 쪽으로는 시공경험이 없어서 제가 공부한 것에 대해서 개략 말씀드리겠습니다. 주로 교량의 가설공법에 대해 공부하였으며, 동바리를 설치하지 않는 FCM 공법에 있어서 시공 시 주의사항으로는 불균형모멘트관리, 키세그먼트관리, 캠버관리 등을 특히 주의해서 시공해야 하며, 이에 대한 대책으로는 스테이 케이블을 설치하고 가벤트 등을 두어 이러한 현상에 대비해야 합니다. (정리가 안 되어 두서없이 말함)

면접관 : 신도시 조성공사를 했는데 현장에서 사면구배는 어떻게 되고, 사면안정처리는 어떻게 했나?

나 : 예, 저희 현장은 사업지구 지구계를 따라서 **KTX**가 인접하고 있어 철도운행에 따른 소음 진동 등의 영향을 고려하여 환경영향평가에 따라 충분한 방음둑 및 방음시설을 설치하였습니다. 특히 방음둑 시공 시 절토사면이 발생했는데, 당초 설계에는 사면구배가 **1:1.5**로 설계되어 있으나 현장에서 사면안정에 대한 처리대책으로 1:2로 다소 완만하게 비탈면을 조성하였습니다. 성토구간에는 씨드스프레이와 거적덮기로 사면안정을 실시하였으며 절토사면은 절토 시 발생하는 지하수를 처리하였고, 일부 구간은 소일네일링 및 숏크리트를 타설하여 사면에 대한 충분한 안전율을 확보하도록 하였습니다.

면접관 : 백호 작업용량 산정식을 알고 있나? 한번 말해보게.

나 : 예, 백호작업용량 산성식은 $Q = \dfrac{3,600}{CM} \times QKFE$로 계산할 수 있으며, Q는 백호외 바가지 용량, **K**는 버킷계수, **F**는 토량환산계수, **E**는 작업효율을 말합니다.

면접관 : 토량환산계수에 대해 말해보게.
나 : 예, 토량환산계수에 대해 말씀드리겠습니다. 토량환산계수란 토량 운반 작업 시 자연상태, 다짐상태, 흐트러진 상태에 따른 토량의 환산계수입니다. 저희 현장에서는 설계도서에 C값은 **0.88**, L값은 **1.25**로 산정이 되었으나, 실제 공사 시 토량환산계수가 이와는 맞지 않아서 발주처와 감리단에 실정보고를 하고 조치를 구했지만 협의가 잘 되지 않아서 현장에서 무대처리로 비용을 계상하였습니다.

면접관 : 공정관리기법 중 퍼트방법과 CPM 방법의 차이점은 뭔가?
나 : 예, 퍼트와 CPM의 차이점에 대해 말씀드리겠습니다. 퍼트방법은 공기를 단축하기 위한 목적으로 공정관리를 하는 방법이고 CPM은 MCX이론을 근거로 최소의 비용으로 공기를 단축하는 공비절감 방식으로 알고 있습니다. 저희 현장에서는 공정관리기법으로 막대식 그래프를 이용하여 예정공정표를 작성하였으며, 각 공정에 따른 시공계획을 수립하여 보할을 계산하고 기성금 신청을 위한 데이터로 활용하였습니다.
면접관 : 그럼 퍼트기법은 공사비와는 관계가 없나?
나 : 예, 퍼트기법은 공기단축을 목적으로 하므로 공사비와는 관계가 없습니다.
면접관 : (갸우뚱) 내가 알고 있는 것과는 좀 다르네.

- **좌측 면접관**

면접관 : 산사태에 대해서 자네가 말할 수 있는 아주 공학적인 원리로 한번 설명해보게.
나 : 예, 작년에 매스컴을 통해 우면산 산사태의 발생 원인에 대해서 '자연적 원인'이다, '인위적 원인'이다. 말이 많았던 것으로 기억됩니다. 산사태의 원인에는 자연적인 원인과 인위적인 원인이 있습니다. 자연적으로는 강우가 발생하면 침투, 침류, 토사와 암에 약단면이 발생하고 양압력이 증가합니다. 그에 따라 간극수압이 증가하고 유효응력이 감소하며, 이에 따라 내적으로는 전단강도가 저하되고 외적으로는 전단응력이 증가되어 활동모멘트가 저항모멘트보다 커지면서 안전율을 상실하게 됩니다. 그로 인해 자연사면의 붕괴가 발생합니다. 인위적인 원인에는 설계, 재료, 시공, 유지관리 측면에서 말씀드릴 수 있는데 비탈면구배를 충분히 확보하지 못한 경우와 양질의 재료를 사용하지 않은 경우, 충분한 다짐을 실시하지 않은 경우와 유지관리를 철저하게 수행하지 않았을 경우 발생합니다. 이에 따라 USN을 기반으로 한 실시간 모니터링 시스템을 통해 사면

의 거동을 해석하고 예경보를 하여 사전에 붕괴를 예측하고 이에 따른 피해를 최소화하는 것이 중요하다고 생각합니다.

면접관 : 시멘트의 분말도란 무엇이지?
나 : 시멘트의 분말도란 입자의 고운정도를 의미합니다. (아, 뭐라고 말하기가 애매한데) 제가 말로 표현하기가 좀 어려운데 분말도가 높을수록 콘크리트의 강도 및 내구성, 수밀성 및 강재보호 성능이 확보됩니다. 특히 배합의 원칙으로는 굵은 골재의 최대치수를 키우고 소요의 범위 안에서 단위수량을 줄이고 시멘트의 분말도가 높은 것을 사용해야 시멘트페이스트를 줄이고 비표면적을 증가시켜 (점점 되는대로 내뱉음) 경제성을 올리고 수화열이 저하되고 온도응력 및 온도균열이 줄어드는 효과가 있습니다.
면접관 : 분말도가 높을수록 좋은 건가?
나 : 예, 분말도가 높을수록 콘크리트의 강도가 좋아집니다.

면접관 : 아칭의 원리를 이용한 구조물을 5개 말해보게.
나 : 예, 아칭이펙트에 대해서 말씀 드리겠습니다. 아칭이펙트란 파괴하려는 부분 토압의 인접지역으로 응력이 전이되는 토압재분배효과를 말하며 변위가 없는 곳은 토압이 증가하고 변위가 있는 곳은 토압이 감소하는 현상을 말합니다. 저희 현장 선배기술자가 '해병대에서 목봉체조를 10명에서 하다가 1명이 하지 않으면 9명이 그 힘을 다 받는 것'으로 예를 들어 쉽게 알려주셨습니다. 어스앵커 시공 시 10개의 인장재가 각각 10톤의 하중을 받는다고 가정할 경우 한 개가 파단되면 양옆으로 5톤씩 증가하여 15톤씩 하중을 받고, 그 후 파단되면 또 옆으로 더 큰 하중이 걸려서 연속적으로 파단될 수 있기 때문에 이에 따른 설계 및 시공 시 각별히 주의해서 시공해야 합니다. 특히 저희 현장에서는 에이치파일 토류벽 시공 시 강성인 에이치형강부분에는 토압이 크게 걸리고 인접 토류벽은 상대적으로 적은 토압이 걸리므로 당초 토류벽 두께는 10센티로 설계되었는데 VE검토 결과 토압재분배효과를 고려하여 토류벽 두께를 8센티로 줄이는 경제적인 효과를 창출하였습니다. (복기하면서 생각해보니 5개 구조물을 말 안함, 교수님도 별다른 말씀 없으심)

● 우측 면접관

면접관 : 다른 사람들보다 긴장을 좀 덜 하는 것 같네?
나 : 아닙니다. 교수님들 앞에서 말하느라 많이 긴장되지만 최선을 다해서 답변하도록 하겠습니다. (잘한다는 건지? 못한다는 건지?)

면접관 : 연약지반처리 경험이 있는데 PBD 시공 시 가장 문제점이 뭔가?
나 : 예, 저희 현장에서 연약지반 처리를 위해 1.5바이 1.5 간격으로 정사각형 배치로 **PBD**를 시공하였는데, 일반적인 문제점으로 **PBD**를 회수하지 못하여 발생하는 환경오염 및 생태계 파손 등의 문제가 있으며, 배수효과 저하의 문제와 장심도에 따른 **PBD**의 좌굴 등의 문제가 있을 수 있습니다. 하지만 제가 연약지반 처리공사를 하면서 설계도서에는 연약지반으로 암구간이 존재하지 않았지만, 실제 공사를 하다보니까 일부구간에 암층이 나타나서 크롤러를 이용한 굴착기로 암굴착을 실시하고 **PBD**를 시공함에 따른 문제가 가장 큰 문제였습니다.

면접관 : 연약지반 깊이와 PBD 깊이는?
나 : 예, 저희 현장 연약지반 깊이는 약 **5~5.5**미터 정도였으며 **PBD**는 **6~7**미터로 시공하였습니다.

면접관 : 웰포인트 공법을 적용했는데 그 이유는 뭔가?
나 : 예, 저희 현장에서는 당초 오수관거 공사 시 사면구배 **1:1**에 **4.5**미터의 오픈터파기로 설계가 되어있었는데, 시험굴착 결과 주위지반이 사질지반에 지하수위가 매우 높아서 실정보고 및 설계변경을 득한 후에 강제배수 공법인 웰포인트 공법을 적용하게 되었습니다. 저희 현장 웰포인트 공법 시행 시 제원으로 직경은 약 **7**센티미터에 깊이는 **6**미터 깊이로 **1.2**미터 간격으로 약 **1.5**킬로미터 구간에 걸쳐서 설치하였습니다. 시공순서로는 '천공 - 수직파이프 매설 - 모래 채움 – 헤더파이프 연결 - 펌핑 - 배수' 순으로 시공하였으며, 시공 시 주의사항으로는 (그만 하라는 손짓)

면접관 : 신도시 조성공사를 했는데 사업지구가 절토부지였나? 성토부지는 없었나?
나 : 예, 사업지구는 거의 대부분이 절토지역이었으며 성토부지는 거의 없었습니다.
면접관 : 절토부지였으면 사토처리는 어떻게 처리했나?

나 : 예, 저희 현장은 약 60만의 토량을 인근 5.5킬로미터 구간의 지정사토장에 사토처리를 실시하였는데, 토량운반 시 소음 진동에 따라 인근 축사 주인이 소, 돼지 등이 임신을 하지 않는다고 민원을 제기하여 현장에 상당히 난처한 사례가 있었습니다. 그래서 축사진입로에 일부 골재포설을 해주는 대가로 민원을 처리한 사례가 있었습니다. 비산먼지 등을 방지하기 위하여 이지아이휀스 약 3미터짜리를 2킬로미터 구간에 걸쳐서 시공하였으며, 살수차를 운영하였고, 세륜세차시설을 설치하여 소음 진동 및 환경피해를 최소화하였습니다.

면접관 : 탄성파 탐사해봤나?
나 : 예, 저희 현장에서는 별도의 탄성파 탐사를 통한 암반 조사를 실시하지는 않았지만, 일부 발파암이 발생하는 지역에서는 시험발파를 통하여 균열 및 영향범위를 해석하여 그 정도에 따라 미진동파쇄, 정밀진동제어발파, 소규모진동제어발파, 중규모진동제어발파, 일반발파, 대규모발파로 구분하여 발파작업을 수행하였습니다. 또한 비상주 감리원과 토질기술사를 대동하여 페이스맵핑 및 토질조사를 통한 암질 여부를 판단하였습니다.

Special Tip

토목시공기술사 합격수기

저는 95회 첫 시험을 시작으로 99회까지 총 5번의 시험을 보았습니다. 95~96회는 50점대 초반, 97~98회는 50점대 후반의 점수였으며, 99회는 총점 725점, 평균 60.41로 겨우 턱걸이로 합격했습니다. 1차 시험을 공부할 때 저는 별도의 서브노트 작성은 하지 않았으며, OO학원의 분류집과 본서 및 동영상 강의를 수강하여 방향성을 잡았습니다. 특히 문제풀이 위주의 공부를 통해, 어떤 문제가 나오든지 유형으로 접근하고 흐름상 문맥이 껄끄럽지 않도록 표현하기 위해 노력했습니다.

제가 생각하는 1차 시험의 공부 방법은
① 일단 본인이 보는 분류집이나 서브노트로 뼈대를 구축한 후, 학회지와 본서 및 현장이야기 등으로 살을 붙여야 합니다.
② 야근에 회식에 일하면서 공부하기 힘들더라도 하루에 30분이라도 꾸준히 책을 손에서 놓지 말아야 합니다.
③ 문제풀이 능력을 키워야 합니다. 이 시험은 쓰는 시험, 즉 논술시험입니다. 그러므로 기승전결을 갖고 자연스런 흐름을 구축할 수 있도록 대제목도 생각하고, 채점자에게 어필할 수 있는 아이템도 구축하고, 시간 안에 쓰는 연습이 주가 되어야 합니다.
④ 시간 안에 쓴 자신의 답안지를 검토받아야 합니다. 저는 독학으로 공부했기 때문에 저의 답안을 체크해주는 사람이 아무도 없었습니다. 학원을 다니면 좋겠지만 사정상 어렵다면 카페 등에 모의답안을 올리고 멘토들에게 날카로운 첨삭을 받아야 합니다. 그럴수록 답안은 변해갈 것이며, 점점 변하는 답안지는 합격에 근접해간다고 말씀드릴 수 있습니다.
⑤ 어느 정도 공부가 되었다면 스터디를 해서 서로의 필살기를 공유하고 채점자의 시선을 확 끌어당길 수 있는 아이템이 필요합니다. 저는 항상 시험 후 복기를 했는데 점수가 안 나온 교시를 분석해보니 너무 평이하게, 즉 100명이면 90명이 쓸 것 같은 답을 적었을 때 항상 폭탄을 맞았습니다. 기본을 중시하면서 시선을 끌 수 있는 도식화나 현장이야기 등이 중요합니다.

다음은 면접시험입니다.
99회 57.33점, 100회 74점 받았습니다. 저는 면접을 2번 만에 운 좋게 합격했지만 면접은 절대 쉬운 시험이 아닙니다. 오히려 면접시험이야말로 본게임이라고 생각합니다. 저는 나이도 젊고 현장경험도 적어서 남들보다 2배 이상 준비해야 한다고 생각하고, 스터디를 통해 그리고 카페를 활용하여 실제 현장에서 일하는 사람보다 많이 알 수 있도록 많이 노력했습니다. 또한 어떻게 해야 면접관들에게 호감 가는 대답을 할 것인지 항상 생각했고, 지하철 출퇴근을 하면서 말하는 연습을 했습니다. 카페의 면접 게시판을 활용하여 대답하며 현장의 경험을 어떻게 적용할지 고민했습니다. 물론 질문에 대한 대답은 정확히 할 수 있어야 합니다.

 면접공부는 스터디가 중요한 것 같습니다. 스터디를 통해 모의 면접시험을 해보면서 말하는 연습도 되었고, 잘못된 부분을 알게 되면서 잘 모르는 질문에 대해서도 비스무리하게 대답할 수 있었고, 잘 모를 때 준비한 이력사항으로 끌고 가는 방법도 사용할 수 있었습니다.

 예를 들면, 웰포인트 공법을 준비한 경우, 단순히 지하수위를 처리하는 방법이라고 생각하면 안 됩니다. 보일링이나 히빙을 물어볼 경우 현장 적용사례로도 쓸 수 있고, 실정보고나 설계변경에 대한 현장 경험으로도 쓸 수 있고, VE검토 후 적용사례로도 쓸 수 있고, 현장에서 발생한 문제로도 쓸 수 있고, 어떻게 갖다 붙이느냐에 따라서 모든 토목공사는 다 연결되어 있다고 생각합니다.

 이런 것들은 말하는 연습을 통해, 그리고 스터디를 통해 자꾸 숙달해야 합니다. 그래서 저는 거의 모든 대답에 현장 얘기를 꼭 넣었습니다. 물론 물어본 것에 대한 대답을 먼저 해야 합니다. 면접공부의 키는 '말하는 연습'과 '스터디'라고 생각합니다.

 토목시공기술사는 포기만 하지 않으면 언젠가는 되는 시험입니다. 부디 이 글을 읽고 토목시공기술사를 준비하시는 모든 분들께 조금이나마 도움이 되길 바라며 합격수기를 마칩니다.

CHAPTER 07 도시계획기술사

● 도시계획기술사 기본정보

① 도시계획기술사 소개

① **개요** : 도시의 발전을 계획적으로 유도하고, 질서 있는 시가지를 형성하며, 시민의 건강, 문화적인 생활, 지능적인 활동을 확보함을 목적으로 자원의 효율적인 이용을 극대화할 수 있는 전문 인력의 양성을 위해 제정

② **연혁** : 국토개발기술사(지역및도시계획)(1974년 신설) → 도시계획기술사(1991년 변경)

③ **진로** : 도시계획분야는 크게 공공, 학계, 기술산업계로 구분됨
 - 공공분야는 정부기관의 도시계획직, 정부투자기관 등에 진출 가능
 - 학계는 대학 및 연구기관으로 진출 가능
 - 기술산업 분야로는 도시계획 전문 엔지니어링, 전문 시행사, PM사, 컨설팅, 민간 건설회사의 개발사업팀, 주택사업 팀으로 진출 가능
 - 최근에는 주민과 함께 공동체를 활성화하고 함께 수립하는 상향식 계획을 전문

으로 하는 분야로도 업무분야가 확대됨

④ **전망** : 소득수준의 향상과 정부주도에 의한 주택 산업, SOC 등 대규모 사업, 지방화시대에 따른 재개발, 주택 및 상하수도, 지역개발, 환경문제 등 고용증가 요인이 있었으나 도시화율이 선진국 수준으로 육박해가고 있어 신규개발 위주의 도시계획업무의 고용은 현 수준을 유지할 전망. 그러나 도시재생분야, 상향식 계획과 공동체 활성화, 사업시행을 총괄관리하고 코디네이트하는 PM 분야 등 다양한 업무로 그 분야가 확장되고 있어 진출할 수 있는 고용 분야는 더 확대될 것으로 예상

⑤ **시험정보**
- 관련학과 : 도시계획학, 도시 및 지역계획학, 환경공학, 토목공학, 건축공학 관련학과
- 시험과목 : 도시구성, 토지이용, 도시개발 및 각종 단지의 계획과 설계, 기타 도시 및 지역의 계획, 통계에 관한 사항
- 시험시기 : 3회/1년

⑥ **응시/합격자 현황**

연도	필기			실기		
	응시	합격	합격률(%)	응시	합격	합격률(%)
2016	225	7	3.1%	9	8	88.9%
2015	289	8	2.8%	12	9	75%
2014	394	8	2.0%	13	8	61.5%
2013	418	11	2.6%	16	11	68.8%
2012	457	13	2.8%	22	13	59.1%
2011	639	12	1.9%	21	11	52.4%
~2010	4,731	389	8.2%	525	381	72.6%
소 계	7,153	448	6.3%	618	441	71.4%

② 과목의 구성

① **국토 및 지역계획**

② **도시계획론** : 도시계획체계, 도시기본계획, 도시계획, 용도지역, 구역, 지구, 도시계획시설, 지구단위계획, 개발행위허가 등

③ **도시계획이론** : 계획이론 역사, 계획주체, 계획가, 계획이론 트렌드

④ **토지이용계획** : 토지이용계획이론, 단지계획, 도시설계

⑤ **도시개발론** : 신도시, 도시개발사업, 산업단지, 정비사업, 촉진사업, 해외개발, 복합개발, 방재, 기타

⑥ **도시재생** : 도시재생활성화계획, 도심재생, 산업단지재생, 신도시재생, 리모델링, 주민참여

⑦ **최신이슈** : 최근 시사이슈와 연관된 도시계획사항
   - 기후변화, 초고층, 국가경쟁력, 비도시지역, 최신법 개편, 저출산, 고령화, 친환경, 건강도시, 사회적 배제, 스마트시티, 방재안전 등

⑧ **학술자료 등**
   - 국토도시계획학회 : 도시정보, 국토계획학회지
   - 국토연구원 : 월간국토, 국토정책 Brief
   - 도시설계학회 : Urban Rievien, Urban Design
   - 도시문제
   - 국토부 보도자료
   - 서울시, 경기도 보도자료

도시계획기술사 합격자 인터뷰

Q7. 간단한 본인 소개를 부탁드립니다.

현재 ㈜OO엔지니어링 도시계획1부에 근무하고 있는 OOO(기술사님 요청에 따라 비공개)입니다. 2012년에 96회 기술사를 취득했고, 경력은 약 16년입니다.

Q3. 기술사 시험은 얼마 동안 준비하셨나요?

기술사 시험을 본격 준비한 기간은 3년 반 정도 됩니다. 2007년부터 총 9번의 시험을 본 후 2012년 5월에 최종 합격하였습니다. 처음 기술사에 관심을 가진 것은 과장이 되면서부터였고, 도시계획분야 엔지니어링에 종사하며 업무와 공부를 동시에 해야 했기 때문에 바로 실행에 옮기지는 못했습니다. 실제로 한두 번 시험을 보면서 본격 공부하게 되었고 어느 정도 가능성이 보이기 시작하면서 집중해서 공부했습니다.

Q3. 기술사 자격증 취득을 준비해야겠다고 생각한 계기가 있으신가요?

도시계획전문 엔지니어링회사에 근무하고 있어서 도시계획기술사는 선망의 대상이기도 하고, 어느 정도 직급이 되면 각종 업무에 자격능력을 요하는 업무가 많음을 알았기에 직급이 올라가면서 기술사 자격증의 필요성을 절감하게 되었습니다. 메이저 엔지니어링사에서는 기술사를 보유하여야 임원으로 승진

할 수 있고 기술사를 보유할 경우 이직과 회사설립이 자유로워지는 등 전문기술인으로서 좀 더 폭 넓은 활동과 성공을 위해 도시계획기술사가 필요하다는 사실을 점점 더 실감하게 되었습니다. 후배들은 선배의 등을 보면서 간다고 하는데, 선배 중에 도시계획 분야의 전문인으로서 뛰어난 실력을 가졌지만 자격증을 보유하지 않은 분들이 많았고 팍팍이 살아가는 그들의 모습을 보면서 자극이 되었습니다. 기술사를 취득한다 하여 미래가 확 변하는 것은 아니지만 좀 더 나은 미래를 꿈꾸며 자격증 도전을 결심하게 되었습니다.

시험공부는 주로 어디서, 어떤 시간에 하셨나요?

Q4

도시계획분야의 업무특성상 간혹 야근을 하기도 했기 때문에 주중에 공부시간을 내기는 쉽지 않았습니다. 그래서 토요일과 일요일은 합격할 때까지 도시계획기술사 자격증을 위해 투자하기로 하였고, 시험을 앞둔 3개월가량은 토요일과 일요일에 각각 7~8시간, 주말 평균 15시간 정도 공부했습니다. 주중에는 일찍 퇴근을 하는 날에 간혹 공부를 했지만 2~3시간도 힘들었고, 주로 주말에 집중해서 공부했습니다. 저는 주로 집에서 공부했습니다. 공부할 당시 아직 아이가 없었기 때문에 공부에 집중할 수 있는 조건이 되었고, 주말 공부에 대해서는 아내의 배려가 중요한 역할을 했습니다. 도서관이 집중하기에는 더 좋았지만 방대한 자료들을 수시로 볼 수 있다는 장점 때문에 집에서 공부했습니다.

Q5 도시계획기술사 시험을 준비하는 데 사용한 참고도서나 자료는 어떤 것들이 있나요?

도시계획기술사는 분야가 폭 넓고 계속해서 다양한 최근 이슈를 숙지하여야 하기 때문에 도시계획분야의 대표적 학회인 국토도시계획학회와 도시설계학회의 자료를 우선적으로 섭렵했습니다. 주로 국토도시계획학회에서 매월 발행되는 '도시정보지'와 도시설계학회의 'Urban Review'를 구독하여 정리했고, 국토연구원에서 발행하는 '국토'의 매월 특집주제와 국토 Brief도 주요 공부 자료 중 하나였으며, 국토교통부에서 매번 발표하는 보도 자료를 참고해서 최근 이슈와 연관된 주제를 정리하였습니다.

도시계획분야의 기초이론은 기술사 학원에서 발간한 책(1, 2권)을 중심으로 자료를 찾거나 기본도서 등의 자료를 연계해서 기초적인 내용을 채워 나갔습니다. 도시계획기술사 수험자들의 기본도서라고 할 수 있는 도시계획론, 토지이용계획론, 도시개발론, 국토 도시계획론 등을 별도로 공부하지는 않았습니다.

Q6 도시계획기술사 시험 관련 자료는 어디서 구할 수 있나요?

처음 기술사에 도전할 당시인 2007년에는 기술사에 대한 정보가 그리 많지 않았기 때문에 전문학원에서 1차례 8주간의 주말강의를 들으면서 개략적인 기술사 시험방법과 공부범위를 이해할 수 있었고, 학원의 도서를 기반으로 기술사 관련 수험서를 한두 권 정도 구매하였습니다. 시험에 대한 자료는 주로 인터넷 검색을 통해 하나씩 정리해나갔고, 합격하기 지전인 2011년에는 도시계획기술사에 도전하는 사람들이 많이 활동하는 '공유가치를 생각하는 도시계획가 모임(공생계)'에서 다양한 자료를 참고하였습니다.

시험에 본격적으로 관심을 가지며 합격자의 정리노트 복사본을 받아본 적이 있지만, 직접 정리한 자료가 아니라서 잘 읽히지 않아 별 도움이 안 되었고, 직접 찾은 자료를 하나씩 정리했던 것이 실질적으로 도움이 되었습니다.

> **Q7** 도시계획기술사 시험을 다른 종목 시험과 비교할 때 가장 큰 특징이나 차이점은 무엇인가요?

도시계획분야는 개발사업, 건설, 건축, 교통, 조경, 토목, 디자인, 문화, 주민활동, 시민운동 등 연관분야가 너무나 다양하기 때문에 공부범위가 상당히 폭 넓다는 것이 특징이자 어려운 점입니다.

1교시 용어문제의 경우, 폭넓은 분야에서 파생된 용어를 이해하고 논리적으로 기술하는 것이 어려운 점이었습니다. 특히 최근의 이슈나 시사적으로 연관된 용어를 지속적으로 정리하고 숙지하며 실력을 쌓아야 합격이 가능한 것 같습니다.

도시계획 업무는 계획을 직접 도면에 그리는 작업이 상당부분 필요하기 때문에 간혹 조건을 내어주고 계획을 요구하는 문제가 있습니다. 하지만 그리 많지 않고 이 경우에도 도시계획기사와 같이 T자, 삼각자 스케일 등을 활용하는 경우는 거의 없으며, 간략한 프리핸드로 계획 컨셉을 제시하는 문제가 대부분입니다.

논술문제는 최근에 이슈가 되는 사항에 대해 도시계획 전문인으로서 문제점과 개선방안을 제시하고 논리적으로 기술하는 문제들이 많다고 볼 수 있습니다.

Q8 도시계획기술사 자격 보유자에 대한 처우는 어떤가요?

현재 저는 회사에서 기술사 자격 수당으로 50만 원을 매달 지급받습니다. 도시계획기사만 있을 때의 5만 원에 비해 10배 수준입니다. 다른 회사의 경우 자격 수당으로 적게는 30만 원에서 직급에 따라 100만 원 정도까지 지급되는 경우도 있지만, 엔지니어링 회사에서 자격 수당은 50만 원 정도 지급되는 것이 일반적입니다. 다만, 공공조직에 속한 경우에는 5~10만 원 수준의 자격 수당이 지급되고, 특정 회사의 경우에는 수당이 지급되지 않는 경우도 있어 편차가 큽니다.

기술사를 보유할 경우 도시계획기술사사무소를 개설할 수 있는 자격이 주어지며, 공공에서 발주되는 프로젝트의 경우 도시계획기술사를 보유한 업체로 한정해서 제안할 수 있는 경우도 많습니다. 경력에 따라 PQ에 참여할 수 있는 자격을 얻을 수 있고, 사업책임기술자 또는 분야별 책임기술자의 업무를 수행할 수 있습니다. 엔지니어링사에서는 승진 시 혜택이 있을 수 있습니다.

무엇보다 중요한 것은 업무수행 시 도시계획전문가로서 어느 정도 대우를 받을 수 있다는 점과 도시계획분야에서 새로운 회사 설립이 좀 더 자유로워진다는 것입니다. 다만, 토목, 교통, 건축 분야 등은 법적으로 명시하여 기술사가 반드시 참여하거나 성과에 대해 기술사가 날인하도록 하는 등 법적 보호 장치들이 갖추어 졌지만, 도시계획분야는 기술사의 권리나 법적보호가 모호하게 되어있어 이는 향후 개선되어야 할 사항입니다. 자격증에 대한 법적 장치가 마련될 경우 도시계획기술사의 가치는 더 높아질 것입니다.

> **Q9** 한국산업인력공단 홈페이지에서 소개하고 있는 도시계획기술사 자격의 현황과 전망 중 보완 설명하고 싶은 사항이 있으신가요?

한국산업인력공단에서는 도시화율의 진전에 따라 향후 도시계획분야의 고용은 현 수준을 유지할 것으로 전망하고 있습니다. 하지만 도시계획분야가 신도시개발, 택지개발, 관광산업개발 등 분야 이외에도 패러다임의 변화와 도시저장에 따라 도시재생과 인구감소, 고령화 등 다양한 도시현상에 대응하는 새로운 업무들을 수행하고 있기 때문에, 개발사업 위주의 계획업무 수요는 현 수준을 유지하지만 새로운 업무가 늘어날 것으로 생각하고 있습니다. 그리고 도시계획분야의 계획업무가 전체 사업을 총괄 관리하고 코디네이트하는 역량이 뛰어난 만큼 프로젝트 PM, CM, 사업시행 분야에서도 활약할 수 있습니다. 본인의 관심과 노력에 따라 활동 가능한 분야는 다양해질 것으로 전망하고 있습니다.

> **Q10** 개인적으로 기술사 취득 후 어떤 점이 달라졌나요?

도시계획기술사 취득 후 활동범위가 상당히 넓어졌습니다. 만약 기술사를 취득하지 않았다면 회사 내의 업무에 한정된, 반복적인 생활이었을 것입니다. 하지만 기술사 취득 후에는 기술사회, 학회 등 활동의 폭이 더 넓어졌고, 회사를 비롯하여 사회적으로도 자격에 맞는 업무를 요구하면서 역량이 이전보다 훨씬 더 성장하고 있다고 생각됩니다. 앞으로 어떤 변화가 있을지 모르겠지만, 합격을 위해 한참 공부할 때와 달리 주말에 가족과 함께 여유로운 생활을 즐길 수 있다는 점이 큰 변화라고 할 수 있을 것 같습니다. 또 큰 변화 중 하나는 도시계획기술사 합격률이 너무 낮고 합격하기까지 과정이 쉽지만은 않았으나, 이러한 과정을 경험하면서 새롭거나 어려운 업무에 적응하려는 태도가 좀 더 과감해진 것 같고 좀 더 단단해 졌다는 생각이 듭니다.

Q11 끝으로 도시계획기술사 시험을 준비하는 분들께 한 말씀 부탁드립니다.

도시계획기술사 필기시험 합격률은 2010년 이후 2% 수준입니다. 정말 낮은 합격률이고 공부 시작부터 엄두가 나지 않는 수치입니다. 그러나 시험을 보는 사람들 중에 대다수가 시험에 도전한 지 얼마 안 된 분들이고, 비슷한 나이, 비슷한 상황을 가지신 분들이 많습니다. 제가 3~4년 동안 8번의 불합격을 경험한 후에 합격하였듯이, 하나씩 시작해서 쌓아간다고 생각하고 노력한다면 좋은 결과를 얻을 수 있으리라 생각합니다.

많은 수험자가 따로 시간을 내서 공부하기 어려운 상황일 것입니다. 그러니 평소 업무시간에도 공부한다 생각하고 정리하는 습관을 갖고 평소 사회적 이슈들을 시험문제와 연관해서 생각하는 노력을 한다면 실력향상에 많은 도움이 될 것입니다.

또 한 가지, 도시계획기술사 시험은 어디까지나 시험입니다. 아무리 본인이 많은 걸 알고 도시계획분야의 전문성을 가지고 있다고 해도 시험은 답안으로 평가를 받기 때문에 답을 체계적으로 정리하는 것이 중요합니다. 체계적인 답안은 목차에서부터 시작되며, 채점자에게 바로 어필할 수 있는 차별화된 목차 구성과 요약정리 연습이 정말 중요한 합격 노하우라고 생각합니다. 본인의 논리를 체계화하는 것은 무엇을 하더라도 큰 힘을 발휘할 수 있기 때문에 논리적 사고를 하고 이를 표현하는 연습을 습관화하는 것이 합격에 큰 도움이 될 것입니다.

도시계획기술사 답안작성 예시

용어문제 1)

성장거점이론에 대하여 설명하시오.

I. 배경 및 개념
- 경제성장의 총량적 효율성을 강조하는 불균형 지역발전이론
- 60년대 말~70년대에 걸쳐 특히 개발도상국가에서 경제성장과 함께 낙후지역 문제 해결을 위해 지역개발 정책 수단으로 채택
- 기초수요이론과 상반되는 개념으로서 경제규모를 키워 파급효과를 주변지역으로 파급시키는 이론

II. 주요 요소
1. 성장극(Growth Pole)
   1) 페로(F. Perroux)가 처음 사용
   2) '원심력'과 '구심력'이 작용하는 '극'이 존재하며 산업과 기업이 중심(구심력)
2. 성장거점(Growth Center)
   1) 성장극 개념에 입지적 요소를 가미
   2) 중심지와 주변지의 관계

구 분	부정적 효과	긍정적 효과
미르달(Myrdal)	역류(Backwash)	확산(Spread)
허쉬만(Herschman)	극화(Polarization)	적하(Tricking down)

① 역류 : 주변 지역의 인구, 자본, 숙련공이 중심지로 이동
② 확산 : 중심지의 인구, 자본, 기술이 주변지로 확대
③ 극화 : 중심도시의 성장이 중심도시에만 계속 집중
④ 적하 : 중심도시의 성장이 주변지역으로 확산

III. 우리나라 적용 사례
1. 제2차 국토종합개발계획(1972~1981)상 15개 도시를 성장거점도시로 지정(대구, 대전, 광주 등)
2. 제3차 국토종합개발계획(1982~1991)상 거점개발방식(남동임해공업지역, 경인공업지역 등) 도입

3. 제4차 국토종합개발계획(1992~2010)상 광역경제권계획 수립
4. 경제자유구역, 혁신도시, 행복도시, 기업도시 등 국책사업이 지역의 발전을 견인하는 성장거점역할 수행

IV. 평가

1. 장점
    1) 선도기업 입지 및 집중 투자로 규모의 경제를 이룸
    2) 쇄신(Innovation)과 혁신 용이
    3) 낙후지역 유출인구 흡수로 인구의 지방정착 유도
2. 단점
    1) 선도산업에 지나치게 의존적이며, 선도산업의 성패에 좌우됨
    2) 초기에 역류효과 발생으로 기존 영세산업의 쇠퇴를 초래
    3) 규모의 불경제 형성 우려 및 자유입지기업 입지 시 효과 미약
    4) 또 다른 지역과의 불균형문제 발생

논술문제 1)

근린주구이론과 TOD이론을 비교하고, TOD이론 적용 시 도시계획 측면에서 구체적인 기대효과를 서술하시오.

I. 개념

1. 근린주구이론
    1) 개인과 집단의 일상생활 활동이 파급·교류되는 범위
    2) 자연적·사회적·경제적으로 자기완결적 정체성을 갖는 생활권
    3) 동질적 공동체로서의 개념이 강조되는 사회단위를 형성하기 위한 이론
    4) 지역의식을 형성하고 공동서비스, 각종 필요시설을 주변에서 확보하고 활용할 수 있는 지역적·공간적 범위를 형성하기 위한 이론
    5) 계획/설계 기법
2. TOD이론
    1) 대중교통지향형 개발로 대중교통, 자전거, 도보를 이용한 주거·상업의 접근성을 제고하고자 하는 계획·설계 기법
    2) 자동차에 의존한 교외 개발을 억제하고 자원절약적, 환경친화적 도시공간을 조성하기 위한 계획·설계 기법

II. 근린주구이론과 TOD이론 비교

구분	근린주구이론	TOD이론
도입배경	1차 세계 대전 이후 도시문제	2차 세계 대전 이후 시가지 확산 문제
주창자	C. A. Perry 「The Neighborhood Unit Formula」	Peter Calthope 「The Next American Metropolis」
주요원칙 (핵심요소)	① 규모(12~20ha) ② 경계(가로에 의해 구분) ③ 공공공지(주구 내 Open Space 확보) ④ 공공시설(중심에 배치) ⑤ 상업시설(중심에 배치) ⑥ 내부도로체계(보행 중심)	① 고밀개발(45세대/ha) ② 환승역 보행거리 내 주·상·공 배치 ③ 보행친화적 가로망 ④ 주택유형·밀도·가격 혼합배치 ⑤ 양질의 자연환경과 공지 보전 ⑥ 공공공간은 근린생활의 중심지로 활용 ⑦ 대중교통노선을 따라 재개발
개념도		
커뮤니티 크기	반경 400m	반경 600~800m(10분 거리)
근린의 밀도	20~25세대/ha	45세대/ha
커뮤니티 중심	초등학교	대중교통환승역(커뮤니티+상업)
토지이용 구성	용도분리	용도혼합(가로 활성화)
주요 이동수단	자동차	보행(대중교통에 의한 지원)
가로/블록체계	슈퍼블록	중규모 블록·그리드 체계
가로의 기능	보차분리	보차혼용(보행우선 가로)

III. TOD이론 적용 시 기대효과

1. 교통투자 효율성 증대 : 대중교통 이용자 증가
2. 이동수단 선택의 다양성 제고
3. 안전한 보행환경 제공
4. 도심 활성화 제고 및 공동화 방지
5. 공공용지 확보 용이

IV. TOD개발 방향
 1. 상대적 저밀 역세권 개발에 우선 적용
 2. 주차상한제, TDM 병행
 3. MXD 추구
 4. 녹색교통지향형 도시설계 필요

V. 맺는 말
- 1980년대 강남 개발 시 근린주구이론 적용
- 잠실–반포·노원 개발–신도시 개발 시 TOD로 이동
- 최근 저탄소 녹색성장과 부합하는 기법으로서 기성시가지 정비 및 신도시 개발 시 적용 필요

CHAPTER 08 조경기술사

조경기술사 기본정보

1 조경기술사 소개

① **개요** : 자원의 보전과 보호에 관심을 두고, 문화적·과학적 지식을 활용하여 자연요소와 인공요소를 적절히 조절(쾌적한 환경을 조성)하기 위하여, 휴양공간으로서 주거생활환경의 개선과 토지의 효율적 활용 그리고 자원의 낭비와 환경의 질적 저하를 막기 위하여 토지, 구조물, 식물, 물 등을 배치하고 구상하는 전문인력의 필요성이 대두되어 도입

② **연혁** : 국토개발기술사(조경)(1974년 신설) → 조경술사(1991년 변경) → 조경기술사(현재)

③ **진로** : 일반 건설회사의 조경부서, 조경엔지니어링 회사, 조경식재 전문공사업체, 조경시설물설치 전문공사업체, 한국주택공사, 한국도로공사 등의 정부투자기관, 학계, 연구소 및 조경직공무원 등 다양한 분야에 진출 가능

④ **전망** : 현재 건축경기의 회복에 따라 조경공사가 증가할 것이기 때문에 조경기술

사의 고용도 증가할 것으로 예상. 장기적으로 생활수준이 향상되면서 생활환경을 중시하는 경향이 강하게 나타나고 있어 생활환경 개선을 목적으로 투자를 늘리고, 유락시설의 신축이나 재개발에 따른 조경공사도 지속적으로 발생할 것이므로 조경기술사의 인력수요는 증가할 것으로 전망

⑤ 시험정보
- 관련학과 : 대학 및 전문대학의 조경학, 원예조경학, 환경조경학, 녹지조경학 관련학과 등
- 시험과목 : 환경보전, 산림보전, 공원녹지, 공지, 조경 및 도시경관 등의 계획과 설계, 시공, 관리에 관한 사항
- 시험시기 : 2회/1년

⑥ 응시/합격자 현황

연도	필기			실기		
	응시	합격	합격률(%)	응시	합격	합격률(%)
2016	178	8	4.5%	13	8	64.5%
2015	228	15	6.6%	23	15	65.2%
2014	308	12	3.9%	18	12	66.7%
2013	345	12	3.5%	15	11	73.3%
2012	390	13	3.3%	13	12	92.3%
2011	389	11	2.8%	19	14	73.7%
~2010	3,855	299	7.8%	400	297	74.3%
소 계	5,693	370	6.5%	501	369	73.7%

② 과목의 구성

① 조경계획, 조경설계, 조경시공, 조경관리, 조경생태, 조경법규, 조경사
② 최신이슈, 학술자료 등

조경기술사 합격자 인터뷰

Q1. 간단한 본인 소개를 부탁드립니다.

현재 ㈜OO기술공사건축사사무소에 근무하고 있는 OOO입니다. 2014년에 조경기술사를 취득했고, 경력은 취득당시 기준 약 15년입니다.

Q2. 기술사 시험은 얼마 동안 준비하셨나요?

2010년 11월부터 2014년 5월까지 만 3년 7개월 공부했습니다. 2010년 11월 28일 기술사학원을 등록하면서 시작하여 총 4회 학원수업을 들었으며, 2011년부터 매년 2회의 시험을 보았고 총 6회 만에 합격했습니다.

Q3. 기술사 자격증 취득을 준비해야겠다고 생각한 계기가 있으신가요?

사실 거창한 포부를 갖고 자격증 준비를 시작한 것은 아닙니다. 다만 멋진 아빠, 남편, 아들, 사위가 되기 위해서 조경기술사가 되어야 겠다고 생각했습니다. 좀 더 나은 미래를 위한 묻지마 식 도전이랄까요? 라이선스에 대한 막역한 기대감과 동경심이 컸고, 시간이 지나면서 포기하려는 마음을 아이들을 생각하며 다잡았습니다. 또한 3살 딸과 2살 아들을 쌍둥이 유모차에 태워 다니며 주말을 보내는, 고생하는 아내를 생각하며 마음을 다잡았습니다.

> **Q4** 시험공부는 주로 어디서, 어떤 시간에 하셨나요?

대부분 비슷하다고 생각합니다. 저는 시험 3개월 전 학원 수업을 듣기 시작하면서 집 근처 독서실을 3개월 등록하여 공부했으며, 2월과 5월 시험 후 나머지 기간은 집 근처 도서관을 이용했습니다. 조경설계는 대부분 늦은 시간까지 야근을 해야 하는 직종이라서, 저는 시간을 정했습니다. '독서실 문을 닫을 때까지 한다. 독서실은 새벽 2시까지 하니까, 밤 12시에 퇴근해도 1시간이라도 독서실에 앉아 있겠다.'라고 생각했습니다. 대부분 양보다 질이라고 하지만 저는 양이 우선이라 생각했습니다. 놀아도 독서실에서 논다는 생각, 하루를 쉬면 계속 쉬게 되니 무조건 앉아 있겠다는 생각으로 회식을 해도 독서실에 가서 자다가 새벽 2시에 집에 들어갔습니다.

> **Q5** 조경기술사 시험을 준비하는 데 사용한 참고도서나 자료는 어떤 것들이 있나요?

대학교 1학년 때부터 배웠던 교재인 조경학개론, 조경계획론, 조경식재론, 조경설계론, 조경관리론, 조경사 등 학부 시절에 배웠던 기본교재부터 새로 구입해서 나름대로 정리를 했습니다. 공부하면서 참고도서는 도서관에서 빌려서 주요 부분만 정리하고 반납했으며, 인터넷을 통해서도 많은 부분을 참고했습니다. 다른 분야도 마찬가지겠지만 범위가 너무 광범위해서 책 몇 권만 봐서는 안 되고, 한 권의 책에서도 정작 중요한 부분은 몇 페이지가 되지 않습니다. 인터넷 자료는 너무 무궁무진해서 어떤 것이 맞는지, 틀리는지 확실하지 않아 그 또한 스스로 정리하는 과정이 필요하지 않나 싶습니다. 그리고 가장 중요한 참고자료는 '기출문제'라고 생각합니다.

Q6. 조경기술사 시험 관련 자료는 어디서 구할 수 있나요?

초기에는 너무 막연하고 어디서부터 어떻게 준비해야 할지 감을 잡기가 어려워서 학원의 도움을 받았습니다. 학원 수업을 잘 듣고 과제를 충실히 하면서 답안을 정리했고, 조경기술사 관련 인터넷 카페에서도 많은 자료 및 도움을 받았습니다. 정답은 없습니다. 학원 자료, 카페 자료, 기출문제 등 모든 것은 자료일 뿐 자신만의 정리가 필요하다고 생각합니다. 또한 실무경력사항을 답안지에 많이 녹여 넣는 것이 가장 좋은 답이라는 생각으로 본인의 실무경력을 조리 있게 정리하는 것도 중요하다고 생각합니다.

Q7. 조경기술사 시험을 다른 종목 시험과 비교할 때 가장 큰 특징이나 차이점은 무엇인가요?

분야의 특성상 건축, 토목, 산림, 원예, 생태, 도시계획 등 인접 분야와의 관계를 조율해야 하는 분야라고 생각합니다. 그러다보니 인접 분야의 개괄적인 업무 내용도 알아야 하고, 자신의 실무경험과 함께 어떻게 조율할 것인지에 대해서도 답안에 제시해야 하는 것이 특징이라고 할 수 있습니다.

Q8. 조경기술사 자격 보유자에 대한 처우는 어떤가요?

기술사 자격 보유자에 대한 처우는 개인별, 기업별로 천차만별이지만 일반적으로는 일정금액의 자격 수당, 승진심사 시 가점, 각종 심의 및 심사위원 선정 등이 전부일 것입니다. 기술사가 되면 특별한 뭔가가 있을 것이라는 생각은 내려놓으시는 것이 좋을 듯합니다.

Q9 한국산업인력공단 홈페이지에서 소개하고 있는 조경기술사 자격의 현황과 전망 중 보완 설명하고 싶은 사항이 있으신가요?

일반적으로 한국산업인력공단의 홈페이지를 보고 자격증의 전망을 알아보는 경우는 거의 없을 것으로 판단됩니다. 일반적인 자격증의 전망보다는 수험생 현황과 출제기준, 출제경향 등 수험생들에게 도움이 될 만한 내용이 꾸준히 업데이트되면 좋겠습니다.

Q10 조경기술사 자격 보유자에 대한 처우는 어떤가요?

'기술사를 취득하면 무언가가 좋아지겠지?'라고 막연한 기대를 하면서 공부를 합니다. 물론 많은 변화나 이득이 있을 수도 있습니다.

글쎄요. 저는 자기만족이 가장 크지 않을까 생각합니다. 3~4년간 한 가지 목표를 위해 노력한 결과를 얻었다는 만족감 말입니다. 수당, 승진 등은 부수적으로 따라오겠지만 이것만을 위해 이 어려운 것을 한 것은 아닐 것입니다. 명함에 조경기술사는 다섯 글자가 쓰인 것이 가장 큰 차이점이고, 이를 보고 인정해주고 대우해주는 감독들이 조금 있다는 점이 달라진 점이 아닐까 생각합니다.

Q11 끝으로 조경기술사 시험을 준비하는 분들께 한 말씀 부탁드립니다.

시작이 중요한 것 같습니다. 중간에 포기하고 싶은 마음, 지치고 힘든 시간은 누구에게나 있습니다. 잘 극복하시면 좋은 결과를 얻을 수 있을 것입니다.

주변에서 기술사 공부를 어떻게 해야 하냐고 물으면, 제가 항상 하는 얘기가 있습니다. 지난 10년간 기출문제를 과목별로 분류해서 답안지를 작성해보는 것부터 시작하라고 합니다. 1년에 42문제, 10년이면 420문제 중 유사문제들을 분류하고 2~3번 출제된 유사문제는 비슷한 공통 답안을 작성해서 암기노트에 정리합니다.

예를 들어, '도시공원 및 녹지 등에 관한 법률'에 대해서 나온 문제는 서론, 개요를 비슷하게 쓸 수 있으니 3~4줄로 정리해서 서론이나 개요에 쓸 수 있는 공통 답안을 작성합니다. 'Ⅱ장.'에서 빠른 시간에 쓸 수 있는 개괄적인 내용을 공통 답안으로 작성해서 정리하면 '도시공원 및 녹지 등에 관한 법률'에 대한 문제의 'Ⅰ. 서론'과 'Ⅱ장.'을 빠른 시간에 작성하고, 'Ⅲ장~Ⅳ장'을 여유 있게 쓸 수 있게 됩니다. (실제로 여유는 없습니다.)

이렇게 공통 답안을 작성하고 외워도 막상 시험시간에는 생각나는 대로 쓰기는 합니다만, 공통 답안을 쓸 수 있는 문제가 나오면 자신감이 생깁니다. 꾸준히 시험을 보고 기출문제를 정리하면서 2~3년 지나면, 자신만의 공통 답안과 실무경험을 바탕으로 준비하면 좋은 결과가 있을 것이라 생각합니다.

포기하지 마세요. 시작할 거면 끝까지 하시고, 끝까지 못갈 것 같으면 시작도 하지 마세요.

조경기술사 답안작성 예시

용어문제 1)

자연공원법에서 규정하고 있는 '용도지구'의 종류에 대하여 설명하시오.
(99회차 1교시 12번 문제)

I. 정의
  1. 자연공원법은 자연공원의 지정, 보전, 관리에 필요한 사항을 규정하여 자연생태계, 문화경관 등을 보전하고 지속가능한 이용을 도모하기 위한 법률임
  2. 자연공원을 효과적으로 보전하고 이용할 수 있도록 하기 위하여 용도지구를 공원계획으로 결정함
  3. 자연공원의 용지지구 종류는 공원자연보존지구, 공원자연환경지구, 공원마을지구, 공원문화유산지구로 구분됨

II. 자연공원의 정의 및 유형
  1. 정의
     - 자연생태계 보전
     - 자연·문화경관 지속적 이용 위한 공원
  2. 유형
     1) 국립공원
        - 국가를 대표할 만한 지역으로 지정된 공원
     2) 도립공원
        - 특별시·도 지정 공원
     3) 군립공원
        - 시·군·자치구 지정 공원
     4) 지질공원
        - 지구과학적, 경관이 우수한 곳 환경부 장관 지정 공원

III. 용도지구 지정 목적 및 종류
  1. 목적
     1) 자연공원 효과적 보전
     2) 지속가능한 이용

2. 용도지구의 종류
  1) 공원자연보존지구
    • 생물다양성 특히 풍부한 곳
    • 자연생태계 원시성 지닌 곳
    • 보호가치 높은 야생동식물 서식처
    • 경관이 특히 아름다운 곳
  2) 공원자연환경지구
    • 공원자연보존지구 완충공간
    • 보전할 필요 있는 지역
  3) 공원마을지구
    • 마을 형성된 지역
    • 주민 생활 유지에 필요한 지역
  4) 공원문화유산지구
    • 지정 문화재 보유한 사찰
    • 문화재 보전에 필요한 지역
    • 불사에 필요한 시설을 설치하고자 하는 지역

논술문제 1)

파 4홀 골프코스의 표준평면도(None-Scale)를 작성하고, 골프코스의 공간별 성격과 조경식재 개념을 도식하여 설명하시오.
(97회차 4교시 5번 문제)

I. 서언
  1. 일반적으로 골프코스는 파 3, 파 4, 파 5홀을 조합하여 18홀이 1단위로 구성됨
  2. 홀의 주요 구성요소는 홀의 시작점인 티와 패어웨이, 러프, 해저드, 벙커 그리고 홀의 끝 지점인 그린으로 구성됨
  3. 본문에서는 파 4홀 표준평면도를 None Scale로 작성하고, 공간별 성격과 조경식재 개념을 도식하여 설명하고자 함

II. 파 4홀 표준평면도(None Scale)

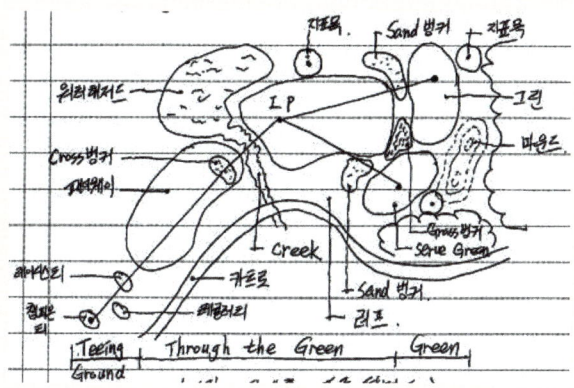

III. 골프코스의 공간별 성격

구성요소	공간별 성격
1. 티(Tee)	• 홀의 출발지점 • 심리적 안정 • 대기자 편의 제공 • 레이디스 티, 레귤러 티, 챔피온 티
2. 패어웨이(Fair Way)	• 넓은 낙구지역 • 그린까지 시야 확보 • 장애물 없는 지역 • 어프로치, 랜딩 에어리어
3. 그린(Green)	• 홀의 마지막 지점 • 골프장의 중심지역 • 심리적 안정 및 차분한 분위기 • 잔디 관리요구도 가장 높음
4. 해저드(Hazard)	• 경관적+실용적 기능 • 전략적 요소로 활용 • 수질 정화 및 청량감 • 수로, 유수지, 연못 등
5. 벙커(Bunker)	• 그린, 패어웨이 주변 장애물 • Sand 벙커, Grass 벙커 등
6. 러프(Rough)	• 그린, 티, 패어웨이, 해저드 제외한 지역 • 다양한 경관 연출

IV. 골프코스의 공간별 식재개념

1. 티(Tee)
   1) 대기자 그늘 제공
      - 느티나무, 팽나무 등
   2) 계절감 표현
      - 화관목
   3) 한지형 잔디
      - 벤트그래스 + 켄터키블루그래스

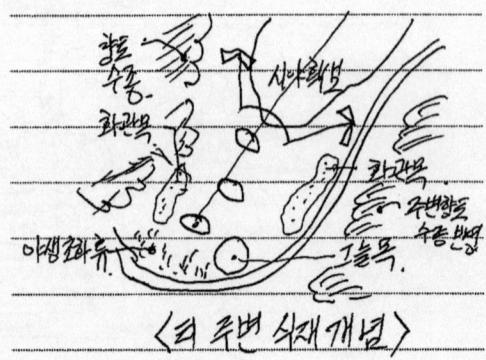
〈티 주변 식재개념〉

2. 패어웨이(Fair Way)
   1) 지표목, 야드목 식재
      - 잣속, 팽나무 등
   2) 시야 확보
      - 야생 초화류
   3) 답압에 강한 잔디
      - 한지형 잔디 + 난지형 잔디

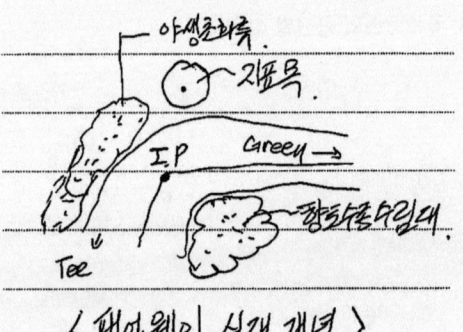
〈패어웨이 식재개념〉

3. 그린(Green)
   1) 심리적 안정
      - 차분한 분위기(상록 위주)
   2) 그린 배경 식재
      - 내풍성 수종, 소나무 군락
   3) 한지형 잔디
      - 벤트그래스

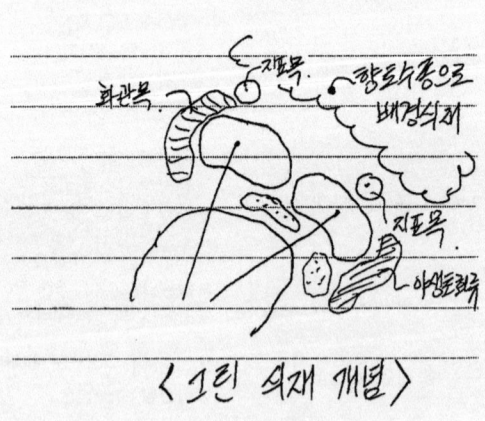
〈그린 식재개념〉

V. 결언

1. 홀의 구성요소는 경기 요소인 티, 패어웨이, 러프, 그린이 있고 장애물 요소인 벙커, 해저드, 마운드 등이 있음
2. 골프는 심리적 안정이 경기력에 영향을 미치므로 각 공간별 특성에 맞는 분위기 연출이 중요한 과제임
3. 또한 목표지점(그린의 홀컵)을 향하는 방향성이 있는 경기로 시야 확보 차원에서 지표목, 야드목 등 대형 독립수가 주로 반영됨
4. 골프장의 러프와 주변 산림의 조화를 통해 주연부로 조성하여 Edge Effect를 도모하고 공사로 인해 발생된 기존 수림을 이식하여 자연자원을 활용한 자연친화적 골프장으로 조성되도록 계획되어야 함

CHAPTER 09 건설안전기술사

● 건설안전기술사 기본정보

1 건설안전기술사 소개

① **개요** : 사업장에서 일어나는 여러 가지 안전사고와 관리방법을 이해하고 재해방지기술을 습득하여, 건설사고에 대한 규제 대책과 제반시설 검사 등 산업안전관리를 담당할 전문인력의 양성을 위해 제정
② **연혁** : 안전관리기술사(건설안전)(1974년 신설) → 건설안전기술사(1991년 변경)
③ **진로** : 전문 및 종합건설업체 안전관리 분야나 건설안전 관련 연구소나 공공기관, 안전진단전문기관 등
④ **전망** : 건설경기 회복에 따른 건설재해 증가, 구조조정으로 인한 안전관리자의 감소, 「산업안전보건법」에 의한 채용의무 규정, 경제성 등의 증가요인으로 인하여 건설안전기술사의 인력수요는 증가할 것으로 예상

⑤ 시험정보
- 관련학과 : 산업안전공학 및 건설안전공학, 건축공학 관련학과
- 시험과목 : 산업안전관리론(사고원인분석 및 대책, 방호장치 및 보호구, 안전점검 요령), 산업심리 및 교육(인간공학), 산업안전관계법규, 건설산업의 안전운영에 관한 계획, 관리, 조사, 기타 건설안전에 관한 사항
- 시험시기 : 3회/1년

⑥ 응시/합격자 현황

연도	필기			실기		
	응시	합격	합격률(%)	응시	합격	합격률(%)
2016	1147	75	6.5%	100	71	71.0%
2015	1041	52	5.0%	78	53	67.9%
2014	982	45	4.6%	77	49	63.6%
2013	828	71	8.6%	102	67	65.7%
2012	963	49	5.1%	87	53	60.9%
2011	911	65	7.1%	101	60	59.4%
~2010	11,043	967	8.8%	1,399	955	68.3%
소 계	16,915	1,324	7.8%	1,944	1,308	67.3%

② 과목의 구성

① 산업안전관리론
② 산업안전·보건교육 및 산업안전심리
③ 인간공학 및 시스템 안전공학
④ 건설공사 안전관리 : 가설공사, 토공사, 철근콘크리트 공사, 철골공사, 해체공사, 교량공사, 터널공사, 기타

⑤ **건설안전 관련 법규** : 산업안전보건법, 시설물 안전관리에 관한 특별법, 건설기술진흥법, 기타

⑥ **안전점검 및 정밀안전진단 실무** : 관련 법령, 안전점검 및 정밀안전진단 지침, 세부지침, 기타

⑦ **안전관리를 위한 계획서** : 산업안전보건법의 유해위험방지계획서, 건설기술진흥법의 안전관리계획서, 시설물 안전관리에 관한 특별법의 안전 및 유지관리 계획서 등

⑧ **최신이슈(최근 시사이슈와 연관된 도시계획사항)** : 기후변화, 초고층, 국가경쟁력, 최신 법 개정, 고령화, 친환경, 방재안전 등

⑨ **학술자료 등**
- 한국안전학회 : 안전관리 연구동향, 최신 기법
- 안전보건공단 : 법령, 지침정보, 국외안전보건정보, 산업재해통계
- 한국시설안전공단 : 건설안전정보시스템, 건설사고DB, 사고보고·조사, 안전관리우수사례, 안전역량평가
- 고용노동부 및 국토교통부 : 보도자료 및 관련 자료 통계

건설안전기술사  합격자 인터뷰

Q1. 간단한 본인 소개를 부탁드립니다.

현재 OO공단 건설안전본부에 근무하고 있는 OOO(기술사님 요청으로 비공개)입니다. 2005년에 건설안전기술사를 취득했고, 전체 경력은 약 24년입니다.

Q2. 기술사 시험은 얼마 동안 준비하셨나요?

기술사 시험을 본격적으로 준비한 기간은 1년 반 정도 됩니다. 2004년부터 총 4번의 시험을 본 후 2005년 5월에 1차 필기시험에 합격했으며, 동년 8월에 2차 면접시험을 치르고 바로 최종 합격하였습니다. 기술사 시험에 대해서는 건설회사에 입사한 당시부터 꾸준히 생각해 왔으며, 직장생활을 시작한 지 10년이 되어서야 조금씩 공부를 시작했습니다. 회사에서의 주 업무가 안전점검 및 정밀안전진단이어서 기술사의 필요성을 무엇보다도 크게 느꼈습니다. 본격적으로 공부를 시작한 때는 2004년 초이며, 그 때의 회사 직급은 과장이었습니다. 최종 합격까지 공부기간은 약 1년 반 정도 소요되었습니다.

Q3. 시험공부는 주로 어디서, 어떤 시간에 하셨나요?

본인의 전공과 담당하고 있는 업무가 건축, 토목, 안전관리 분야라면 일반적으로 최초 입사 후 3~4년이 경과된 후에 기술자로서 기술사의 필요성을 느끼게 됩니다. 관련 기술업무를 수행하면서 자격능력을 요하는 업무가 많다는 것을 알게 되었고, 특히 본인이 근무하고 있는 회사에서는 동료와의 경쟁에서 밀리지 않기 위해서 그리고 승진을 위해서 반드시 기술사가 필요하다는 것을 인식하게 되었습니다.

Q4 시험공부는 주로 어디서, 어떤 시간에 하셨나요?

끊임없는 관심과 지속적인 공부만이 합격으로 갈 수 있는 지름길이라고 생각합니다.

본인의 경우 회사 내에서는 기술사 공부를 하지 않았습니다. 일은 안하고 공부만 한다며 시기의 대상이 될 수 있기 때문입니다. 그리고 회사 내에서 공부를 하면 집중이 잘 되지 않아서 남는 것이 별로 없습니다. 근무시간에는 업무에 집중하여 불필요한 야근을 지양하였고, 퇴근 후 가까운 도서관에서 집중하여 공부를 하였습니다. 개인의 취향에 따라 다르겠지만 저는 개인적으로 백색소음이 있어야 집중이 잘되기 때문에 컴컴한 독서실보다는 넓은 도서관에서 공부하는 것이 편했습니다. 또한 회사 내에서 자투리 시간이 생겼을 경우에는 관련자료(학회지, 논문, 기술서적 등)를 살펴보는 것이 효과적이었습니다. 무엇보다 중요한 것은 주말 및 휴일에 하는 공부입니다. 기술사 공부를 본격적으로 시작한 다음부터는 개인적인 친목행사나 가족행사를 자제하였고, 도서관에서 아침 8시부터 밤 10시까지 공부를 했습니다. 여름휴가 등 개인의 연차를 아껴두었다가 기술사 시험 3~4일 전에 사용하여 정리할 수 있는 시간을 가지면 더욱 도움이 될 것이라고 생각합니다.

Q5 건설안전기술사 시험을 준비하는 데 참고도서나 자료는 어떤 것들이 있나요?

건설안전기술사는 건축구조기술사, 토질 및 기초기술사 등 특정 분야의 전문기술사라기보다는 건축시공기술사와 비슷하게 광범위한 분야를 섭렵해야 하는 통합기술사의 성격을 가지고 있습니다. 안전 분야 외에도 다양한 분야의 기술을 알고 있으면 답안 작성에 도움이 되고, 남들과 다른 차별화된 답안을 작성할 수 있습니다.

그러기 위해서는 기본적으로 과년도 출제 문제를 중심으로 정리된 기술사 서적이 필요합니다. 예문사의 건설안전기술사 서적을 기본도서로 하여 공부를 진행하고, 더불어 예문사의 건설안전공학, 한국구조물진단학회의 한국구조물진단공학 등으로 보완지식을 마련하는 것이 좋습니다.

또한 최신 기술동향 및 안전관리 정책 등을 파악하기 위해서는 한국안전학회, 한국구조물진단학회 등의 기술 및 논문자료를 살펴볼 필요가 있으며, 안전과 관련된 법령을 관장하고 있는 고용노동부, 국토교통부의 정책자료와 안전보건공단, 한국시설안전공단 홈페이지 공개자료실의 통계, 관련자료 등을 확보하여 필요한 부분만을 발췌하여 공부할 필요가 있습니다.

Q6. 건설안전기술사 시험 관련 자료는 어디서 구할 수 있나요?

건설안전기술사와 관련하여 건설안전 분야의 일반적인 기초이론은 기술사 학원에서 발간한 책(건설안전기술사 1, 2권, 건설안전기술사 과년도 출제 문제 1권)을 중심으로 기초지식을 습득하면 됩니다. 참고로 학원에서 발간한 책만을 가지고 공부를 할 경우, 장기간 55점에서 59점 사이에 머물게 됩니다. 건설안전기술사를 공부하는 모든 기술자가 비슷한 방법으로 공부를 하기 때문에 답안지가 비슷비슷하여 좋은 점수를 얻을 수 없습니다. 기초자료는 학원에서 발간한 책을 중심으로 하고 안전학회, 구조물진단학회, 안전보건공단, 한국시설안전공단 등에서 발간하는 논문 또는 기술 자료를 많이 습득할수록 차별화된 답안지를 작성할 수 있으며, 이를 통해 가장 빠르게 기술사 합격의 길로 나아갈 수 있습니다.

Q7 건설안전기술사 시험을 다른 종목 시험과 비교할 때 가장 큰 특징이나 차이점은 무엇인가요?

건설안전기술사는 다른 전문 기술사 분야와 달리 서술형 답안이 대부분이며 계산문제는 거의 없습니다. 첫 번째로, 답안 작성 시 구성이 좋으면 좋은 점수를 얻을 수 있습니다. 학원 서적에서 볼 수 있는 구성보다는 본인의 지식을 잘 표현할 수 있는 차별화된 구성이 좋습니다. 모든 답안은 문제에 있습니다. 문제를 잘 읽어보고 문제에서 무엇을 원하고 있는지를 잘 파악하여 서술하는 것이 무엇보다도 중요합니다. 두 번째로, 좋은 구성으로 완벽한 답안을 작성하였다고 해도 개념도, 시공 상세도, 요해도 등의 그림이 없으면 좋은 점수를 받지 못하는 경우가 있습니다. 그림은 문제에서 요구하고 있는 내용을 반영하여 페이지당 하나 또는 두 페이지당 하나 정도 그림을 삽입한다면 좋은 점수를 받을 수 있습니다.

Q8 건설안전기술사 자격 보유자에 대한 처우는 어떤가요?

일반적으로 기술자의 자격이 필요한 회사의 경우 대부분 기술사 수당을 지급합니다. 본인의 회사에서는 기사는 3만 원, 기술사는 10만 원의 수당(건설회사의 경우 회사의 내규에 따라 약간의 차이가 있으나 일반적으로 20~30만 원 정도 수당 지급)을 지급하고 있으며 승진심사 시 별도의 가점을 줄 수 있는 항목은 없으나, 기술사를 갖고 있는 사람이 먼저 진급하는 경우가 대부분입니다.
건설안전기술사는 건설기술진흥법에 따라 안전관리계획서를 작성할 수 있으며, 작성된 안전관리계획서의 적정성을 검토할 수 있습니다. 일정 규모 이상의 시설물은 설계 시 건설기술진흥법에 따라 설계안전성(Design For Safety)을 검토하도록 규정하고 있습니다. 이 분야 또한 건설안전기술사가 많은 부분에서 업무를 수행할 수 있을 것이라고 생각됩니다. 건설현장에서 계속 발생하고 있는 안전사고를 줄이기 위해 책임감리자에게 건설안전기술사를 확보하도록 하는 제·개정 작업이 진행 중에 있어 건설안전기술사를 필요로 하는 업무 분야는 계속해서 증가할 것으로 판단됩니다.

> **Q9** 한국산업인력공단 홈페이지에서 소개하고 있는 건설안전기술사 자격의 현황과 전망 중 보완 설명하고 싶은 사항이 있으신가요?

한국산업인력공단에서는 건설경기 회복에 따른 건설재해 증가, 과거 불황기 당시 구조조정으로 인한 안전관리자의 감소, 산업안전보건법에 의한 채용의무 규정, 사전관리로 인한 재해예방의 경제성 등의 이유로 향후 건설안전 분야의 고용이 증가할 것으로 예상하고 있습니다. 또한, 건설기술진흥법에서는 시설물 시공단계에서 뿐만 아니라 설계단계까지 사전 안전관리에 중점을 두고 있어, 안전관리계획서 작성·검토, 설계안전성(Design for Safety) 검토 확대 등 건설안전 분야의 업무는 계속해서 증대될 것으로 전망하고 있습니다. 그러므로 본인의 관심과 노력에 따라 활동 가능한 분야는 다양해질 것으로 예상됩니다.

> **Q10** 개인적으로 기술사 취득 후 어떤 점이 달라졌나요?

개인적으로는 기술사 취득으로 인해서 입사 동료들보다 빠르게 승진할 수 있었습니다. 또한 승진으로 인한 급여 상승, 기술사 수당 추가 등 금전적으로 많은 혜택을 받았습니다. 기술사 취득 후 업무상 크게 바뀐 것은 책임감입니다. 금전적 혜택만큼 기술사로서의 책임업무가 많이 주어졌습니다. 기술사를 취득하지 못했을 때는 용역 수행에 참여기술자로서 해당 분야의 업무만 수행한 반면, 기술사 취득 후에는 책임기술자로서 용역 전반에 대한 내용을 섭렵하고 용역 결과에 대한 책임을 져야하는 부담도 생기게 되었습니다. 책임감이 부여되는 만큼 회사에서는 승진 및 기술사 수당으로서 혜택을 주는 것입니다. 또한, 건설안전 분야의 전문가로서 설계심의, 건설공사현장 안전관리 평가, 사전안전성 평가의 자문·심의 등 설계자문위원회의 위원으로 활동할 수 있게 됩니다.

> **Q11** 끝으로 건설안전기술사 시험을 준비하는 분들께 한 말씀 부탁드립니다.

기술자의 꽃은 기술사가 아닐까 생각합니다. 건설공사에 있어서 건설안전은 떼려야 뗄 수 없는 관계에 있으므로 건축, 토목, 안전관리 분야에 종사하고 있는 기술자라면 건설안전기술사에 도전하여 기술사 취득의 결실을 노려볼만 합니다. 또한 2016년 기술사의 합격률이 6.5%인 점을 고려할 때, 타 분야 기술사 합격률과 비교하면 합격률이 낮은 편이 아니기 때문에 꾸준히 노력한다면 그리 길지 않은 시간에 충분히 기술사 합격의 영광을 누릴 수 있을 것이라고 생각합니다.

건설공사에 종사하는 기술자라면 해당 업무가 곧 기술사의 시험항목이라고 생각해도 과언이 아닐 것입니다. 해당 업무의 모든 안전관리활동이 시험문제와 직결된다고 해도 무방할 것입니다. 그러므로 시험공부라고 생각하고 해당 업무를 시험과 연관해서 정리해보고 쓰는 연습을 한다면 큰 도움이 될 것이라고 생각합니다.

무엇보다도 중요한 것은 건설안전기술사를 취득하겠다고 마음먹고 공부를 시작했다면 기술사를 취득할 때까지 매 시험에 응시해야 한다는 것입니다. 이번 시험이 어렵게 나왔다고 실망하여 다음 시험을 포기한다든지 해서 공부에 단절이 생기면 기술사 취득까지 더 많은 시간이 걸릴 수 있습니다. 불합격도 경험입니다. 불합격의 경험이 합격의 길을 열어줄 수 있습니다. 꾸준히 공부하고 노력하면 반드시 좋은 결과를 이룰 수 있을 것이라 생각합니다.

건설안전기술사 답안작성 예시

용어 문제 1)

재해조사의 순서 및 조치 순서에 대하여 설명하시오.

I. 재해조사의 목적
  1. 재해의 원인과 자체의 결함 등을 규명함으로써 동종 재해 및 유사 재해의 발생을 막기 위한 예방 대책을 강구하기 위해서 실시
  2. 재해조사에서 중요한 것은 재해 원인에 대한 사실을 발굴하는 데 있다.

II. 재해 원인 조사의 순서
  1. 1단계 : 사실의 확인
  2. 2단계 : 재해요인의 파악
  3. 3단계 : 재해요인의 결정 – 재해요인의 중요도 고려

III. 재해 발생 시 조치 순서 7단계
  1. 1단계 : 긴급처리 - 피해기계 정지 및 피해자의 응급조치
  2. 2단계 : 재해조사 - 잠재 재해요인의 색출
  3. 3단계 : 원인강구 - 직접 및 간접 원인에 대한 조치 강구 필요
  4. 4단계 : 대책마련 - 동종 및 유사 재해 방지
  5. 5단계 : 대책실시계획 – 6하 원칙에 의거 마련
  6. 6단계 : 실시
  7. 7단계 : 평가

IV. 재해 조사 방법
  1. 재해 발생 직후 즉시 실시(현장보전 유의)
  2. 현장의 물리적 흔적(물적 증거) 수집
  3. 재해 현장 사진 촬영 보관, 기록
  4. 목격자, 현장 책임자 진술 확보
  5. 재해 피해자로부터 재해 직전 상황 청문
  6. 특수 재해나 중대 재해는 전문가에게 조사 의뢰

● 용어 문제 2)

Safe-T-Score에 대하여 설명하시오.

I. Safe-T-Score의 정의
- Safe-T-Score란 현재빈도율과 과거빈도율을 비교하는 재해지표의 하나로서 계산결과에 따라 '+'면 과거에 비해 나쁜 결과를 뜻하며, '-'면 과거에 비해 좋은 결과를 뜻한다.

II. Safe-T-Score의 계산식

$$Safe-T-Score = \frac{현재빈도율 - 과거빈도율}{\sqrt{\frac{과거빈도율}{현재 근로총시간수} \times 10^6}}$$

III. 빈도율(F.R. : Fequency Rate of Injury)
1. 빈도율이란 재해 발생 건수에 대한 통계로서 1,000,000인시(man hour)를 기준으로 하고 있다.
2. 계산식

$$빈도율 = \frac{재해건수}{근로총시간수} \times 1,000,000$$

IV. 평가해석
- 단위가 없으며, 계산결과가 '+'면 나쁜 결과이고 '-'면 과거에 비해 좋은 기록이다.
  1) +2.00 이상인 경우 : 과거보다 심각하게 나빠졌다.
  2) +2.00에서 -2.00 사이 : 과거에 비해 큰 차이가 없다.
  3) -2.00 이하인 경우 : 과거보다 좋아졌다.

● 논술 문제 1)

초고층 건축물의 안전관리대책을 마련하시오.

I. 개요
  1. 최근 건축물의 초고층화, 대형화 추세 및 도심지의 제한된 공간에 인구가 밀집되어 대지의 고도 이용으로 인한 건축물의 초고층화, 고기능화의 추세가 이어지고 있다.
  2. 초고층 건축물 공사 시 안전사고로 대규모 인명피해와 물적 손해가 발생할 수 있으므로 철저한 안전관리가 요구된다.

II. 초고층 건축물의 건설공사의 재해 발생 특성
  1. 도심지의 고소작업이 대부분이다.
  2. 재해대상이 여러 곳에 산재에 있다.
  3. 태풍 등 자연의 영향이 크다.
  4. 각종 대형기계를 사용한다.
  5. 재해발생 시 대형재해가 발생할 우려가 크다.
  6. 지하 굴착 깊이가 깊고 지하수 저하로 인하여 주변 지반 및 건축물 피해가 발생된다.
  7. 사고가 동시 복합적으로 발생한다.

III. 안전대책
  1. 설계단계
     1) 안전작업에 의한 생산성 향상을 도모하는 시공기술 채택
     2) 시공기술자, 안전기술자의 기술상 자문 협력
     3) 시스템 엔지니어링에 의한 합리적 설계시공
  2. 계획 단계
     1) 공기, 공정의 적정화
     2) 안전관리비 확보
     3) 공법의 사전 안전성 확보
     4) 기계 설비공법 등 안정성 확보
     5) 적정한 시공업자 선정
  3. 시공단계
     1) 공사 착수 전 준비사항
        ① 정연한 작업 동선 계획
        ② 작업순서의 확보
        ③ 완전한 작업 동작의 확립
     2) 무리 없는 공정계획과 관리
        ① 합리적인 시공관리 및 지원계획 수립

② 적정공기 부여
　　　③ 양중부하의 평균화 → 산적도 작성
　　　④ Network 공정표 활용
　　　⑤ 전산화에 의한 Simulation 이용
　　3) 상하작업의 조정 및 연락 관리 철저
　　　① 낙하물에 대한 안전상의 차단
　　　② 양중설비에 대한 관리 강화
　　　　• 엘리베이터 및 Lift 통제
　　　　• 양중관리에 대한 중심적 통제
　　4) 작업 지시 단계 안전사항 지시
　　　① 작업원 안전의식 고취
　　　② 안전사항 사전지시
　　　③ 지시사항 기록 습관화
　　5) 양중시설 이용 조직 운영
　　　① 사용 전 계획 수립
　　　② 양중시설 기계별 담당조직
　　　③ 양중부하의 평균화
　　6) 안전관리 책임제 운영
　　　① 안전관리 조직 운영
　　　② 장비 정기점검 강화
　　　③ 강풍, 대설, 큰비 등 악천후에 대한 정비·점검
　　　④ 안전시설의 안전관리 장비체계 확립(난간, 보충망, 낙하물 방지망)

IV. 재해 발생 시 조치
　　1. 중대 재해 발생 시 즉시 작업 중단 및 근로자 대피 등 안전조치
　　2. 피해자 구출과 2차 재해경계 → 침착성 유지
　　3. 피해자 구급 처치
　　4. 재해원인 조사 : 가장 빠른 시간 내에 증인, 증거물 수집·보관, 현장사진 촬영
　　5. 재해원인 분석 및 대책 수립

V. 결론
　　1. 초고층 건축공사 안전대책은 공법 및 제도개선, 사용재료 개선, 안전관리 기법 개선에 대한 연구방향을 설정한다.
　　2. 안전관리 기준을 검토하여 건설재해 발생 극소화 계획을 수립·실천해야 한다.
　　3. 초고층 건축공사 안전계획과 관리는 발주자, 설계자, 공사 시행자, 감리 및 감독자 등 공사와 관련된 모든 사람들이 공동연구하고 안전관리대책 시행에 노력하여야 한다.

CHAPTER 10 공조냉동기계기술사

공조냉동기계기술사 기본정보

1 공조냉동기계기술사 소개

① **개요** : 편리하고 쾌적한 생활환경을 위해 필수적 기술인 공조냉동기술은 그 활용범위가 계속 확대되고 있으며 공조냉동 분야 공학이론을 바탕으로 공정, 기계 및 기술과 관련된 직무를 수행할 수 있는 기술인력의 양성을 위해 제정

② **연혁** : 기계기술사(열원동기), 기계기술사(냉난방및냉동기계)(1974년 신설) → 공조냉동기계기술사(1991년 변경)

③ **진로** : 건설업체, 감리전문업체, 엔지니어링업체로 진출 및 개업하거나 냉동고압가스 및 냉난방·냉동장치 제조업체의 연구개발 분야로도 진출하며, 일부는 학계나 정부기관, 연구소 등으로 진출

④ **전망** : 공조냉동기술은 경공업, 중화학 공업뿐만 아니라 의학, 축산업, 원자력공업 및 대형건물의 냉난방시설에 이르기까지 광범위하게 응용되고 있으며, 특히 생활수준 향상으로 그 수요가 증가하고 있어 전문기술인력이 더욱 중요해질 전망

⑤ 시험정보
- 관련학과 : 냉동공조공학, 기계공학 등 관련학과
- 시험과목 : 냉난방장치, 냉동기, 공기조화장치 및 기타 냉난방 및 냉동기계에 관한 사항
- 시험시기 : 2회/1년 (2월, 8월)

⑥ 응시/합격자 현황

연도	필기			실기		
	응시	합격	합격률(%)	응시	합격	합격률(%)
2016	229	47	20.5%	52	23	44.2%
2015	209	17	8.1%	29	17	58.6%
2014	207	25	12.1%	49	27	55.1%
2013	186	30	16.1%	57	27	47.4%
2012	204	24	11.8%	42	22	52.4%
2011	214	14	6.5%	41	19	46.3%
~2010	4,955	793	16.0%	1,344	769	57.2%
소 계	6,204	950	15.3%	1,614	904	56.0%

② 과목의 구성

① **기초공학 지식** : 용어정리
② **Cycle 정리** : 랭킨사이클, 카르노사이클 등
③ **주요장비별 정리** : 보일러, 냉동기, 펌프, 팬, 냉각탑 등
④ **기타장비별 정리** : 출제빈도가 높은 장비 별도 정리, Heatpump, CAV/VAV 유닛 등
⑤ **자동제어 정리** : 열원계통도와 동작설명서 비교 분석, 계통도에 각종 센서 위치 및 역할 명기 등

⑥ 건물 용도별 HVAC System : 병원, 클린룸, 대공간 등
⑦ 최근 이슈(최근 시사이슈와 연관된 공조냉동기계사항) : 에너지절약적 냉난방 방식, 신재생에너지 이용 방안, 기후협약, 친환경냉매, 녹색건축인증제도, 커미셔닝(Commissioning), 실내공기질(IAQ), BEMS
⑧ 학술자료 등
- 대한설비공학회 : 설비저널
- 대한기계설비건설협회 : 기계설비
- 한국냉동공조산업협회 : 냉동공조
- 한국설비기술협회 : 설비(공조, 냉동, 위생)
- ASHRAE : ASHRAE Handbook(Fundamentals, Application)

공조냉동기계기술사 합격자 인터뷰

Q1. 간단한 본인 소개를 부탁드립니다.

현재 한국OOO 녹색건축센터 OOO에 근무하고 있는 OOO입니다. 2012년에 공조냉동기계기술사를 취득했고, 경력은 약 14년입니다.

Q2. 기술사 시험은 얼마 동안 준비하셨나요?

2010년 처음으로 기술사 시험에 응시하였고, 그 후에 본격적으로 학원을 등록하고 시험을 준비하였습니다. 학원 강의는 약 7개월간 수강하였고 회사업무(해외근무)와 병행하다 보니 지속적인 공부보다는 시험 전 1개월 전부터 도서관을 다니면서 집중적으로 공부하였습니다. 공부기간으로 하면 약 2년입니다. 관심을 가졌던 것은 회사의 직급이 사원일 때부터였고 본격적인 준비는 대리 때부터 약 2년 정도입니다.

Q3. 기술사 자격증 취득을 준비해야겠다고 생각한 계기가 있으신가요?

회사 선배님이 기술사를 취득하고 이직하시는 모습을 보며 준비하였습니다. 저 역시 건설회사에서 근무하다가 현재는 공공기관으로 이직하였습니다.

Q4 시험 공부는 주로 어디어, 어떤 시간에 하셨나요?

학원 주말반에 등록하여 기초 및 이론 수업을 수강하였습니다. 교수님이 필기해주신 내용을 일요일에 집 근처 도서관에서 다시 정리하며 공부하였습니다. 주중에는 사무실에서 부하계산서 및 장비기계계산서 등을 검토할 때, 배운 이론과 비교하면서 직접 계산 및 용량 선정을 꾸준히 하였습니다. 본래 업무에 관심이 많고 HVAC 관련 설계업무가 주업이라서 각종 관련 서적 등을 볼 수 있는 시간이 많았습니다. 특히, 학회 잡지를 매월 정기구독하면서 최근 동향 및 중요사항을 지속적으로 확인하였습니다.

Q5 공조냉동기계기술사 시험을 준비하는 데 사용한 참고도서나 자료는 어떤 것들이 있나요?

기문당 출판사의 SI단위 공기조화설비, 세진사 출판사의 냉동공학(최일경), 건축설비기술학원의 공조냉동기계기술사 교재, 학회지, 대한설비공학회의 설비저널 등이 있습니다.

Q6 공조냉동기계기술사 시험 관련 자료는 어디서 구할 수 있나요?

최일경 건축설비기술학원에서 다수 자료를 구하였고, 직장 선후배의 자료를 참고하였습니다.

Q7 공조냉동기계기술사 시험을 다른 종목 시험과 비교할 때 가장 큰 특징이나 차이점은 무엇인가요?

기초적인 열역학 및 유체역학에 대한 계산문제를 완벽하게 계산할 줄 알아야 하고, 각종 선도(cycle) 작도를 통한 설명과 계산 문제가 출제되고 있습니다. 최근 에너지 관련 문제, 절감 기술 문제도 빈번히 출제되고 있습니다.

Q8 공조냉동기계기술사 자격 보유자에 대한 처우는 어떤가요?

기술사 수당은 33만 원이며, 진급 시 가점이 있습니다. 건축물의 설비기준 등에 관한 규칙에 따라 국토교통부령이 정하는 건축물에 대한 설계, 시공 시 관계전문기술자(기술사)의 협력을 받아야 하는 등 법적으로 보장된 업무영역이 있어 사회적으로도 인식이 좋은 편입니다.

Q9 한국산업인력공단 홈페이지에서 소개하고 있는 공조냉동기계기술사 자격의 현황과 전망 중 보완 설명하고 싶은 사항이 있으신가요?

수요는 현 수준을 유지하나 새로운 업무가 늘어날 것으로 생각하고 있습니다. (특히 건축물의 에너지 관련 분야)

Q10 개인적으로 기술사 취득 후 어떤 점이 달라졌나요?

기술사 취득 후 금전적으로는 수당 등을 받을 수 있었고, 직장 내에서 인지도가 증가하였습니다. 관련 업무에 대한 강의를 통한 부수입이 증가했고, 공공기관 등으로 이직의 폭이 넓어졌습니다.

Q11 끝으로 공조냉동기계기술사 시험을 준비하는 분들께 한 말씀 부탁드립니다.

현재 에너지 분야와 관련하여 많은 정책이 시행되고 있습니다. 특히 공조냉동기계기술사의 경우는 건물의 냉난방부하 및 에너지 등 녹색건축 관련 최고의 전문가라 생각됩니다. 쉽지 않지만, 꾸준히 도전해서 최고의 전문가가 되시기를 바랍니다.

CHAPTER 11 대기관리기술사

대기관리기술사 기본정보

1 대기관리기술사 소개

① **개요** : 대기오염으로부터 자연환경 및 생활환경을 관리·보전하여 쾌적한 환경에서 생활할 수 있도록 대기오염에 관한 전문적인 지식과 풍부한 경험을 갖춘 전문인력의 양성을 위해 제정

② **연혁** : 국토개발기술사(대기관리)(1979년 신설) → 환경관리기술사(대기관리)(1983년 변경) → 대기관리기술사(1991년 변경)

③ **진로** : 정부의 환경공무원, 환경관리공단, 연구소, 학계 및 환경플랜트회사, 환경오염방지 설계 및 시공회사, 환경시설 전문관리인 등

④ **전망** : 저황유 사용지역 확대, 청정연료 사용지역 확대, 실내 공기질 관리, 대기오염 상시측정 의무화, 총량규제, 대기환경기준 및 배출허용기준 강화, 대외적인 환경협약의 이행 및 관리 등으로 이에 대한 인력수요는 증가할 것으로 예상

⑤ 시험정보
- 관련학과 : 대기과학, 대기환경공학 관련학과
- 시험과목 : 대기오염의 현상과 계획, 관리, 방지 및 측정기술에 관한 사항
- 시험시기 : 2회/1년 (2월, 8월)

⑥ 응시/합격자 현황

연도	필기			실기		
	응시	합격	합격률(%)	응시	합격	합격률(%)
2016	79	11	13.9%	21	7	33.3%
2015	75	3	4.0%	9	4	44.4%
2014	117	6	5.1%	13	5	38.5%
2013	110	3	2.7%	11	6	54.5%
2012	113	3	2.7%	18	6	33.3%
2011	126	8	6.3%	15	3	20.0%
~2010	2,164	236	10.9%	366	224	61.2%
소계	2,784	270	9.7%	453	255	56.3%

2 과목의 구성

① **대기오염개론** : 대기층, 대기환경지수, 대기오염물질(입자상 물질 종류 및 영향, 시정장애, 대기오염 예경보제, 비산먼지, PAHs, PCBs, POPs, EDs, 다이옥신, 석면, 라돈, 오존, VOC, 셰일가스 등

② **대기오염 확산** : 대기안정도, 기온역전, 연기확산, 바람장미, 바람길, 열섬, 연돌설계, 모델링 등

③ **지구환경문제** : 산성비, 지구온난화(온실가스), 오존층 파괴, 황사, 미세먼지, 기후변화협약(CDM 및 신기후체제, 적응), CCS, 탄소포인트제 등

④ **내연기관 오염과 스모그** : 자동차 오염물질 제어, 함산소물질, DME, 세탄가 및 옥탄가, 광화학 스모그, 옥시던트, 지표오존, 친환경자동차 등

⑤ **연료 및 연소장치** : 연료, 연소, 연소장치, 소각로 오염물질 제어 등

⑥ **실내공기질 관리** : 국소배기장치, 실내공기 오염물 종류 및 영향, 기준치, 시료채취 등

⑦ **대기오염방지설비**
- 입자상물질-집진장치 종류 및 특징
- 기체상물질 : 흡수법, 흡착법, 황산화물/질소산화물/VOC 제거방법, 악취제거 등

⑧ **오염물질 분석**: 악취, 먼지, 비산먼지, 라돈, 석면, 가스상 오염물질 측정방법 등

⑨ **환경정책 및 관계법규**: 수도권 대기질 개선, 총량규제, 국제환경협약, 대기오염측정망, TMS, 부과금, 환경관련법규 등

⑩ **사이트 및 학술자료 등**
- 환경부 : 뉴스, 공지사항 및 발행물(환경정책 일반, 기후대기, 환경보건 등)
- 환경관리연구소 : 첨단환경기술
- 법제처 : 관련 법령 및 대기오염공정시험기준
- 환국환경공단 : 기후대기
- 에어코리아(Airkorea)
- 관련 전문서적 및 논문자료

대기관리기술사  합격자 인터뷰

Q1. 간단한 본인 소개를 부탁드립니다.

현재 OO공사 신재생환경기술그룹에 근무하고 있는 OOO(기술사님 요청에 따라 비공개)입니다. 2016년에 대기관리기술사를 취득했고, 경력은 약 21년입니다.

Q2. 기술사 시험은 얼마 동안 준비하셨나요?

저는 육아문제로 1년 휴직을 하면서 기술사 시험을 준비하게 되었습니다. 휴직 이전에 기술사교육기관에서 강의를 들었지만, 단순 참석하여 기술사 공부내용과 경험 등 분위기를 파악하는 정도였습니다. 본격적으로 책을 보면서 서브노트를 작성한 것은 이후 휴직기간을 통해서였습니다. 2차례 필기시험과 면접시험을 합격하기까지 약 13개월 동안 기술사 준비에 시간을 투자한 것 같습니다.

Q3. 기술사 자격증 취득을 준비해야겠다고 생각한 계기가 있으신가요?

제가 소속된 회사는 발전소 설계업무를 주력으로 하는 기술회사로서, 이공계를 전공으로 하는 직원이 다수를 차지하고 PE(미국기술사, Professional Engineer), CPE(플랜트 전문가 자격증, Certified Plant Engineer), PMP(국제공인 프로젝트관리 전문가, Project Management Professional) 등을 취득하신 분들을 쉽게 접할 수 있었습니다. 기술사를 취득하기 이전에는 PMP와 CPE를 시도해서 나름의 자존심을 유지하면서, 어린 아이들 육아와 바쁜 업무를 핑계 삼아 기술사를 향한 시도는 용기조차 못 냈습니다. 10여 년 전에는 PE 취득 시 국내 기술사 필기시험이 면제되어 면접시험만 잘 치르면 국내 기술사를 취득할 수 있었는데, 왜 당시에 남편과 같이 도전하지 않았을까 뒤늦은 후회를 때때로 하면서 말입니다.

회사 근무성적평정 시 중장기 목표에 기술사 취득을 여러 해 적다보니 말뿐인 듯한 행실에 부끄럽기도 하고, 근무경력이 올라가면서 중간관리자 위치에 서다보니 기술사 취득이 향후 개인의 평가나 보직을 받는 측면에서도 유리할 것 같아 시도하게 되었습니다.

Q4. 시험공부는 주로 어디서, 어떤 시간에 하셨나요?

직장에 매여 있을 때는 아이 육아로, 남편의 잦은 야근으로, 바쁜 업무 등의 상황으로 쉬이 엄두를 못 냈었습니다. 지방으로 회사가 이전하는 시기에 아이의 사춘기 반항이나 교육을 고민하면서 과감히 육아휴직 제도를 이용하게 되었고, 업무로 바쁜 시기에 팀에 민폐를 끼치듯 부담스레 얻은 휴식기였기에 시간을 잘 활용해보자는 취지에서 도전장을 내밀게 되었습니다.

집에는 유혹이 많았기에, 그리고 무엇보다 집에서 집중하는 스타일이 아니어서, 차로 20여분 거리에 있는 도서관을 활용했습니다. 특별한 약속이 없는 한, 매일 4~5시간을 도서관에서 보내려 노력했고, 필기시험 전 한 달간은 2배 이상으로 시간을 늘려 재정리하는데 투자했습니다. 도서관에서 집으로 귀가해서 집안일 및 아이들 시간 관리에 신경을 써야 했지만, 시험시기에 접해서는 큰아이가 학원에서 돌아오기 2시간 전까지 둘째 아이와 커피숍에 가서 자료를 찾아 보완하고 아이에게는 숙제를 시켰던 기억이 많이 있습니다. 아이들 방학 기간에는 도서관에 가서 아이들을 책 읽는 공간에 들이밀고는 간식을 사주며 달래기도 했고, 아이들이 오지 못할 때에는 점심과 저녁을 챙겨주러 집과 도서관을 차로 5차례 오간 적도 있었습니다.

1차 필기시험을 보고 기대 이하로 낮은 점수에 문제에 대한 답변방향이나 기술요령이 잘못되었는지 혼란스러웠던 시간도 있었지만, 도서관에서 기술사 관련 서적을 찾아 읽어보고 강사님께 문자나 메일을 보내 조언을 들으면서 재도전을 위해 마음을 가다듬는 기회를 가졌습니다. 다행히도 2차 필기시험에서 합격의 기쁨을 얻었지만 얼마 후 복직하게 되어 면접시험 준비는 필기 때만큼 시간이 여의치 않았습니다. 근무시간 이외에 집중할 수 있는 시간이 적었고, 불합격 이후에는 수개월동안 재차 시험 준비를 해야 한다는 불안감에 점심시간과 출퇴근 버스나 열차의 이동시간을 활용했습니다. 물론 황금같은 주말에는 남편에게 아이들을 맡긴 채 도서관으로 가서 화장실에 가거나 점심도시락 먹는 시간을 제외하고는 한참을 앉아있다 오곤 했습니다.

저는 합격의 결실을 얻기까지 짧은 기간(약 1년)이 걸린 큰 행운이 있었지만, 직장을 다니면서 자투리 시간에 공부를 하여 합격에 이르기까지 좌절하지 않고 도전하신 분들의 합격후기를 접하면 절로 박수가 쳐집니다.

Q5 대기관리기술사 시험을 준비하는 데 사용한 참고도서나 자료는 어떤 것들이 있나요?

엔지니어의 꽃이라는 기술사에 관심을 두고 대기관리기술사 서적을 구입한 것은 약 6~7년 전이었습니다. 본격적으로 시험 준비를 하며 최신 서적을 구입해야 하나 망설였지만 책값을 또 치르기에는 아깝다는 생각에 예전의 책을 찾아보았더니 대기오염확산이라는 앞 Chapter만 색칠공부한 채 새 책과 진배없어 헛웃음을 친 기억이 납니다.

구입한 지 꽤 오래된 대기관리기술사 서적과 큰 비용을 치르고 들었던 강의의 교육 자료를 기본삼아 서브노트를 작성하였습니다. 그리고 이해가 안 되는 부분을 이해히고 최신 사항을 반영하기 위해 업무 관련 자료, 도서관 자료, 웹 검색 자료 등을 이용하여 점차 내용을 가다듬었고, 10년간의 기출문제를 살펴보며 출제경향과 다수 출제 문제에 대해 파악해 보았습니다. 새롭게 시험을 준비하는 분들께는 최신 환경정책 및 기술 현실을 반영하고 출제경향을 업데이트한 최신 기술사 서적을 참고할 것을 권하고 싶습니다. 저는 서브노트 정리의 노하우를 알지 못한 채(결국, 좋은 작성사례를 모른 채) 자료 요약부터 시작하였습니다. 그래서 답안지를 이용하여 재정리를 하는데 시간을 다시 쓸 수 없어 초기 노트에 재차 살을 붙여 수차례 보면서 머릿속으로 요약했습니다. Q-net 사이트, 자료실-서식에서 기술사 답안지 양식을 다운받아 출력하고, 지인의 좋은 사례를 참고하여 서브노트를 작성하시길 권합니다.

Q6. 대기관리기술사 시험 관련 자료는 어디서 구할 수 있나요?

아래는 제가 공부할 때 참조했던 자료 및 검색엔진입니다. 대기관리기술사 시험에서는 이외에도 (제가 소지한 자료가 구식인 관계로) 최근 환경 및 건강의 유해성으로 인식되는 많은 이슈화 항목 및 정책 등이 제시되고 있어 특히 환경부에서 공지되는 내용이나 발행물은 지속적으로 주시하고 머리에 정리해야 함을 당부드리고 싶습니다.

- 참고 사이트
  - 환경부 : 뉴스, 공지사항 및 발행물(환경정책 일반, 기후대기, 환경보건 등)
  - 환경관리연구소 : 첨단환경기술
  - 법제처 : 관련 법령 및 대기오염공정시험기준
  - 환국환경공단 : 기후대기
  - 에어코리아(Airkorea) 등

- 서적
  - 성안당 대기관리기술사
  - 기술사 합격 노하우
  - 기술사합격핵심비법서
  - 대기오염개론
  - 이산화탄소 포집 및 저장기술
  - 대기관리기술사특론
  - 악취측정 및 제거
  - 악취오염개론
  - 알기 쉬운 자동차환경개론
  - 자동차와 환경 등
- 기 타
  - 대기관리기술사 네이버 카페
  - 웹 검색 사이트 자료 및 논문자료 등

Q7 대기관리기술사 시험을 다른 종목 시험과 비교할 때 가장 큰 특징이나 차이점은 무엇인가요?

차이점이 있는지는 잘 모르겠습니다.

4교시 전체 문제에서 차지하는 비중이 크진 않지만 계산문제도 있습니다. 대체로 길게 서술하는 형식보다는 요약된 표와 그림 등을 적절히 활용하면서 간단 명료하게 기술하는 것이 좋을 것 같습니다.

인터넷에서 찾아본 답안 작성 요령으로, [개요, 정의, 목적, 현황] → [문제점, 영향, 특징 등] → [개선대책, 향후 전망]이 있있습니다. 저도 이를 토대로 2~4교시의 문제에 대해 서언(개요)에서 마지막 결언(기대효과 및 제안사항 등 본인의 생각 표현)까지 3~4페이지로 작성했고, 1교시는 결언을 제외하여 1페이지로 일목요연하게 기술 정리했습니다.

Q8 대기관리기술사 자격 보유자에 대한 처우는 어떤가요?

저희 회사의 경우, 기술사 종류에 따라 20~30만 원, PE와 PMP가 비슷한 수준인 20만 원의 수당을 받고 있습니다. 취득한 기술사 자격증이 회사 내에서 희소한 경우는 좀 더 높은 수당을 받는데, 제 주변에는 대기관리기술사를 기 취득한 분들이 여러분 있기 때문에 그리 높은 수당을 수령하지는 못합니다. 하지만 사업 수주 시 PQ 점수에 가점이 되어 도움을 줄 수 있습니다.

설계기술 업무를 주력으로 하는 회사이기 때문에, 최근 기술사의 처우개선 및 직원의 자격취득 권장을 위해 수당을 상향 조정해야 한다는 필요성에 공감하고 있어 곧 좋은 소식이 있기를 기대하는 중입니다.

Q9 한국산업인력공단 홈페이지에서 소개하고 있는 대기관리기술사 자격의 현황과 전망 중 보완 설명하고 싶은 사항이 있으신가요?

제가 속한 회사의 업무를 중심으로 활동하다 보니 우물 안 개구리처럼 더 큰 활동영역에서의 전망이 어떤지는 잘 모르겠습니다.

다만, 최근의 환경문제는 지역이나 나라 안에서 해결해야 하는 숙제가 아닙니다. 따라서 다양한 협약체결 등을 통해 국가 간에 책임을 부과하고 무역에 있어서 거래제한을 두기도 합니다. 또한 정보화 및 건강한 삶에 대한 욕구로 대기환경 및 실내공기질 관리가 중요시되고 있기 때문에, 이 분야의 연구 및 활동영역은 꾸준히 지속될 것으로 예측됩니다. 과거 산업화로 유발된 환경문제든 앞으로 도래할 4차 산업혁명으로 수반될 문제든 산업의 발달과정에서 야기되는 오염문제를 최소화할 수 있는 다양한 영역에서의 고급 환경 인력은 대우받을 것으로 생각됩니다.

Q10 개인적으로 기술사 취득 후 어떤 점이 달라졌나요?

회사나 부서에 기여하는 부분으로 크게 달라진 것은 없습니다. 무엇보다 제 자신에 대한 내면적 변화로 할 수 있다는 자신감을 가지게 되었고, 중간관리자로서 후배들에게 노력하는 선배의 모습을 보일 수 있고 조언을 해 줄 수 있는 입장이 되어 대견함을 느꼈습니다. 그리고 사소하지만 명함에 박힌 기술사 석자로 인해, 초면일 경우 상대방에게 '대단하네요.'라는 말 한마디를 건네받고, 무언의 신뢰를 받는 느낌이 듭니다.

Q11 끝으로 대기관리기술사 시험을 준비하는 분들께 한 말씀 부탁드립니다.

모든 분야 기술사에 도전하는 수험생의 마음가짐은 한결같을 것입니다. 하고자 하는 마음을 가졌다면, 단기간에 끝낸다는 정신으로 스케줄과 시간관리를 잘 해야 합니다. 가정사와 직장생활의 여러 상황에 현명하게 대처하고, 핑계에 휘둘리지 말고 꾸준히 학습시간을 투자하는 인내력과 정신력이 중요하다고 할 수 있습니다. 대기관리 시험은 (친환경)자동차, 연료 및 연소장치, 실내공기실, 오염 물질 제어 및 분석, 대기확산 및 모델, 환경규제 및 정책, 지구환경문제 등 범주가 넓고,

환경규제 강화에 따른 기술발달 및 건강 유해물질의 관리가 강화되고 있기 때문에 지속적으로 최근의 정보를 흡수해야 합니다. 과년도 출제경향을 보면, 출제위원의 해당 업무 및 당시 환경 이슈에 따라 문제경향이 달라지기 때문에 서브노트 정리 및 2~3차례 핵심정리가 되었다면 지속적으로 필기시험에 도전할 것을 권하고 싶습니다. 본인이 준비한 출제 분위기가 맞아 떨어지는 호기를 노릴 수도 있고, 경험을 통해 긴장감을 줄이는 데 도움이 될 것으로 생각됩니다.

그리고 시험날 커피나 도시락을 준비하시라고 말씀드리고 싶습니다. 첫 번째 시험에서 점심 이후 집중력이 떨어져 커피자판기를 찾으러 다녔지만 끝내 못 찾은 기억이 있습니다. 그때 커피 한 잔 마시고 정신을 차렸으면 절망의 점수는 아니었을 것이라 생각합니다.

면접을 준비할 때는 강사님과 주변 동료에게 답변방법에 대한 Tip을 얻었습니다. '질문의도에 맞는 답변을 자신 있게 제시하라', '실무에 주안점을 두고 경제성 있는 방안을 제시하라', '설령 질문에 맞는 답을 못할 경우 양해를 구하고 알고 있는 관련 사항을 답하라' 등 바른 태도에, 면접관과 고루 아이컨택하며, 자신감 있는 톤의 목소리를 유지하는 것이 중요합니다.

대기관리기술사 답안작성 예시

아쉽게도 적합한 자료를 찾거나 정리하지 못했습니다. 제가 당시 정리한 어수선한 자료를 공개하오니 조금이라도 도움이 되기를 바랍니다.

그리고 저는 공부할 때 '하버드 30계명'을 써두고 보면서 마음을 다잡았습니다. 시험기간 동안 나태해질 때 정신을 차리기 위한 방법들이 모두들 있겠지만, 저에게는 이 글이 도움이 되었습니다.

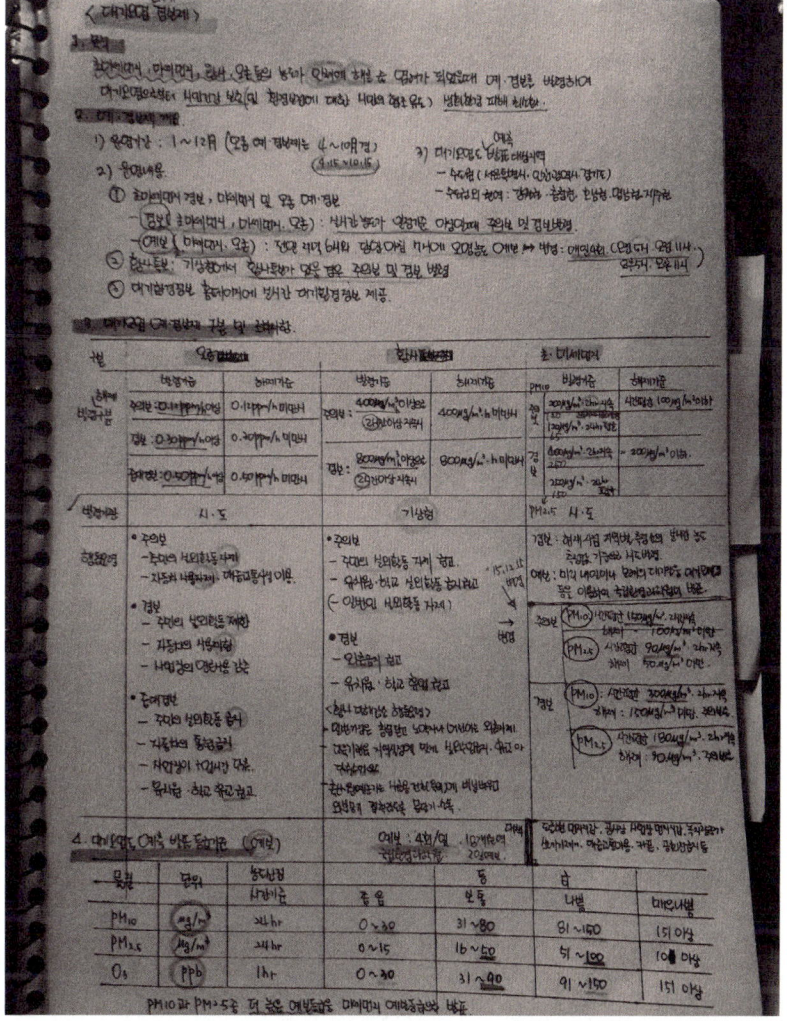

PART 05

01 기술사윤리강령

각 분야의 기술사 회원을 관리하고 있는 한국기술사회에서는 최고 전문 기술인으로서 국가와 사회발전을 위해 사명과 책임을 자각하고 국민의 삶의 질 증진에 이바지하고자 기술사윤리강령을 제정하여 기술사로서 갖춰야할 윤리(덕목) 및 자세에 대하여 강조하고 있다.

기술사윤리강령

제정 1993. 12. 23.(제5회 이사회 의결)
개정 1995. 12. 15.(제6회 이사회 의결)
개정 1998. 07. 28.(제3회 이사회 의결)
전부개정 2009. 05. 26.(제2회 이사회 의결)

전 문

우리 기술사는 최고 전문 기술인으로서 국가와 사회발전을 위해 그 사명과 책임을 자각하고 행동지침이 될 윤리강령을 제정 실천함으로써 국민의 안전, 보건, 복지 및 환경을 보전·증진하는데 이바지하고, 기술사 상호간 발전의 도모를 이념으로 한다.

I. 기본강령

1. 국민의 안전·보건·복지와 환경의 보전

기술사는 인간의 존엄성을 존중하고 국민의 안전, 보건, 복지를 최우선으로 고려하며, 환경을 보전하고 증진하는 데 최선의 노력을 경주한다.

2. 자긍심과 직무능력

기술사는 최고 전문 기술인으로서의 자긍심을 갖고, 지속적으로 직무능력을 배양하여 자신의 능력과 자격이 있는 분야의 직무만 수행한다.

3. 정직, 성실, 공평성

기술사는 정직·성실하고 공평한 자세로 직무를 수행한다.

4. 사명감과 품위유지

기술사는 높은 사명감과 투철한 직업의식을 가지고 품위 있게 직무를 수행한다.

5. 신뢰와 협동

기술사는 신뢰를 바탕으로 기술사 상호간에 협동하는 자세로 직무를 수행한다.

6. 비밀의 보전 유지

기술사는 직무상 얻은 정보와 지식을 누설하거나 유용하지 않는다.

II. 행동지침

1. 국민의 안전·보건·복지와 환경의 보전

가. 기술사는 국민의 안전·보건·복지와 환경을 보전, 증진하기 위하여 공인된 공학적 기준, 환경기준 및 안전규정에 따라 직무를 수행한다.

나. 기술사는 친환경·저탄소 녹색성장에 부합하는 지속가능한 개발로 지구의 생산능력과 기후환경을 보존하는 데 비중을 두어 직무를 수행한다.

다. 기술사는 기업이나 고객의 이익이 지역공동사회의 이익과 상충할 소지가 있는 직무를 맡지 않도록 노력한다.

라. 기술사는 국민의 생명과 재산이 위협당하는 상황이라고 판단되면, 그와 같은 사실을 기업이나 고객 또는 관계 행정기관에 알리고 그 위험상황의 개선을 위하여 노력한다.

마. 기술사는 국민의 생명과 재산이 위협당하는 상황에서 자신의 개선노력이 관련된 기업이나 고객에게 수용되지 않는 경우에는 그들의 동의가 없어도 사실, 자료, 정보를 공개하도록 노력한다.

바. 기술사는 국민이 건강하고 쾌적한 환경에서 생활할 수 있도록 고려하여 그 직무를 수행한다.

사. 기술사는 위 사항들을 실천함으로써 불이익을 받는 기술사가 있을 때에 그들의 권익을 보호하고 대변할 수 있도록 노력한다.

2. 자긍심과 직무능력

가. 기술사는 최고 전문 기술인으로서의 자긍심을 가지고 기술서적의 독서, 관련 학회나 협회의 교육과정, 학술발표대회, 기술회의 및 세미나 등에 참여하여 새로운 정보와 기술을 익히는 등 자기개발을 계속한다.
나. 기술사는 교육, 경력 및 자격에 근거한 자신의 전문 분야에 해당된 직무만 수행한다.
다. 기술사는 자신의 자격과 능력이 미치지 못하는 분야이거나 또는 자신이 직접 지시하고 관리하지 않은 도면이나 문서 등에 서명하지 않는다.
라. 기술사는 프로젝트의 총괄책임자로서 문서에 서명날인 할 경우에는 프로젝트를 구성하고 있는 각 기술 분야의 자격이 있는 개별 기술사들이 직접 준비하고 서명날인 한 것을 미리 확인하여야 한다.
마. 기술사는 자신이나 동료의 자격, 회원등급, 경력 및 과거의 책무 등에 대해 거짓을 말하지 않는다.
바. 기술사는 자신의 전문 분야 외의 자격이나 경력을 요하는 직무를 맡게 되었을 때에는 그 사실을 기업 또는 고객에게 알리고 해당분야의 책임 있는 기술사로부터 필요한 다른 추가 자문을 받도록 적절하게 권고한다.
사. 기술사는 다른 국가의 업무를 맡게 된 경우에는 그 국가의 관례, 법령, 문화, 코드 및 지역 특성 등을 숙지하여 직무를 원활하게 수행해야 한다.

3. 정직, 성실, 공평성

가. 기술사는 기업이나 고객에게 성실하고 정직하게 대하며 직무에 관련된 모든 정보를 제공한다.
나. 기술사는 소속 조직에 지장을 줄 수 있는 외부 일을 맡지 않는다. 부득이 외부 일을 맡게 된 경우에는 소속된 직장의 동의를 받아야 한다.
다. 기술사는 기업이나 기관의 동의 없이 사적인 외부업무를 수행하기 위해서 그 기업이나 기관의 장비, 물건, 시험실, 사무실 시설 등을 사용하지 않는다.
라. 기술사는 사실을 왜곡하거나 본인의 전문 영역이 아닌 사항에 대한 광고를 하지 않는다.
마. 기술사는 직무와 관련된 보고서·성명서를 작성하거나 증언할 때에 객관적이고 정직하여야 하며, 그와 관련된 모든 필요한 정보를 포함시켜야 한다.
바. 기술사는 자신에게 착오가 있을 경우 이를 인정하고 어떠한 경우에도 진실을 왜곡하지 않는다.
사. 기술사는 직무의 권위, 정직, 성실 및 공평성을 망각하여 자신의 이익을 취하지 않는다.

아. 기술사는 제공하는 서비스의 내용과 품질에 영향을 미치거나 미칠 것으로 우려되는 모든 이해상충의 상황을 사전에 관련 당사자들에게 밝힌다.
자. 기술사는 타인의 실적을 자신의 것인 것처럼 암시하는 언행을 하지 않으며, 설계, 발명, 저작물 또는 다른 성과물에 개별적으로 책임이 있는 자들의 이름을 밝힌다.

4. 사명감과 품위유지

가. 기술사는 프로젝트 수주를 위해 직접 또는 간접적으로 부당한 기부, 증여 기타 유사한 사례를 주거나 받지 않는다.
나. 기술사는 자재나 장비공급업자로부터 제품이나 공법을 시방서에 포함시켜주는 조건으로 대가성의 설계를 요구하거나 또는 다른 종류의 보수를 받지 않는다.
다. 기술사는 관련된 업무의 기업이나 고객과 거래하는 계약자 또는 다른 관계자로부터 직접적이든 간접적이든 금품이나 향응을 받지 않는다.
라. 기술사는 기술사가 아닌 자, 또는 다른 기업이나 기관과의 제휴나 합작을 비윤리적인 행동의 방편으로 이용하지 않는다.
마. 기술사는 부정하고 정직하지 못한 기업이나 개인이 자기의 명의를 사용하도록 허락하지 않는다.
바. 기술사는 동료가 본 강령을 위배하여 기술사들의 권위와 명예를 훼손시켰다고 판단될 때에는 그 전말을 본회 윤리위원회에 보고할 수 있다.
사. 기술사는 공학적 전문기술의 본질 및 그 성과에 대하여 국민이 바르고 쉽게 이해할 수 있도록 노력한다.
아. 기술사는 공학 윤리적으로 올바른 전문가정신을 젊은 기술인들에게 전수시키고 그들의 진로지도에 힘쓴다.
자. 기술사는 지역공동사회에 봉사하고 특히 주민의 안전, 보건, 복지를 선진화시키는 일에 적극 참여한다.

5. 신뢰와 협동

가. 기술사는 다른 기술사의 직무와 관련된 평판, 전망, 업무활동을 인정하고 존중한다.
나. 기술사는 관련 법령이나 직무규정에 근거하지 않는 한, 다른 기술사의 업무에 대하여 검토하거나 관여하지 않는다.
다. 기술사는 자기가 선호하는 제품에 대해 다른 기술사가 다른 유사제품과 공학적으로 비교·평가하는 것을 용인한다.

라. 기술사는 상호 신뢰를 바탕으로 다른 기술사의 적절한 이익을 인정한다.
마. 기술사는 직무를 설명함에 있어서 명확하게 하고, 다른 기술사를 비방하지 않는다.
바. 기술사는 업무수행의 성과에 따라 부하직원의 공로를 인정하고 격려한다.
사. 기술사는 실적에 바탕을 둔 상호경쟁을 수용한다.
아. 기술사는 어떤 업무의 내용이 공인된 기준과 관행 또는 그 당시의 지역적 가치 및 시대적 요구에 부합하다면, 그 업무를 수행한 기술사에 대한 비판을 자제한다.
자. 기술사는 기술사가 아닌 다른 분야의 전문가와도 상호신뢰를 바탕으로 사회 전반의 발전 및 사회정의 실현에 협동한다.

6. 비밀의 보전 유지

가. 기술사는 현재나 과거의 고객, 기업, 공공기관 등의 직무사항이나 기술적 절차에 관련된 비밀정보를 관련 당사자들의 동의 없이 공개하지 않는다.
나. 기술사는 관련된 모든 당사자들의 동의 없이 특정한 프로젝트와 관련하여 취득한 전문지식을 이용하여 과거에 관련되었던 기업이나 고객의 이익에 반하는 일에 참여하거나 대변하지 않는다.
다. 기술사는 발명 또는 저작권이나 특허권과 관련되어 있는 과제를 의뢰받았을 경우에는 그 과제를 수행하면서 발생할 수 있는 권리에 대한 구체적인 계약을 체결한다.
라. 기술사는 범죄행위, 공중안전에 대한 위험 또는 비윤리적 방침이나 정책들과 관련하여 기업이나 고객의 비밀을 공개하고자 하는 경우에는 다음 사항을 고려한다.
- 사안에 대한 견해와 주장의 정확성 및 그 사안에 대한 공식기록 등 증거의 확보
- 동료, 상사들과의 공식적, 비공식적 협의를 통한 사안의 사전 검토 및 소속 조직 내의 정상적인 채널을 통한 문제의 제기
- 소속 조직 내의 윤리 관련 부서와의 협의 및 법적 책임문제에 대한 법률자문
- 사안의 핵심에 대한 집중, 객관적이고 중립적 입장에서의 접근 및 사적인 감정의 배제

출처 : 한국기술사회(www.kpea.or.kr)

02 시험통계(2016년)

① 분야별 기술사 종목 현황 (33개 분야, 84개 종목)

분야	종목	분야	종목
생산관리분야 (3)	공장관리	용접분야(1)	용접
	품질관리	도장·도금분야(1)	표면처리
	포장	화공분야(1)	화공
디자인분야(1)	제품디자인	섬유분야(2)	섬유
건축분야 (4)	건축구조		의류
	건축기계설비	전기분야 (5)	발송배전
	건축시공		전기응용
	건축품질시험		철도신호
토목분야 (14)	토질 및 기초		전기철도
	토목구조		건축전기설비
	항만 및 해안	전자분야(2)	산업계측제어
	도로 및 공항		전자응용
	철도	정보기술분야(2)	정보관리
	수자원개발		컴퓨터시스템응용
	상하수도	통신분야(1)	정보통신
	농어업토목	식품분야(2)	식품
	토목시공		수산제조
	토목품질시험	농업분야(3)	종자
	측량및지형공간정보		시설원예
	지적		농화학
	해양	축산분야(1)	축산
	지질및지반	임업분야(1)	산림

분야	종목	분야	종목
조경분야(1)	조경	어업분야(2)	수산양식
도시·교통분야(2)	도시계획		어로
	교통	안전관리분야 (8)	기계안전
채광분야(2)	자원관리		화공안전
	화약류관리		전기안전
광해방지분야(1)	광해방지		건설안전
기계제작분야(1)	기계		소방
기계장치설비·설치분야 (3)	산업기계설비		산업위생관리
	공조냉동기계		가스
	건설기계		인간공학
철도분야(1)	철도차량	비파괴검사분야(1)	비파괴검사
조선분야(1)	조선	환경분야 (6)	대기관리
항공분야(2)	항공기체		수질관리
	항공기관		자연환경관리
자동차분야(1)	차량		소음진동
금형·공작기계분야(1)	금형		토양환경
금속·재료분야 (4)	금속제련		폐기물처리
	금속재료	에너지·기상분야 (3)	원자력발전
	금속가공		기상예보
	세라믹		방사선관리

② 기술사 종목 신설 및 통·폐합 현황 (『국가기술자격법』)

① 신설 및 폐지 종목

구분	자격종목명	시행연도	비고
신설	자연환경관리기술사 토양환경기술사	2004년	2003. 11. 4, 대통령령 제18116호
	인간공학기술사 광해방지기술사	2005년	2004. 12. 31, 노동부령 제217호
폐지	샛사	2004년	2004. 12. 31, 노동부령 제217호

② 통합종목

- 2002년(2002. 4. 27, 대통령령 제17591호, 시행일 2002. 7. 1.)

변경 전	변경 후	비고
응용지질	지구물리	
지질및지반		

- 2004년(2004. 12. 31, 노동부령 제217호, 시행일 2005. 1. 1.) (19 → 8)

변경 전	변경 후	변경 전	변경 후
산업기계	지질및지반	선박설계	조선
유체기계		선박건조	
		선박기계	
공업화학	화공기술사	제포	섬유공정
화학장치설비			
화학공장설계		방적	
고분자제품			

변경 전	변경 후	변경 전	변경 후
탐사	지질및지반	원자력	원자력발전
지질및지반		핵연료	
지하자원개발	자원관리	임산가공	산림
지하자원처리		산림	

• 2010년(2010. 12. 13, 고용노동부령 제11호, 시행일 2010. 12. 13.) (9 → 4)

변경 전	변경 후	변경 전	변경 후
기계공정설계	기계	전자계산기	컴퓨터시스템응용
기계제작		전자계산조직응용	
철야금	금속제련	방사	섬유
		염색가공	
비철야금		섬유공정	

③ 명칭변경 종목

변경 전	변경 후	시행연도	비고
소방설비	소방	2002년	2002. 4. 27, 대통령령 제17591호
공업계측제어	산업계측제어	2005년	2005. 5. 7, 노동부령 제223호

3 국가기술자격 시험 및 취득자 현황

① 총괄현황

구분		시험현황								자격 취득자 현황
		필기시험				실기시험				
연도	성별	접수	응시	합격	합격률(%)	접수	응시	합격	합격률(%)	
전체	전체	693,943	520,505	46,885	9.0	72,206	71,829	45,954	64.0	47,583
1975~2011	전체	573,829	422,412	40,413	9.6	60,691	60,387	39,676	65.7	41,305
2012	전체	29,111	24,076	1,363	5.7	2,659	2,638	1,407	53.3	1,407
	여	1,287	1,064	88	8.3	154	153	67	43.8	67
2013	전체	23,806	20,268	1,389	6.9	2,449	2,437	1,358	55.7	1,358
	여	1,157	966	87	9.0	162	161	87	54.0	8
2014	전체	24,541	19,046	1,051	5.5	2,046	2,033	1,084	53.3	1,084
	여	1,241	949	51	5.4	129	127	59	46.5	59
2015	전체	20,795	17,034	1,186	7.0	1,957	1,952	1,079	55.3	1,079
	여	1,093	891	75	8.4	126	126	70	55.6	70
2016	전체	21,861	17,669	1,483	8.4	2,404	2,382	1,350	56.7	1,350
	여	1,115	910	95	10.4	156	155	83	53.5	83

② 기술사 취득연령

연령	연도						
	누적	1975~2010	2011	2012	2013	2014	2015
소계	46,233	39,637	1,668	1,407	1,358	1,084	1,079
14세 이하	0	-	-	-	-	-	-
15~19	0	-	-	-	-	-	-
20~24	0	-	-	-	-	-	-
25~29	437	413	7	5	6	1	5
30~34	10,317	9,580	213	176	153	108	87
35~39	17,467	15,648	514	419	339	277	270
40~44	10,412	8,482	471	413	405	320	321
45~49	4,597	3,512	238	213	235	177	222
50~54	1,986	1,378	140	110	135	138	85
55~59	786	506	66	47	61	36	70
60~64	188	92	18	21	19	20	18
65세 이상	39	22	1	3	5	7	1
미상	4	4	-	-	-	-	-

③ 시험접수 상위 종목

접수순위	2011 종목명	2011 접수인원	2012 종목명	2012 접수인원	2012 전년대비 증가율(%)	2013 종목명	2013 접수인원	2013 전년대비 증가율(%)	2014 종목명	2014 접수인원	2014 전년대비 증가율(%)	2015 종목명	2015 접수인원	2015 전년대비 증가율(%)
합계		24,509		21,065	-14.1		16,999	-19.3		16,797	-1.2		14,210	-15.4
1	토목시공	8,170	토목시공	6,867	-15.95	토목시공	5,298	-22.9	토목시공	4,749	-10.36	토목시공	3,410	-28.2
2	건축시공	5,620	건축시공	4,347	-22.65	건축시공	3,533	-18.7	건축시공	3,379	-4.36	건축시공	2,697	-20.2
3	소방	2,102	소방	1,915	-8.9	건축전기설비	1,420	-7.4	건축전기설비	1,588	11.83	건축전기설비	1,442	-9.2
4	건축전기설비	1,720	건축전기설비	1,533	-10.87	소방	1,363	-28.8	소방	1,404	3.01	건설안전	1,350	1.4
5	토질 및 기초	1,686	토질 및 기초	1,425	-15.48	정보관리	1,147	-7.4	건설안전	1,332	23.11	소방	1,301	-7.3
6	정보관리	1,390	건설안전	1,286	5.15	건설안전	1,082	-15.9	정보관리	1,115	-2.79	정보관리	1,122	0.6
7	건설안전	1,223	정보관리	1,238	-10.94	토질 및 기초	1,033	-27.5	토질 및 기초	1,062	2.81	토질 및 기초	949	-10.6
8	토목구조	941	발송배전	843	4.33	발송배전	794	-5.8	발송배전	828	4.28	발송배전	701	-15.3
9	정보통신	847	토목구조	827	-12.11	정보통신	742	-5.4	건축구조	685	16.7	정보통신	621	-5.2
10	도시계획	810	정보통신	784	-7.44	건축구조	587	-7.7	정보통신	655	-11.73	건축구조	617	-9.9

4 기술사 종목별 응시 및 취득현황

① 건축구조기술사

구분		시험현황								자격취득자현황
		필기시험				실기시험				
연도	성별	접수	응시	합격	합격률(%)	접수	응시	합격	합격률(%)	
전체	전체	16,607	12,695	989	7.8	1,590	1,581	998	63.1	1,010
1975~2011	전체	13,528	10,100	893	8.8	1,404	1,398	899	64.3	911
2012	전체	594	503	18	3.6	42	42	22	52.4	22
	여	60	51	2	3.9	6	6	3	50.0	3
2013	전체	550	485	23	4.7	37	37	20	54.1	20
	여	4	55	4	7.3	4	4	3	75.0	3
2014	전체	646	516	17	3.3	39	39	16	41.0	16
	여	80	63	1	1.6	2	2	2	100.0	2
2015	전체	586	482	14	2.9	31	29	15	51.7	15
	여	79	67	1	1.5	1	1	0	0.0	0
2016	전체	703	609	24	3.9	37	36	26	72.2	26
	여	93	76	2	2.6	3	3	3	100.0	3

② 건축기계설비기술사

구분		시험현황								자격취득자현황
		필기시험				실기시험				
연도	성별	접수	응시	합격	합격률(%)	접수	응시	합격	합격률(%)	
전체	전체	19,501	14,855	1,273	8.6	2,228	2,218	1,264	57.0	1,241

구분		시험현황								자격취득자현황
		필기시험				실기시험				
연도	성별	접수	응시	합격	합격률(%)	접수	응시	합격	합격률(%)	
1975~2011	전체	16,878	12,733	1,128	8.9	1,906	1,898	1,115	58.7	1,092
2012	전체	661	546	38	7.0	92	92	40	43.5	40
	여	16	14	3	21.4	4	4	2	50.0	2
2013	전체	508	433	27	6.2	60	60	24	40.0	24
	여	9	5	1	20.0	2	2	2	100.0	2
2014	전체	563	440	32	7.3	71	69	34	49.3	34
	여	20	14	1	7.1	2	1	0	0.0	0
2015	전체	462	379	31	8.2	65	65	31	47.7	31
	여	8	6	2	33.3	6	6	3	50.0	3
2016	전체	429	324	17	5.2	34	34	20	58.8	20
	여	9	7	0	0.0	0	0	0	0.0	0

③ 건축시공기술사

구분		시험현황								자격취득자현황
		필기시험				실기시험				
연도	성별	접수	응시	합격	합격률(%)	접수	응시	합격	합격률(%)	
전체	전체	135,116	97,079	8,720	9.0	12,915	12,863	8,620	67.0	9,089
1975~2011	전체	119,666	84,923	7,846	9.2	11,291	11,251	7,732	68.7	8,201
2012	전체	3,960	3,191	194	6.1	387	384	200	52.1	200
	여	127	94	13	13.8	28	28	10	35.7	10

구분		시험현황								자격취득자현황
		필기시험				실기시험				
연도	성별	접수	응시	합격	합격률(%)	접수	응시	합격	합격률(%)	
2013	전체	3,154	2,624	197	7.5	379	376	203	54.0	203
	여	113	90	13	14.4	35	35	14	40.0	14
2014	전체	3,078	2,254	149	6.6	301	299	150	50.2	150
	여	141	95	9	9.5	27	26	10	38.5	10
2015	전체	2,472	1,933	110	5.7	225	224	136	60.7	136
	여	107	76	5	6.6	14	14	10	71.4	10
2016	전체	2,786	2,154	224	10.4	332	329	199	60.5	199
	여	131	101	12	11.9	15	15	11	73.3	11

④ 도로및공항기술사

구분		시험현황								자격취득자현황
		필기시험				실기시험				
연도	성별	접수	응시	합격	합격률(%)	접수	응시	합격	합격률(%)	
전체	전체	21,883	14,878	1,075	7.2	1,466	1,413	1,089	77.1	1,106
1975~2011	전체	20,032	13,460	967	7.2	1,318	1,269	978	77.1	995
2012	전체	575	456	29	6.4	40	40	31	77.5	31
	여	9	3	0	0.0	0	0	0	0.0	0
2013	전체	411	335	26	7.8	35	32	24	75.0	24
	여	1	1	0	0.0	0	0	0	0.0	0
2014	전체	307	200	13	6.5	21	20	14	70.0	14
	여	0	0	0	0.0	0	0	0	0.0	0

구분		시험현황								자격 취득자 현황
		필기시험				실기시험				
연도	성별	접수	응시	합격	합격률 (%)	접수	응시	합격	합격률 (%)	
2015	전체	280	212	12	5.7	19	19	13	68.4	13
	여	0	0	0	0.0	0	0	0	0.0	0
2016	전체	278	215	28	13.0	33	33	29	87.9	29
	여	0	0	0	0.0	0	0	0	0.0	0

⑤ 토목구조기술사

구분		시험현황								자격 취득자 현황
		필기시험				실기시험				
연도	성별	접수	응시	합격	합격률 (%)	접수	응시	합격	합격률 (%)	
전체	전체	20,777	15,411	1,205	7.8	2,030	2,006	1,296	64.6	1,327
1975~ 2011	전체	18,147	13,311	1,084	8.1	1,845	1,821	1,177	64.6	1,208
2012	전체	780	647	29	4.5	47	47	27	57.4	27
	여	5	4	1	25.0	1	1	1	100.0	1
2013	전체	535	450	28	6.2	45	45	28	62.2	28
	여	8	7	0	0.0	0	0	0	0.0	0
2014	전체	520	389	15	3.9	29	29	19	65.5	19
	여	2	2	0	0.0	0	0	0	0.0	0
2015	전체	399	312	18	5.8	24	24	19	79.2	19
	여	11	8	1	12.5	1	1	1	100.0	1
2016	전체	396	302	31	10.3	40	40	26	65.0	26
	여	8	8	1	12.5	1	1	1	100.0	1

⑥ 토목시공기술사

구분		시험현황								자격 취득자 현황
		필기시험				실기시험				
연도	성별	접수	응시	합격	합격률(%)	접수	응시	합격	합격률(%)	
전체	전체	142,897	107,460	8,475	7.9	12,798	12,751	8,431	66.1	8,966
1975~2011	전체	120,756	89,402	7,323	8.2	10,778	10,746	7,189	66.9	7,724
2012	전체	6,238	5,207	301	5.8	629	623	365	58.6	365
	여	17	13	3	23.1	5	5	3	60.0	3
2013	전체	4,785	4,141	294	7.1	513	510	306	60.0	306
	여	25	18	2	11.1	2	1	1	100.0	1
2014	전체	4,462	3,367	147	4.4	287	285	172	60.4	172
	여	22	16	1	6.3	4	4	2	50.0	2
2015	전체	3,135	2,577	196	7.6	275	274	178	65.0	178
	여	37	33	4	12.1	5	5	3	60.0	3
2016	전체	3,521	2,766	214	7.7	316	313	221	70.6	221
	여	32	26	5	19.2	6	6	5	83.3	5

⑦ 도시계획기술사

구분		시험현황								자격 취득자 현황
		필기시험				실기시험				
연도	성별	접수	응시	합격	합격률(%)	접수	응시	합격	합격률(%)	
전체	전체	9,770	7,153	448	6.3	618	618	441	71.4	459
1975~2011	전체	7,556	5,370	401	7.5	546	546	392	71.8	410

구분		시험현황								자격취득자현황
		필기시험				실기시험				
연도	성별	접수	응시	합격	합격률(%)	접수	응시	합격	합격률(%)	
2012	전체	562	457	13	2.8	22	22	13	59.1	13
	여	71	60	0	0.0	0	0	0	0.0	0
2013	전체	474	418	11	2.6	16	16	11	68.8	11
	여	57	49	4	8.2	4	4	3	75.0	3
2014	전체	505	394	8	2.0	13	13	8	61.5	8
	여	45	34	0	0.0	1	1	1	100.0	1
2015	전체	378	289	8	2.8	12	12	9	75.0	9
	여	43	31	1	3.2	1	1	1	100.0	1
2016	전체	295	225	7	3.1	9	9	8	88.9	8
	여	29	25	1	4.0	1	1	1	100.0	1

⑧ 조경기술사

구분		시험현황								자격취득자현황
		필기시험				실기시험				
연도	성별	접수	응시	합격	합격률(%)	접수	응시	합격	합격률(%)	
전체	전체	7,047	5,693	370	6.5	501	501	369	73.7	370
1975~2011	전체	5,313	4,244	310	7.3	419	419	311	74.2	312
2012	전체	459	390	13	3.3	13	13	12	92.3	12
	여	160	148	5	3.4	5	5	4	80.0	4
2013	전체	395	345	12	3.5	15	15	11	73.3	11
	여	132	117	4	3.4	6	6	4	66.7	4

구분		시험현황								자격 취득자 현황
		필기시험				실기시험				
연도	성별	접수	응시	합격	합격률(%)	접수	응시	합격	합격률(%)	
2014	전체	394	308	12	3.9	18	18	12	66.7	12
	여	139	110	6	5.5	8	8	5	62.5	5
2015	전체	266	228	15	6.6	23	23	15	65.2	15
	여	84	72	8	11.1	12	12	8	66.7	8
2016	전체	220	178	8	4.5	13	13	8	61.5	8
	여	64	52	5	9.6	8	8	6	75.0	6

⑨ 건설안전기술사

구분		시험현황								자격 취득자 현황
		필기시험				실기시험				
연도	성별	접수	응시	합격	합격률(%)	접수	응시	합격	합격률(%)	
전체	전체	22,638	16,915	1,324	7.8	1,950	1,944	1,308	67.3	1,308
1975~2011	전체	16,486	11,954	1,032	8.6	1,502	1,500	1,015	67.7	1,015
2012	전체	1,196	963	49	5.1	90	87	53	60.9	53
	여	10	8	1	12.5	1	1	1	100.0	1
2013	전체	980	828	71	8.6	102	102	67	65.7	67
	여	15	9	0	0.0	0	0	0	0.0	0
2014	전체	1,255	982	45	4.6	77	77	49	63.6	49
	여	20	16	0	0.0	0	0	0	0.0	0
2015	전체	1,272	1,041	52	5.0	78	78	53	67.9	53
	여	19	10	0	0.0	0	0	0	0.0	0

구분		시험현황								자격 취득자 현황
		필기시험				실기시험				
연도	성별	접수	응시	합격	합격률 (%)	접수	응시	합격	합격률 (%)	
2016	전체	1,449	1,147	75	6.5	101	100	71	71.0	71
	여	26	17	1	5.9	1	1	0	0.0	0

⑩ 공조냉동기계기술사

구분		시험현황								자격 취득자 현황
		필기시험				실기시험				
연도	성별	접수	응시	합격	합격률 (%)	접수	응시	합격	합격률 (%)	
전체	전체	8,154	6,204	950	15.3	1,628	1,614	904	56.0	920
1975~ 2011	전체	6,905	5,169	807	15.6	1,399	1,385	788	56.9	804
2012	전체	245	204	24	11.8	42	42	22	52.4	22
	여	2	1	0	0.0	0	0	0	0.0	0
2013	전체	218	186	30	16.1	57	57	27	47.4	27
	여	6	5	0	0.0	0	0	0	0.0	0
2014	전체	265	207	25	12.1	49	49	27	55.1	27
	여	8	7	0	0.0	0	0	0	0.0	0
2015	전체	254	209	17	8.1	29	29	17	58.6	17
	여	3	2	1	50.0	1	1	1	100.0	1
2016	전체	267	229	47	20.5	52	52	23	44.2	23
	여	1	1	0	0.0	0	0	0	0.0	0

⑪ 대기관리기술사

구분		시험현황								자격 취득자 현황
		필기시험				실기시험				
연도	성별	접수	응시	합격	합격률 (%)	접수	응시	합격	합격률 (%)	
전체	전체	3,728	2,784	270	9.7	453	453	255	56.3	255
1975~ 2011	전체	3,133	2,290	244	10.7	381	381	227	59.6	227
2012	전체	137	113	3	2.7	18	18	6	33.3	6
	여	19	17	1	5.9	4	4	1	25.0	1
2013	전체	126	110	3	2.7	11	11	6	54.5	6
	여	19	16	0	0.0	1	1	1	100.0	1
2014	전체	140	117	6	5.1	13	13	5	38.5	5
	여	28	24	1	4.2	2	2	0	0.0	0
2015	전체	99	75	3	4.0	9	9	4	44.4	4
	여	16	13	0	0.0	2	2	1	50.0	1
2016	전체	93	79	11	13.9	21	21	7	33.3	7
	여	11	10	4	40.0	6	6	1	16.7	1

출처 : 2017 국가기술자격 통계연보(고용노동부, 한국산업인력공단)

03 기술사 활동 현황

1 기술사 연령 현황

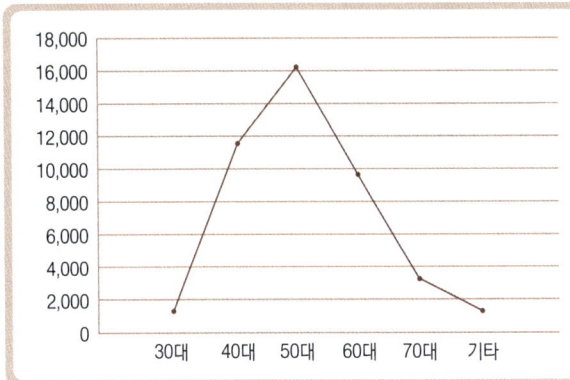

연령대	인원(명)
30대	1,216
40대	11,518
50대	16,170
60대	9,630
70대	3,226
기타	1,224
합계	42,987

2 지역별 기술사 현황

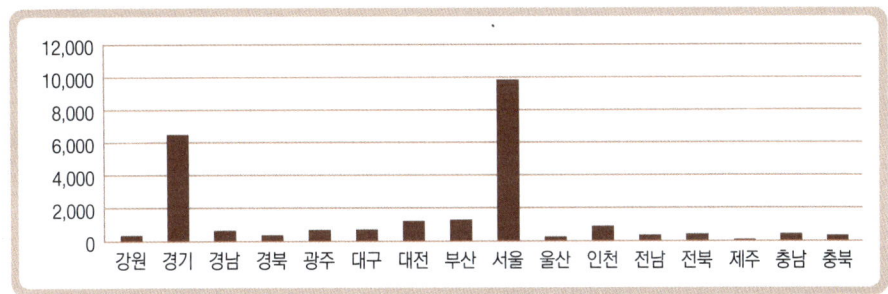

지역	인원(명)	지역	인원(명)	지역	인원(명)	지역	인원(명)
강원	356	광주	695	서울	9,923	전북	418
경기	6,582	대구	717	울산	257	제주	93
경남	654	대전	1,234	인천	920	충남	444
경북	383	부산	1,313	전남	355	충북	337

3. 학위별 기술사 현황

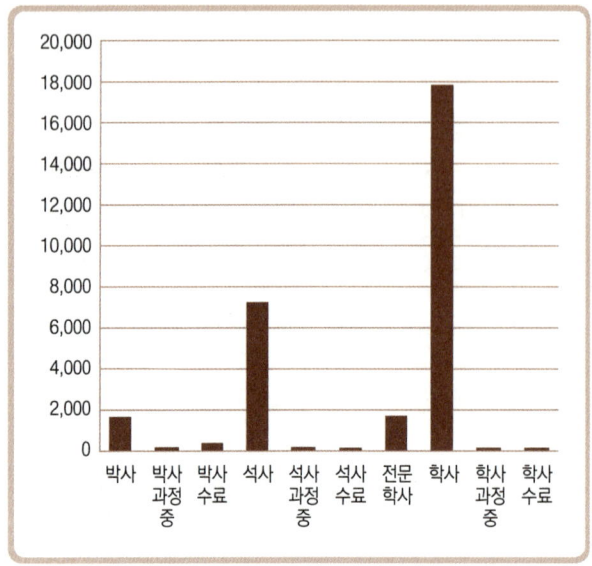

학위명	인원(명)
박사	1,515
박사과정 중	30
박사수료	238
석사	7,132
석사과정 중	31
석사수료	131
전문학사	1,558
학사	17,784
학사과정 중	4
학사수료	3
합계	28,426

출처 : 기술사종합정보시스템(기술사회), 기술사회 등록인원 기준으로 통계별 합계는 상이

국가기술자격검정 기술사
필기시험 답안지 샘플

※ 좌편절 방식, 용지규격(230mm×297mm) 총 7매(14면), 한 면 22줄 1줄 길이 1.15cm

※ 본 답안지 샘플은 용지규격(230mm×297mm) 보다 30% 축소 편집되었습니다. 본 답안지 샘플 사용 시, 자른 후 **30% 확대 복사**하여 사용하시면 됩니다.

※ 10권 이상은 분철(최대 10권 이내)

비번호 ☐
※비번호란은 수험자가 기재하지 않습니다.

제　　회
국가기술자격검정 기술사 필기시험 답안지 (제1교시)

| 제1교시 | 종목명 | |

답안지 작성 시 유의사항

1. 답안지는 **총7매(14면)**이며, 교부받는 즉시 매수, 페이지 순서 등 정상여부를 반드시 확인하고 1매라도 분리되거나 훼손하여서는 안 됩니다.
2. 시행 회, 종목명, 수험번호, 성명을 정확하게 기재하여야 합니다.
3. 수험자 인적사항 및 답안작성(계산식 포함)은 **검정색 또는 청색 필기구 중 한 가지 필기구**만을 계속 사용하여야 합니다.(그 외 연필류·유색필기구·2가지 이상 색 혼합사용 등으로 작성한 답항은 0점 처리됩니다.)
4. 답안정정 시에는 두 줄(=)을 긋고 다시 기재 가능하며, 수정테이프(액)등을 사용했을 경우 채점상의 불이익을 받을 수 있으므로 사용하지 마시기 바랍니다.
5. 연습지에 기재한 내용은 채점하지 않으며, 답안지(연습지포함)에 답안과 관련 없는 **특수한 표시를 하거나 특정인임을 암시하는 경우 답안지 전체가 0점** 처리됩니다.
6. 답안작성 시 홈(구멍)이나 도형 등 그림이 없는 직선자(템플릿 사용금지)만 사용할 수 있습니다.
7. 문제의 순서에 관계없이 답안을 작성하여도 되나 주어진 문제번호와 문제를 기재한 후 답안을 작성하고 전문용어는 원어로 기재하여도 무방합니다.
8. 요구한 문제수 보다 많은 문제를 답하는 경우 기재 순으로 요구한 문제수 까지 채점하고 나머지 문제는 채점대상에서 제외됩니다.
9. 답안작성 시 답안지 양면의 페이지 순으로 작성하시기 바랍니다.
10. 기 작성한 문항 전체를 삭제하고자 할 경우 반드시 해당 문항의 답안 전체에 대하여 명확하게 **X표시**(X표시 한 답안은 채점대상에서 제외) 하시기 바랍니다.
11. 시험시간이 종료되면 즉시 답안작성을 멈춰야 하며, 종료시간 이후 계속 답안을 작성하거나 감독위원의 답안제출 지시에 불응할 때에는 채점대상에서 제외됩니다.
12. 각 문제의 답안작성이 끝나면 **"끝"**이라고 쓰고 다음 문제는 두 줄을 띄워 기재하여야 하며 최종 답안작성이 끝나면 그 다음 줄에 **"이하여백"**이라고 써야 합니다.

※부정행위처리규정은 뒷면 참조

○○○○○○○

※2017년부터 답안 작성 시 자(직선자, 굴곡자, 원형자 등)는 사용가능합니다.
단, 네모 등은 삭제 후 사용해야 합니다.

부정행위 처리규정

국가기술자격법 제10조 제4항 및 제11조에 의거 국가기술자격검정에서 부정행위를 한 응시자에 대하여는 당해 검정을 정지 또는 무효로 하고 3년간 이법에 의한 검정에 응시할 수 있는 자격이 정지됩니다.

1. 시험 중 다른 수험자와 시험과 관련된 대화를 하는 행위
2. 답안지를 교환하는 행위
3. 시험 중에 다른 수험자의 답안지 또는 문제지를 엿보고 자신의 답안지를 작성하는 행위
4. 다른 수험자를 위하여 답안을 알려주거나 엿보게 하는 행위
5. 시험 중 시험문제 내용과 관련된 물건을 휴대하여 사용하거나 이를 주고 받는 행위
6. 시험장 내외의 자로부터 도움을 받고 답안지를 작성하는 행위
7. 사전에 시험문제를 알고 시험을 치른 행위
8. 다른 수험자와 성명 또는 수험번호를 바꾸어 제출하는 행위
9. 대리시험을 치르거나 치르게 하는 행위
10. 수험자가 시험시간에 통신기기 및 전자기기[휴대용 전화기, 휴대용 개인정보 단말기(PDA), 휴대용 멀티미디어 재생장치(PMP), 휴대용 컴퓨터, 휴대용 카세트, 디지털 카메라, 음성파일 변환기(MP3), 휴대용 게임기, 전자사전, 카메라 펜, 시각표시 외의 기능이 부착된 시계]를 사용하여 답안지를 작성하거나 다른 수험자를 위하여 답안을 송신하는 행위
11. 그 밖에 부정 또는 불공정한 방법으로 시험을 치르는 행위

[연 습 지]

※ 연습지에 기재한 사항은 채점하지 않으나 분리 훼손하면 안됩니다.

[연 습 지]

※ 연습지에 기재한 사항은 채점하지 않으나 분리 훼손하면 안됩니다.

번호		

2쪽

번호	

번호			

번호	

번호			

6쪽

번호		

번호		

번호		

번호			

번호	

번호			

12 쪽

번호			

번호			

14 쪽

번호